케토제닉이 답이다

THE CASE FOR KETO

THE CASE
FOR KETO

케토제닉이 답이다

얼마나 먹느냐가 아니라 무엇을 먹고 먹지 않느냐가 핵심이다

게리 타우브스   노승영 옮김

키티와 래리에게

우리의 원대한 사업은 아득히 막연하게 놓여 있는 것을

보는 게 아니라 가까이 확실하게 놓여 있는 일을 하는 것이다.

— 윌리엄 오슬러William Osler가 실천의철학實踐醫哲學의 토대로 삼은

토머스 칼라일Thomas Carlyle의 금언

이런 생각이 들었다. "하느님 맙소사, 이게 되다니!"

— 영국의 의사 아슈비 바르드와지Ashvy Bhardwaj(자신의 환자가 식단을 바꿔서 2형

당뇨병이 완치된 것을 본 후)

괴리

이 책은 날씬하고 건강한 사람들을 위한 것이 아니다. 물론 그런 사람들에게도 유익하겠지만, 내가 염두에 둔 독자는 너무 쉽게 살이 찌고 과체중, 당뇨병, 고혈압, 기타 관련 합병증에 걸리기 직전이거나 이미 이런 질병에 걸려 심장병과 뇌졸중을 비롯한 온갖 만성병으로 진행할 위험을 안은 채 살아가는 사람들이다. 또한 이 책은 그들을 돌보는 의사들을 위한 것이기도 하다.

이 책은 자기 계발서처럼 보이지만 실은 탐사 취재의 결과물로, 건강한 식습관에 대한 통념과 그 실패 사이의 끊임없는 괴리, 만성병을 예방하기 위한 식단과 건강을 되찾기 위한 먹을거리 사이의 괴리를 다룬다. 우리는 미래의 질병 위험을 줄이는 식사를 해야 할까, 건강한 체중을 달성하고 유지하는 식사를 해야 할까? 둘은 같은 뜻일까?

1950년대 이후로 영양 및 만성병 분야는 이 질문에 어떻게 답하느냐에 따라 두 갈래로 나뉘었다. 한쪽은 권위자들의 목소리를 대변하는데, 자신들이 건강한 식습관의 의미를 잘 알고 있으므로 우리가 그들의 조언을 충실히 따르면 장수와 건강을 누릴 것이라고 장담한다. 한마디로 채식 위주의 진짜 음식을 적당히 먹으면 건강을 극대화할 수 있다는 것이다. 이 조언은 우리가 너무 많이 먹고 움직이지 않아서 살찐다는 의료계의 통념과 일맥상통한다. 그들이 제시하는 예방·치료법은 (약에 의존해서든 의지력을 발휘해서든) 식욕을 억제하라는 것이다.

이 문단을 쓰는 동안 미국심장협회와 미국심장학회에서 최신 생활습관 지침을 발표했다. 수십 년간 그랬듯, 뚱뚱하거나 당뇨병에 걸린 사람들에게 심장병으로 인한 조기 사망을 방지하려면 열량을 제한하고, 식사량을 줄이고(특히 포화지방의 섭취량을 줄이고), 규칙적으로 운동하라고 권한다. 지극히 합리적으로 들리지만 이 권고가 통하지 않는 것은 분명하다. 적어도 전체 인구 집단을 살펴보면 효과가 없다. 당신이 이 책을 읽고 있는 것은 당신에게도 효과가 없었기 때문일 것이다. 하지만 이 논리는 50년간 교리처럼 받아들여졌고 널리 유포되었다. 그런데도 미국의 비만율은 250퍼센트 이상 증가했으며, 당뇨병 유병률은 700퍼센트 가까이 증가했다(입이 떡 벌어지는 수치다). 따라서 늘 그랬듯 이런 의문이 떠오른다. 이 논리와 조언이 틀린 걸까, 아니면 우리가 조언대로 하지 않은 걸까?

한편 이단자로 불리는 반대파의 주장을 전문가들은 반짝 유행하는 다이어트 수법으로 종종 치부하는데, 이런 부류의 책들은 건강한 식습관에 대해 통념과는 전혀 다른 주장을 내놓는다. 학계 권위자들은 자신들의 조언대로 먹어야 만성병의 발병을 예방하거나 늦추고 장수와 건강을 누릴 수 있다고 하지만, 이런 다이어트 책을 쓴 의사들은 자신의 접근법으로 (비만을 비롯한) 만성병을 (예방하는 것은 물론이고) 완치할 수 있다고 주장한다. 이런 책은 우리에게 직접 시도해보고 효과가 있는지 알아보라고 권한다. 과연 그런 방법으로 건강 체중을 달성하고 유지할 수 있을까? 만일 그렇다면 그 방법으로 장수와 건강도 누릴 수 있으리라고 합리적으로 추정할 수 있으며, 이단이라는 꼬리표는 얼토당토않다.

이런 책의 저자들이 효과를 장담한다고 해도, 그들의 말을 맹목적으로 받아들일 필요는 없다. (그들의 조언 중에는 모순된 것도 있으므로, 전부 효과가 있다고는 할 수 없다.) 그렇지만 그들의 조언을 받아들였을 때 더 건강해지고 날씬해진다면, 의료계의 통념이 우리에게는 유익하지 않다는, 어쩌면 아무에게도 유익하지 않다는 판단을 내릴 수 있을 것이다.

이런 책의 저자들은 대개 임상의로 시작해서 상당수는 여전히 현업에 종사한다. 거의 대부분 초과 체중으로 고생했고, 일찌감치 통념에서 벗어나 고금의 연구 문헌을 조사하다가 해답을 찾았다고 말한다. 언론인이자 베스트셀러 저자인 맬컴 글래드웰이 (이 주제를 다룬) 1988년 〈뉴요커NewYorker〉 기사에서 언급한 "개종" 경험을 겪은 것이다. 그들은 건강 체중을 쉽게 달성하고 유지하게 해주는 식사법을 발견하고 환자들에게 시도하여 (그들의 주장에 따르면) 효과를 거두었기에 책을 썼으며 그 책들은 베스트셀러가 되었다.

이런 책은 공통적으로 한 가지 기본 가정을 (때로는 암묵적으로, 때로는 명시적으로) 토대로 한다. 그것은 너무 많이 먹어서 살찌는 것이 아니라 고탄수화물 식품과 음료를 먹고 마시기 때문에 살이 찐다는 것이다. 구체적으로 지목하자면, 당, 곡물, 녹말 채소가 범인이다. 쉽게 살찌는 사람의 경우, 이 탄수화물은 살이 찌는 직접적인 원인이다. 이 말이 담고 있는 중요한 의미는 비만의 원인이 과식이 아니라 인체의 호르몬 불균형이며, 고탄수화물 식품이 그런 불균형을 일으킨다는 것이다. 이런 책은 불필요한 지방이 몸에 비축되는 이유를 전혀 다른 관점에서 바라본다. 그렇기에 예방과 치료 방법 또한 전혀 다르다.

앳킨스, 케토, 구석기 식단, 사우스비치, 뒤캉, 프로틴 파워, 슈거 버스터(저당식), 홀스티, 밀가루 똥배, 그레인 브레인 등 지난 40년간 인기 다이어트의 대부분, 적어도 상당수는 다음의 간단한 주제를 변형했거나 포함하고 있다. 즉, 특정한 고탄수화물 식품이 인체의 호르몬 환경을 바꿔서 열량이 연료로 연소되지 않고 지방으로 저장되게끔 한다는 것이다. 한마디로 살찌고 싶지 않거나 날씬한 몸매로 돌아가고 싶다면 이런 식품을 멀리해야 한다. 지방을 저장한다는 것은 곧 살이 찐다는 뜻이니 말이다.

요즘 의사들은 이런 식사법을 '저탄수화물 고지방(저탄고지)'이라고 한다. 저탄고지의 극단적인 형태는 녹색 잎채소와 육류에 함유된 소량의 탄수화물을 제외하면 사실상 모든 탄수화물을 금하는 것이다. 전문 용어로 케토제닉, 줄여서 '케토'라고 한다. 나는 두 가지 방식을 뭉뚱그려 '저탄고지/케토제닉LCHF/ketogenic 식이'라고 부를 것이다. 이 용어는 도무지 뇌리에 박히지 않을 뿐 아니라 영어로 발음하기도 힘들다는 단점이 있다. 하지만 의미가 정확하고 포괄적이라는 장점도 있다.

20년 전 식단, 비만, 만성병의 관계에 대해 내가 취재를 시작했을 때 저탄고지/케토제닉 식이를 환자에게 공개적으로 처방하는 의사는 전 세계에 수십 명 정도였다. 하지만 현재는 수천, 수만의 의사가 이 철학과 식단 처방을 받아들인다. 이유는 간단하다.[1] 그들은 유행처럼 퍼진 비만과 당뇨병의 최전선에서 싸우고 있으며, 건강 식단을 처방하여 비만과 당뇨병을 올바르게 공략하고 완치하는 일은 그들의 직업적 성패를 좌우한다. 특정 식단이 (통계 수치로 미뤄 보건대) 심장 발작을 예방할지도 모른다는 가설이 아무리 그럴듯하더라도, 그런 추측성 가설로 환자를 치료하는 도박을 벌일 수는 없다. 그들의 환자는 병에 걸린 사람이며, 이 의사들의 목표는 환자를 건강하게 만드는 것이다.

이 의사들은 과체중, 비만, 당뇨병 환자가 점점 늘어나고 있음을 직접 목격했다. 전 세계의 의사들도 마찬가지다. 나와 인터뷰한 의사들은 사람을 건강하게 하고 싶어서 의료계에 몸담았는데 '질병 관리'가 주 업무가 되었다고 말한다. 비만과 당뇨병, 관련 질병(의학 용어로는 '동반 질환')의 증상을 다스리는 게 고작이라는 것이다. 그들은 절망스러울 정도로 의기소침해 있었다. 따라서 어떤 방법이 효과가 있는지에 대해 선입견을 떨쳐버리고, 식단에 대한 의료계와 동료 의사들의 정설을 버리거나 의문을 제기하면서 정말로 효과가 있는 대안을 물색하려는 동기가 충분했다.

이 의사들에게는 대개 개인적인 사연이 있었다. 이것은 중요한 대목이기에 뒤에서 다시 살펴볼 것이다. 식단과 체중에 대한 통념이 잘못되었고 환자에게 통하지 않는다는 사실을 깨닫는 좋은 계기는 의사가 스스로 실패를 겪어보는 것이다. 몇몇 의사들은 수십 년간 채식을 했다. 비건도 있었다. 상당수는 선수 못지않게 운동을 했으며, (울트라

---

1   캐나다만 보더라도, 저탄고지/케토제닉 식이에 대해 이야기하는 여성 의사들의 페이스북 그룹 회원 수가 2019년 9월 현재 3,800명을 넘었다.

마라톤 같은) 초지구력 운동을 하는 사람들도 있었다. 그들은 '건강한' 식이에 자부심을 느꼈지만, 바람직한 생활 습관에도 불구하고 살찌거나 당뇨병에 걸리거나 당뇨병 전단계로 진단받았다. 이 의사들은 환자들에게 채식 위주로 저지방 식단을 하고 소식(음식량 조절)하고 운동하라고 권고했고 환자들도 그 조언을 따랐지만, 효과가 없었다.

비만 환자들에게 이런 식단과 운동을 처방하여 유의미할 만큼 체중을 줄인 성공 비율은 (오리건주 애슐랜드Ashland의 가정의 데버러 고든Deborah Gordon에 따르면) "거의 제로"였다. 그래서 이 의사들은 정신이 똑바로 박힌 사람이라면 누구나 할 법한—의사라면 말할 것도 없고—일을 했다. 편협한 생각을 버리고 더 나은 방법을 물색한 것이다. 그들은 저탄고지/케토제닉 식이에 대한 자료를 접하고서—지금은 책뿐 아니라 인터넷으로도 쉽게 자료를 얻을 수 있다—자기 자신을 실험 대상으로 삼았다. 이런 식사법이 효과가 있고 빈말이 아님을 알게되자 기꺼이 새 믿음을 받아들였다. 그런 뒤에 환자들에게 조심스럽게 권했다. 환자들에게서 효과를 확인하자—무엇이 효과가 있고 무엇이 없는지도 경험을 통해 배웠다—열성적인 신도가 되었다. 이 의사들은 미국과 전 세계에서 비만과 당뇨병에 대한 사고방식과 예방·치료법을 바꾸려고 노력하는 풀뿌리 혁명의 선두에 섰다.

수전 울버Susan Wolver를 예로 들어보자. 그녀는 공군 군의관을 하다 버지니아주 리치먼드에서 내과의로 개업했고 버지니아 코먼웰스 의과대학 부교수를 겸임하고 있다. 공교롭게도 리치먼드는 미국에서 가장 뚱뚱한 도시 중 하나로, 2012년 갤럽의 비만율 조사에서 멤피스 다음으로 2위를 차지했다. 울버의 일과는 "고혈압, 심장병, 당뇨병 같은 비만 관련 만성병을 치료"하는 일이 전부였다. 건강하게 먹고 소식하고 운동하라고 환자들에게 조언했지만, 눈에 띄는 효과는 없었다. 그녀가 의료계에 몸담은 지 23년이 지나 2013년이 되었을 때, 그 조언에 따라 체중을 유의미하게 감량한 환자는 두 명뿐이었고 그나마 한 명은 금세 원래 체중으로 돌아갔다.

그 시절에 울버는 여느 의사들처럼 환자들이 자신의 말을 흘려듣거나 노력을 게을리한다고 생각했다. "그때 반전이 일어났어요. 내가 중년에 접어들었을 때였죠. 환자에게 해준 조언을 나도 실천하고 있었는데, 체중계에 올라갈 때마다 그 조언이 내게도 통하지 않는다는 걸 알게 된 거예요. 그때 깨달음을 얻었죠. '환자들이 나의 조언을 따르는 게 오히려 문제인지도 모르겠어. 내 조언이 엉터리인 것은 아닐까?' 그래서 효과가 있는 방법을 직접 찾기 시작했죠."

2012년, 울버는 효과적인 방법을 배우고 싶어서 비만 및 체중 감량을 주제로 한 의료 학술대회에 참석했다. 비만학회에서 주최한 1일 세미나에서 그녀는 듀크 의과대학 에릭 웨스트먼Eric Westman의 임상 경험 및 연구 결과 발표를 들었다. 웨스트먼은 미국심장협회에서 권장하는 저지방 분량 제한 감량 식단과, 탄수화물(곡물, 감자 같은 녹말 채소와 당)만 제한하고 지방이 매우 풍부한 저탄고지/케토제닉 식단인 앳킨스Atkins 식단을 비교하는 최초의 임상 시험을 여러 번 실시한 인물이었다.

웨스트먼은 앳킨스 식단을 실천한 환자들이 앳킨스의 주장처럼 별다른 노력 없이 체중을 감량했으며 오히려 더 건강해졌다고 발표했다. 그는 환자들의 경험뿐 아니라 자신의 임상 시험과 숱한 사례를 통해 저탄고지/케토제닉이 정말로 건강한 식습관이라는 사실이 입증되었다고 말했다.

울버는 "웨스트먼의 환자들은 제 환자와 무척 비슷했어요"라고 말했다. 차이점이 있다면, 웨스트먼의 환자들이 체중을 감량하고 유지한 반면에 울버의 환자는 그러지 못했다는 것이다. 2013년 5월, 그녀는 노스캐롤라이나주 더럼Durham까지 남쪽으로 두 시간 반을 운전하여 웨스트먼의 병원을 찾아가 이틀을 보냈다. 그녀는 경과 관찰을 위한 통원 치료를 참관하다가 '경악'을 금치 못했다. "그런 건 생전 처음 봤어요. 그날 열여덟 명이 찾아왔는데, 그중 열일곱 명이 체중을 유의미하게 감량하여 유지하고 있더라고요. 이제껏 본 사례보다 열여섯 명이 많았죠."

이것이 관습과 정통에서 벗어난 시술이 의료계에 전파되는 방식이다. 신약은 최신 임상 시험 결과가 의학 학술지에 실려서 이른바 '표준 치료법'이 되기도 하지만, (애석하게도 제약업계나 의료기업계, 의사들에게 수익을 약속하지 않는) 평범한 요법들은 처음에는 일화, 관찰, 임상 경험을 통해 퍼질 수밖에 없다. 예를 들자면, 난치병 환자를 치료하던 의사가 효과가 있을지도 모르는 치료법을 가진 의사가 있다는 말을 듣는다. 그 치료법이 합리적 관점에서 안전해 보인다면 의사는 잠재적 위험과 장점을 환자와 논의한 뒤에 시도해본다. 만일 효과가 있으면 다른 환자들에게도 시도하는 식이다.

웨스트먼을 방문하고 이틀 뒤, 울버는 리치먼드 병원으로 돌아와 비만·당뇨병 환자들에게 웨스트먼의 식단을 권했다. 그 후로 몇 년간 그녀에게 이 식단을 조언받은 환자는 3,000여 명에 이르렀는데, 웨스트먼의 환자들처럼 체중이 유의미하게 감소했을 뿐 아니라 당뇨병 환자의 경우에는 인슐린과 혈압약 같은 의약품을 끊기도 했다. 그녀는 요즘 들어 저탄고지/케토제닉 방식에 대한 거부감이 서서히 줄어든

덕에 전보다 환자를 설득하기가 쉬워졌다고 말한다. 성공은 성공을 낳는 법이다. 체중을 감량하고 당뇨약과 혈압약을 끊은 환자들은 자신과 비슷한 친구, 이웃, 직장 동료, 가족에게 걸어다니는 광고판이 된 셈이다. 요즘 울버는 지역 의사들에게서 환자를 소개받는데, 그중에는 최근까지도 그녀가 권하는 식단이 심장병의 위험을 높일 거라며 우려하던 심장병 전문의들도 있다. 그러나 그들은 합당한 근거를 접하고서 생각을 완전히 바꿨다. 울버에 따르면, 그녀의 환자 중 3분의 1 이상이 병원 직원이며 그들에 의해 입소문이 퍼진다고 한다.

영양학 권위자들이 반짝 유행하는 다이어트로 치부하는 식단, 그중에서도 가장 악명 높은 식단, 지방과 포화지방이 풍부하고 (권위자들은 심장 건강에 좋은 식품이라고 주장한) 탄수화물을 제한하는 식단을 울버는 환자들에게 처방하여 건강을 되찾아준다. 이 식단을 환자들에게 처방함으로써 — 하버드 대학교 영양학 교수 장 메이어Jean Mayer는 1965년 〈뉴욕타임스〉에서 이런 처방을 "대량 학살"이라고 불렀으며, 8년 뒤 미국의사협회에서는 이 처방의 토대가 "확고한 과학적 원리인 것처럼 대중에게 홍보되어서는 안 되는, 황당한 영양학 개념"이라고 주장했다 — 울버는 웨스트먼과 마찬가지로 환자들이 경험하는 유익함이 장수와 건강으로 이어질 것이라고 믿는다. 그렇게 의사에게서 의사에게로 소문이 퍼지며 관습에 도전하는 방법이 서서히 표준 치료법으로 탈바꿈한다. 당연히 효과가 있기 때문이다.

2000년대 초, 영양에 관한 나의 첫 책 《굿칼로리 배드칼로리》를 쓰기 위해 600여 명의 임상의, 연구자, 공중 보건 담당자와 인터뷰했을 때, 가장 영향력 있는 인사들 중 일부가 저탄고지/케토제닉 식단을 실천하고 있다고 선뜻 털어놓았다. 스탠퍼드 대학교의 저명한 내분비학

자 제럴드 리븐Gerald Reaven은 앳킨스 식단을 이렇게 평했다. "체중 감
량에 무척 효과적입니다. 논란의 여지가 없습니다." 하지만 이 의사와
연구자들은 위험성을 우려하여 환자들에게는 이 식단을 처방하지 않
았다. 환자에 대한 처방에는 논란의 여지가 있었기 때문이다. 그들은
고지방 케토제닉 앳킨스 식단을 실천하여 체중을 감량한 뒤에는 이 식
단을 중단하고 '건강식'을 먹었으며, 그러다가 체중이 다시 늘면 앳킨
스 식단을 반복했다.[2]

　2000년대 초에 내가 인터뷰한 의학 연구자들과 이 책을 위해 인
터뷰한 임상의들—2017년 여름과 가을에 걸쳐 인터뷰한 임상의
100여 명(거기다 수십 명의 영양사와 간호사, 다수의 카이로프랙틱 요법사, 헬
스 코치, 치과 의사)—사이의 중요한 차이점은, 후자의 경우 이 식단이
본질적으로 건강에 유익하다고 생각하며 그중 상당수가 대다수의 사
람들에게 가장 건강한 식단이라고 믿는다는 것이다. 이 점에서 그들은
이 식사법을 영양요법이라고 여기게 되었다. 날씬해지고 건강해지고
그 상태를 유지하기를 바란다면 고탄수화물 식품(특히 당, 녹말 채소, 곡
물)을 끊기만 하면 된다. 이 간단한 사실을 이해하기만 하면 이 식사법
을 꾸준히 지속할 수 있다는 것이 그들의 주장이다. 그들이 이렇게 믿
는 근거는 두 가지인데, 하나는 자신의 임상 경험이고 다른 하나는 이
식사법이 근본적으로 건강에 유익하다는 사실이 여러 연구에서 입증

2　뒤에서 설명하겠지만, 일부 권위자들은 식단을 유지하기가 힘들다는 이유로 앳킨스 식단
과 그와 비슷한 식단을 권할 수 없다고 주장했다. 장피에르 플라트Jean-Pierre Flatt는 매사추세츠
대학교의 생화학자로, 살찌는 이유를 열역학적으로 설명하여 한 세대 동안 연구자들이 열량 제
한 저지방 식단을 비만 대책으로 옹호하게끔 이끌었는데, "앳킨스 식단은 체중 감량 면에서 나
머지 모든 식단보다 뛰어나[지만] 사람들이 중도에 포기하고 탄수화물을 다시 섭취하는 경향이
있기 때문에" 체중 유지에는 적합하지 않다고 내게 여러 차례 말했다.

되고 있다는 것이다. 천천히, 그리고 꾸준히, 심장병의 원인과 만성병을 일으키는 식이 요인에 대한 통념이 바뀌고 있다.

울버를 비롯한 많은 의사들은 이 식단에 대해 이야기할 때 열성 신자나 전도사 같은 분위기를 풍긴다. 이 책을 위해 인터뷰하면서 자주 들은 이야기가 있는데, 의사들이 자기 자신과 환자들에게서 성공 사례를 목격하고 나면 그 이전으로 돌아갈 수 없다는 것이었다. 이 의사들 중 여러 명은 (환자의 절대다수를 차지하는 질환인) 비만과 당뇨병을 예방하고 치료할 뿐 아니라, 쉽게 실천할 수 있는 식이요법을 발견한 뒤로는 의료에 대한 열정을 되찾았다고 내게 말했다.

종교에 가까운 반응은 어쩌면 당연한 것인지도 모르겠다. 그리고 의사가 열정을 품는다고 해서 반드시 섣부른 판단을 내리는 것은 아니다. 2017년 7월, 울버가 내게 들려준 이야기가 있다. 그 전해 2월, 그녀는 동료에게서 전화를 받았다. 24세의 미혼 여성이 당뇨병으로 진단받았는데, A1c혈색소(당화혈색소, 혈당 조절 능력을 나타내며 당뇨병의 중증도를 판단하는 기준)가 10.1이었다. 6.5 이상이면 당뇨병으로 보고, 미국심장협회의 지침에 따르면 10 이상일 경우 당장 인슐린 요법을 시작해야 한다.

울버는 내게 물었다. "그녀가 인슐린을 끊을 수 있을 것 같나요? 절대 못 끊어요. 동료는 이렇게 말했어요. '대기 중인 환자가 많다는 거 알지만, 이 환자를 봐줄 수 있겠어? 지금 내 진료실에 있는데, 겁에 질려서 울고 있어.' 이튿날 아침에 그녀를 만났지요. 저는 이 젊은 여성에게 무엇을 해야 하고 어떻게 먹어야 하는지 설명했고, 그녀는 그날부터 식단을 시작했어요. 석 달간 경과를 지켜봤죠. A1c혈색소가 6.1로 내려가서 당뇨병의 범위에서 벗어났고, 체중도 11킬로그램이나 줄었

어요. 이젠 당뇨병이 아니라고 이야기하자, 그녀가 울음을 터뜨리더라
고요. 동료에게 전화했더니 그녀도 울기 시작했어요. 저도 눈물이 났어
요. 마치 암을 치료한 듯했죠. 앞날이 창창한 여성이 평생 인슐린을 투
약하지 않아도 되었으니까요."

회의적인 비판자들이 이런 경험을 깎아내리려고 하는 말과 달리,
울버의 일화는 하나뿐인 특이 사례가 아니었다. 2017년 10월, 캐나다
의 의사 100여 명은 〈허프포스트〉에 보낸 연명 편지에서 자신들이 직
접 저탄고지/케토제닉 식이요법을 실천했으며 환자들에게도 처방하
고 있다고 공개적으로 밝혔다. 의사들은 이렇게 말했다. "우리는 병원
에서 혈당 수치가 내려가고, 혈압이 떨어지고, 만성 통증이 줄어들거
나 없어지고, 지질 수치와 염증 지표가 개선되고, 활력이 증가하고, 체
중이 감소하고, 수면의 질이 개선되고, IBS과민대장증후군 증상이 경감되
는 효과를 경험합니다. 이런 환자는 투약량이 줄어들거나 아예 투약이
중단되기에 부작용과 사회적 비용이 감소하고 있습니다. 환자들에게
서 보이는 결과는 인상적이고 지속적입니다."

그들은 통상적인 식단으로는 결코 이런 결과가 일어나지 않는다
고 덧붙였다. "식단을 바꾸지 않은 환자들은 당뇨병이 계속되고 여전
히 투약해야 하며 대개 시간이 지날수록 투여량이 증가합니다. 2형 당
뇨병은 만성병이자 진행성 질병이라고들 합니다. 하지만 반드시 그런
것은 아니며 완치되거나 완화될 수 있습니다. 우리가 저탄수화물 식단
으로 치료하는 환자들 중 대부분은 의약품을 전부, 또는 대부분 끊을
수 있을 것입니다."

물론 울버의 이야기와 모든 의사들의 간증에서처럼 이 선언에는
중요한 단서가 붙는다.

첫째, 이런 사례는 일화이며 사람들이 고탄수화물 식품을 끊었을 때 이 반응들이 일어날 수 있다는 증거일 뿐, 이런 반응이 언제나 일어난다는 뜻은 아니다.

둘째, 이 주장은 식단과 건강에 대한 통념에 어긋나며, 그렇기에 돌팔이 수법이라는 비난을 받는다. 일개 의학박사가—나 같은 기자는 말할 것도 없고—비정통적인 식단으로 만성병을 완치하거나 완화한다고 하면 의료 권위자들이 (설령 악의가 없더라도) 거부감을 느끼는 것은 이해할 만하다. 저 의사들이 처방하는 식사법—울버의 젊은 환자가 석 달 만에 11킬로그램을 감량하고 당뇨병에서 벗어나게끔 해준 식사법—이자 이 책에서도 권장하는 식사법은 건강한 식이에 대한 통념에 확연히 대립되니 말이다.

저탄고지/케토제닉 식단의 근저를 이루는 매우 단순한 가정은 고탄수화물 식품이야말로 건강을 망치고 우리를 살찌고 병들게 한다는 것이다. 고탄수화물 식품이 인류의 식단에 포함된 것은 비교적 최근이기에, 이런 식품을 멀리할 때 건강이 좋아지는 것은 놀랍지 않다. (통곡물이든 아니든) 곡물과 심지어 21세기의 전통적인 '건강' 식단 처방의 주성분인 콩류도 가능하다면 피해야 한다. 선천적으로 날씬한 사람들은 이런 식품을 먹고도 날씬하고 건강할 수 있을지 몰라도, 나머지 사람들까지 그러라는 법은 없다. 열매 중에서 먹어도 괜찮은 것은 베리, 아보카도, 올리브뿐이다. 하지만 저탄고지/케토제닉 식사법에서는 아무리 살쪘어도 의식적으로 소식하라거나 식사량을 조절하라거나 열량을 계산하라거나 과식하지 않도록 주의하라고(또는 달리기를 하거나 스피닝 수업을 들으라고) 권고하지 않는다. 배고프면 먹고 배부르면 그만 먹으라고 조언한다. 다만 이제는 포만감을 느꼈을 때 수저를 내려놓기가 쉬워질 테지만 말이다.

　이 식사법이 더 과격하게 느껴지는 이유는 무엇보다 극단적인 고지방식이며 동물성 식품 위주라는 것이다(나중에 설명하겠지만 꼭 그럴 필요는 없다). 적색육, 버터, 베이컨 같은 가공육, 즉 동물성 지방과 포화지방은 허용되며 장려되기까지 한다. 녹색 잎채소는 듬뿍 먹어도 좋지만 채소 위주로 먹어서는 안 되며, 기존의 '균형 잡힌 식단'도 금물이다. 어떻게 보면 식품군 하나를 사실상 통째로 배척하는 대죄를 저지르는 셈이다.

　저탄고지/케토제닉이라는 이 식단은 로버트 앳킨스Robert Atkins가 1960년대에 처방하기 시작한 식단과 실질적으로 같다. 저지방 식단 옹호자이자 앳킨스의 숙적인 딘 오니시Dean Ornish의 말마따나 "앳킨스의 귀환"이라고나 할까. 앳킨스의 처방은 사실 허먼 탈러Herman Taller라는 브루클린 의사가 처방한 식단과 별반 다르지 않다. 탈러가 1961년에 출간한 《열량은 중요하지 않다Calories Don't Count》는 200만 부나 판매되었는데,[3] 하버드 출신의 한 영양학자는 〈미국의사협회 저널〉에서 "지적인 대중을 향한 지독한 모독"이라고 비평했다. 탈러에게 이 식단을 알려준 사람은 앨프리드 페닝턴Alfred Pennington으로, 관련 서적을 쓴 적은 없지만 1940년대 후반부터 델라웨어에 있는 듀폰 사의 비만한 임원들을 이 식단으로 감량시켰다. 페닝턴은 〈뉴잉글랜드 의학 저널〉을 비롯한 의학 학술지에 결과를 발표했으며, 하버드에서 자신의 방법에 대해 강연하여 긍정적인 반응을 얻었다.

3　이 책의 대필 작가인 로저 칸은 전설적인 스포츠 저술가로, 1972년 《여름의 소년들The Boys of Summer》은 역대 최고의 스포츠 서적으로 꼽힌다.

　　페닝턴에게 이 식단을 알려준 사람은 블레이크 도널드슨Blake Donaldson인데, 그는 뉴욕시의 심장병 전문의로 1920년대에 미국심장협회를 설립한 사람 중 한 명과 함께 진료하면서 40년이 넘도록 2만 명에 가까운 환자들에게 식단을 처방했다. 도널드슨은 심장병 전문의여서 몰랐을 수도 있지만, 그의 방법은 사실 19세기 후반에 유럽의 의료 권위자들이 채택한 영양학적 비만 치료법을 재발견한 것이었다. 이 접근법이 만들어진 계기는 식단 분야 최초의 국제적 베스트셀러(엄밀히 말하자면 소책자이지만)인《비만에 대한 공개 편지Letter on Corpulence, Addressed to the Public》였는데, 저자는 윌리엄 밴팅William Banting이라는 런던의 장의사로, 녹말, 곡물, 설탕을 끊고서 23킬로그램을 뺐다고 한다. 밴팅은 몰랐겠지만, 그는 프랑스의 미식가 장앙텔름 브리야사바랭Jean-Anthelme Brillat-Savarin이 1825년《브리야사바랭의 미식 예찬》에서 한 이야기를 반복했을 뿐이다. 그 책은 음식과 식이에 대하여 단연 가장 유명한 책일 것이다. 브리야사바랭은 곡물과 녹말이 살을 찌우고 설탕이 문제를 악화시킨다고 결론 내리고는, 이런 식품의 "다소 엄격한 절식"을 비만 식단으로 권했다. 이것은 오늘날까지도 논란거리인 바로 그 조언이자 케토 유행의 기본적 핵심이며 이 책에서 살을 붙일 골자다.

　　해마다, 책마다 이름이 끊임없이 달라지고 방법이 미묘하게 변하는 주된 이유는 이 방법을 채택하여 효과가 있다고 결론 내린—또는 과거의 역사에 무지한 채 우연히 착안하거나 기본 개념을 간추리는 새로운 방법을 찾아낸—의사들이 (당신이 얼마나 냉소적인가에 따라) 자신의 이론을 널리 전파하거나 돈을 벌려고 기존 주제를 약간 변형한 새로운 다이어트 책을 쓰기 때문이다.

이 식사법은 길고 폭넓은 내력이 있는데도 학계 권위자들과 정통파는 여전히 저탄고지/케토제닉 부류를 모조리 돌팔이에 가까운 것으로 치부한다. 앞에서 말한 〈허프포스트〉 편지가 발표된 지 불과 두 달 만인 2018년 1월, 〈US 뉴스 앤드 월드 리포트〉에서 매년 발표하는 권위의 식단 평가 자료에서는 저탄고지/케토제닉 식단이 건강에 가장 덜 유익하다고 판정했다(평가 대상인 40개 식단 중에서 35~40위를 차지했다). (이 잡지는 과거에도 비슷한 순위를 발표한 적이 있다.) 에코앳킨스(채식, 식물성 기름, 생선 위주의 식단)와 사우스비치(에코앳킨스와 비슷하다)만이 상위 25위 안에 들었으며, 구석기 식단은 공동 32위에 머물렀다(생식과 동급으로, 산성·알칼리성 식단 바로 다음이었다). 2019년 순위도 그다지 다르지 않다.

〈US 뉴스 앤드 월드 리포트〉에서 식단 평가를 의뢰받은 의료 단체와 정통파 권위자는 저탄고지/케토제닉 식이가 유의미한 유익보다는 장기적으로 피해를 입힐 가능성이 훨씬 크다고 여기지만, 현재 환자들에게 저탄고지/케토제닉 식사법을 처방하는 의사들은 생각이 다르다. 그들은 환자들의 경험, 자신이 직접 목격한 사례, 한번 깨닫고 나면 돌이킬 수 없는 사실 등이 훨씬 설득력 있다고 생각한다.

이 의사들과 그들의 환자들이 보기에 유익은 분명한 데다가 쉽게 검증할 수 있다. 환자들이 건강해진다는 사실은 부정할 수 없기 때문이다. 이 식단이 도움이 된다는 것을 뒷받침하는 임상 시험은 100건 가까이, 어쩌면 그 이상 실시되었으며, 저탄고지/케토제닉은 역사상 가장 깐깐하게 검증된 식단 중 하나다. "이젠 비주류 식단이 아닙니다. 주류가 되고 있다고요." 스포츠의학 의사이자 가정의이며 미군 대령인 로버트 오Robert Oh는 내게 이렇게 말했다. 오는 육군 의무감실에서

군인의 건강과 대응 능력을 향상시키는 과제를 수행했으며 지금은 워싱턴주 터코마 외곽에 있는 매디간Madigan 군병원 가정의학과 과장을 맡고 있다. 오가 말한다. "현업 의사여서 가장 좋은 점은 환자에 대한 이야기를 주고받을 수 있다는 겁니다. 이를테면 2형 당뇨병 환자에게 '보세요, 선생님과 똑같은 환자들이 있는데, 수치가 좋아졌습니다. 약을 끊은 분들도 있고요'라고 말할 수 있어요. 다른 의사들이 제 환자를 보면 저렇게 건강해진 비결이 뭐냐고 물을 테고, 자신의 환자들에게도 이 방법을 시도할 겁니다. 식단은 이런 식으로 보급되고 전파되고 있습니다. 무작정 반대하던 영양사와 병원 당국도 꼼짝 못 합니다. 효과가 있으니까요."

건강 식단에는 과일, 콩, 곡물(통곡물이든 아니든)이 반드시 포함되어야 하고, 육류는 기름기가 적어야 하며, 지방은 삼가야 하고, 포화지방 대신 고도불포화 식물성 기름을 섭취해야 한다는 세계보건기구, 미국 농무부, 영국국민보건서비스, 미국심장협회의 식단 지침은 번번이 저탄고지/케토제닉의 임상 시험 결과와 어긋나며 더 중요하게는 이 의사들이 병원과 일상에서 매일같이 목격하는 현실과 어긋난다. 현실을 도외시한 식단 지침 때문에 일이 고달파졌지만, 이 의사들은 어려움에 굴하지 않는다. 선천적으로 날씬하고 건강하지 못한 사람들이 모두 날씬하고 건강해지는 일도 힘들어졌지만,[4] 우리도 굴해선 안 된다. 이 의사들의 관점에서 보자면 탄수화물을 멀리하는 대신 천연 지방에서 열

4　표현에서 짐작했겠지만 나는 나 자신을 이 범주에 포함시킨다. 어릴 적에 '토실토실하다'라는 말을 들었고 성인기 체중이 109킬로그램까지 나갔기 때문이다. 나는 키가 188센티미터이기 때문에, 당시 체질량 지수BMI는 32로 비만(30 이상)이었다. 나는 성인이 된 뒤로 매일같이 다이어트를 했다. 이 글을 쓰는 지금은 95킬로그램으로, 건강 체중에 해당한다.

량을 섭취하는 것은 환자와 우리가 생명을 위해 선택해야 하는 영양학적 치료법이다. 뉴욕시의 내과 전문의로, 개인적으로 저탄고지/케토제닉 식이로 45킬로그램을 감량하고 8년째 유지하고 있는 폴 그레월Paul Grewal은 이렇게 표현했다. "자신의 질병을 성공적으로 완치한 방법을 환자에게 쓰거나 조언하지 말라는 것은 터무니없음의 극치다."

이 갈등을 겪는 사람들, 특히 최전선에 있는 의사와 영양사는 공중 보건, 영양학, 의료 권위자의 조언이 명백히 틀렸으며, 그렇기에 수많은 사람이 비만과 당뇨병에서 벗어나지 못한 채 비참하게 살면서 의료비에 허덕인다고 믿는다. 우리가 이런 결론에 도달한 데는 설득력 있는 근거가 있다. 우리는 불의가 저질러지고 있으며 이를 바로잡아야 한다고 믿는다. 이 개념이 이해되고 엄격한 과학적 검증을 통과하여 받아들여지기 전까지는 많은 사람이 건강을 개선하고 비만과 당뇨병 유행을 잠재우는 데 필요한 조언과 권고를 얻지 못할 것이기 때문이다.

내 바람은 이 책이 (진부하지만 여전히 적절한 용어인[5]) '영양 혁명'의 선언문이자 지침서로 쓰이는 것이다. 선언문이 필요한 이유는 개인적 차원뿐 아니라 사회적 차원에서도 유의미한 변화가 일어나야 하기 때문이다. 그렇기에 이 책에서 의료·영양 권위자들의 오류와 우리가 받아들인 개탄스러운 통념을 지적하는 것이다. 궁극적으로는 우리를 이

---

5   저탄고지/케토제닉의 영양학적 역사에 대해 알고 있는 사람들을 위해 밝혀두자면, 앳킨스도 50년 전에 거의 비슷한 말을 했다. 그가 《앳킨스 박사의 다이어트 혁명Dr. Atkins' Diet Revolution》에 '혁명'이라는 단어를 쓴 것은 그래서다. 나는 그런 대응이 당시에는 적절했다고 믿지만, 앳킨스 같은 의사 한 명이 그렇게 선언하는 것은 무모했고 결과적으로 비생산적이었다고 생각한다.

상황으로 이끈 나쁜 과학의 연결 고리를 이해해야 한다. 그래야만 우리를 병들게 하는 것을 고치는 일에 착수할 수 있다.

이 책은 여러 용도로 활용할 수 있다. 첫째, 이 책에는 탐사 기자로서 식단과 만성병에 대한 통념에 대해 보도하고 의문을 제기하면서 20년간 습득한 지식이 총망라되어 있다. (비만과 당뇨병이 전례 없이 유행하고 이 유행을 막으려는 영양 권위자와 공중 보건 기관 및 단체가 완전히 실패했는데도 아직도 통념에 의문을 제기해야 하다니!) 다행히도 취재 초기에 보스턴 어린이병원에서 이른바 수정된 탄수화물 식단으로 비만 아동들을 치료한 하버드 의과대학 소속 의사 데이비드 루드위그David Ludwig와 더럼에 있는 병원(수 울버가 10년 뒤에 찾아간 바로 그 병원)에서 비만 환자들에게 저탄고지/케토제닉 식이를 처방한 에릭 웨스트먼 같은 임상 연구자를 그림자처럼 따라다닐 수 있었다. 이 연구자들의 경험을 목격하면서 "대다수 의학 연구자들이 믿는" 것이 언제나 옳은 것은 아니며, 비만 치료와 만성병 예방에 대해서는 더욱 그렇다는 사실을 깨달을 수 있었다. MIT 경제학자의 조언도 행운이었다. 그는 내게 지방과 체중에 대해 글을 쓰고 싶다면 앳킨스 식단 실험을 꼭 조사해보라고 조언했다. 그는 이 방법으로 18킬로그램을 감량했고, 동료의 아버지는 90킬로그램을 뺐다. 나는 그의 조언을 따랐으며, 그 경험은 그 후 모든 취재의 바탕이 되었다(관점에 따라선 편견을 심어주었다고도 볼 수 있겠지만).

이 책을 위해 특별히 인터뷰한 의사와 영양 전문가도 나의 조언과 의견에 학문적으로 깊이를 더해주었다. 그들의 이름은 참고 자료 꼭지에 실려 있으며, 필요한 경우 본문, 각주, 후주에서도 언급했다. 내가 말하는 모든 것에는 그들의 경험과 관찰이 스며 있다. 몬트리올 교외에서 진료하며 캐나다의 저탄고지/케토제닉 운동을 이끄는 에블린 부

르두아로이Evelyne Bourdua-Roy가 과체중, 비만, 당뇨병, 고혈압 환자에게
으레 건네는 한마디가 이들의 사상을 잘 보여준다. "알약을 드릴 수도
있고, 밥 먹는 법을 알려드릴 수도 있어요."

  내가 2002년 〈뉴욕타임스 매거진〉에 이 주제로 처음 글을 쓴 후로
수천 명이 이런 식이 및 사고방식에 대한 경험을 들려주었으며, 그들
에게서 나는 크나큰 영향을 받았다. 이 사람들은 평생 비만과 싸웠으
며, 싸움에서 이겼거나 아직도 싸우고 있다.

  마지막으로, 이 책은 지침서를 표방하기는 하지만 요리법이나 식
단표는 실려 있지 않다. 어떻게 먹어야 할지 생각하는 법, 왜 살찌고 당
뇨병에 걸리는지 이해하는 법을 배우면 요리하는 법, 식당에서 주문하
는 법, 장 보는 법을 자연스럽게 배우게 될 것이라고 믿기 때문이다. 요
리는 내 전문 분야가 아니다. 요리법이나 요리 관련 도움말이 필요하
다면 인터넷에서 직접 검색하길 바란다. Dietdoctor.com, Diabetes.
co.uk, Ditchthecarbs.com 같은 훌륭한 웹사이트에서 무료로 정보를
얻을 수 있다. 또한 이곳에 소개된 다른 웹사이트나 요리책을 참고하
여 무엇을 어떻게 요리해야 하는지에 대해 내가 줄 수 있는 것보다 훨
씬 유익한 정보를 얻을 수 있을 것이다. 내 목표는 한 사람, 한 사람이
건강한 식습관의 본질에 대해 한 세기 동안 잘못 정립된 선입견을 버
리고, 나쁜 조언을 무시하는 법을 배우고, 식단, 체중, 건강에 대해 실
제로 효과가 있는 사고방식으로 전환하는 것이다. 그러고 나면 먹고
요리하기가 한결 수월해질 것이다.

차례

1 _____ 저탄고지의 기초

비만 연구의 역사에서 배우는 짧은 교훈

1962년 6월 22일, 터프츠 의과대학의 에드윈 애스트우드Edwin Astwood 교수는 비만의 원인에 대한 사람들의 생각을 바로잡으려 애쓰다가 실패했다. 그 뒤로 줄곧 우리는 그 실패와 더불어 살아가고 있다.

그날, 애스트우드는 제2차 세계대전 종전 이후 사람들이 살찌는 이유에 대해 의학 권위자와 연구자가 내놓은 지배적 개념에 맞서서 반론을 내놓고 있었다. 그는 그 지배적 개념을 "탐식이 으뜸가는 요인이라는 확신"이라고 불렀는데, 그가 반박한 것은 아동이든 성인이든, 경증이든 중증이든, 사실상 모든 비만의 원인이 궁극적으로 열량의 과잉 섭취라는 확고한 믿음이었다. 즉, 그는 사람들이 너무 많이 먹어서 살찐다는 통념을 꼬집었다.

애스트우드는 이 신념 체계(진리가 아니라 말 그대로 신념 체계이므로)가 고의적이라고 할 만큼 어수룩하며, 비만에 대해 예방과 치료는 고사하고 제대로 이해하지도 못하는 주된 이유라고 여겼다. 불운하게도, 이는 비만으로 고통받는 사람들이 비만을 제 탓으로 돌리는 이유이기도 하다. 그는 발표의 첫머리를 이렇게 열었다. "비만은 성병과 마찬가지로 환자가 비난받는 질환입니다." 병이 환자의 탓으로 치부된다는 것이다.

애스트우드는 내분비과 의사였으며, 그의 전문 분야이자 연구 주제는 호르몬 및 호르몬 관련 장애였다. 내분비학회 제44차 연례 회의장에서 애스트우드는 '비만의 유전'이라는 제목으로 발표했는데, 그해 회장으로 취임하면서 한 강연이었다. 애스트우드는 저명한 미국국립과학원의 회원이기도 했다. 과학원에서 작성한 약전略傳에 따르면 동료들은 그를 "명민한 과학자"이자 갑상선호르몬과 작용 기전을 밝히는 데 현존하는 연구자들 중 가장 크게 기여한 인물로 평가했다. (그는 갑상샘 연구로 노벨상에 버금가는 래스커 상을 받았다.) 애스트우드의 보스턴 연구실에서 의학 연구 방법을 배운 젊은이들 중에서, 애스트우드가 작고한 1976년에 정교수가 된 사람은 서른다섯 명에 이르렀다. 약전에 따르면 "그를 이끈 원동력은 무궁무진한 호기심, 또한 결단력 있게 해답을 추구하는 호기심이었"다.

친구와 동료는 애스트우드가 식품이나 식이에 별 관심이 없는 사람인 줄 알았으나—그는 식사를 "오로지 인체에 영양을 공급하기 위해, 매일의 활동 사이사이에 어쩔 수 없이 끼어드는 일"로 여겼다—경력 후반기 그의 주된 연구 주제는 비만(구체적으로는 지방이 인체에 축적되고 대사의 연료로 쓰이는 과정에 호르몬이 어떤 영향을 미치는가)이었다.

1960년대 비만 연구라는 좁은 세계에서 애스트우드는 제2차 세계대전 이전을 떠올리게 하는 인물이었다. 그는 비만 연구 문헌을 심도 있게 이해했으며, 명민하지는 않을지는 몰라도 진지한 과학자였을 뿐 아니라, 병원에서 환자를 치료하는 의사이기도 했다. 이 점에서 그는 전쟁 전의 독일과 오스트리아에서 의사 겸 연구자였던 사람들과 통하는 면이 있었다. 비만에 대한 논의를 주도했던 그들은 환자를 꼼꼼히 관찰하고 환자의 이력을 살펴서 그들이 과거에 무슨 일을 겪었고 현재 무슨 일을 겪고 있는지 이해함으로써 비만이라는 질병의 성격을 밝혀냈다. 이것은 의사들이 어느 질병에든 마땅히 하는 일이다. 비만이라는 (언뜻 보기에는) 난치병을 그렇게 다루지 말아야 할 이유가 있을까?

전쟁 전 유럽에서 가장 큰 영향력을 발휘한 권위자들 중 상당수는 비만이 과식으로 인해 유발된 것이 아니라—그들은 이 개념을 순환 논증이라고 치부했다—호르몬 또는 대사 기능 장애의 결과라고 확신했다. (하버드 대학교의 영양학자 장 메이어는 애스트우드가 발표하기 8년 전에 이런 재담을 남겼다. "비만이 '과식' 탓이라는 말은 알코올 중독이 '과음' 탓이라는 말에 비길 만한 탁견이다." 이런 식의 논리는 같은 현상을 두 가지 관점에서 서술하는 것으로, 현상의 이유를 설명하는 것이 아닌 과정을 묘사하는 것에 불과하다.) 오히려 비만은 뚱뚱한 사람의 생물학적 특성에 아로새겨진 지방 축적 및 대사 장애라는 것이 독일과 오스트리아 임상 연구자의 결론이었다. 그들은 비만이 행동 문제도 아니고 섭식 장애도 아니며 우리가 얼마나 먹을지 의식적으로나 무의식적으로 선택한 결과 또한 아니라고 믿었고, 애스트우드도 같은 믿음을 가지게 되었다.

하지만 독일·오스트리아 연구 집단은 1933년에 나치당이 득세하면서 와해되었다. 전쟁이 끝났을 즈음, 수십 년에 걸친 임상 경험과 관찰에 토대를 둔 유럽의 비만 연구 성과도 그와 함께 사라졌다. 전쟁 후에는 의학의 공통어 자체가 독일어에서 영어로 바뀌었다. 미국의 젊은 신진 의사와 영양사는 독일어 의학 문헌이 별 볼 일 없거나 심지어 읽어선 안 된다고 여겼다. 비만 연구 분야를 새로 장악한 연구자들은 비만에 대한 통념적이고 단순한 생각을 너무 쉽게 받아들였다. 몇 가지 예외가 있긴 하지만, 새로 배출된 전문가들은 비만 환자들이 건강에 유익한 체중을 달성하고 평생 유지하도록 도와줘야 한다는 부담을 짊어지지 않았다. 그들이 나침반으로 삼은 것은 자신들이 무턱대고 믿은 이론(엄밀히 말하자면 가설)이었다. 그들은 명백한 진리가 자명하다고 이런 사고방식은 어느 과학 분야에서든 진보를 가로막는 걸림돌이다.

　　그들의 진리는 애스트우드의 발표 주제인 '탐식이 으뜸 요인이라는 확신', 즉 너무 많이 먹는 것(몸에서 소비하는 것보다 많은 열량을 섭취하는 일)이 비만의 원인이며, 따라서 비만은 궁극적으로 행동 또는 섭식 장애라는 개념이었다. 그들의 확신에는 날씬한 사람과 비만에 시달리는 사람의 유일한 차이는 날씬한 사람이 식사량과 식욕을 조절하여 소비하는 만큼의 열량만 섭취하는 반면, 비만인 사람은 그러지 못한다는 속뜻이 담겨 있다(적어도 살찌기 시작한 뒤에는). 살이 찌는 사람의 지방 조직에서 미묘한 호르몬 교란이 일어나 날씬한 사람의 조직과 달리 지방을 축적하려는 생리적 성향이 생겼을지도 모른다는 가설은 뚱뚱한 사람이 날씬한 사람의 행동(적당히 먹는 것)을 따라 하지 않으려고 내세우는 (1960년대 메이오 클리닉을 이끌던 비만 전문의의 말을 빌리자면) 한낱 "궁색한 변명"으로 치부되었다.

　　전쟁 이후에 권위자로 통한 사람들은 무엇보다 비만을 생리적 결함이 아닌 심리적 결함의 결과로 간주했다. 사람들이 살찌는 것은 "해소되지 않은 정서적 갈등"이나 "일상의 신경과민을 먹는 일로 달래"기

때문이라고 거리낌 없이 주장했다. 이 권위자들은 비만 환자들에게 포
만감을 느끼기 전에 식사를 끝내고 허기진 채로 살아가라고, 무엇보다
정신과 의사에게 상담부터 받아보라고 권했다.

　이것이야말로 애스트우드가 회장 취임 강연에서 논파하고 싶어
한 논리다. 그는 비만이 유전병일 수밖에 없는 이유를 조리 있게, 유머
를 섞어가며 설명했다. 비만은 호르몬이나 내분비 관련 질환임이 틀림
없다는 것이었다. 그는 이 설명이 (비만 환자가 입에 달고 사는) "뭘 먹어
도 살로 가요"라는 말과 같은 의미임을 인정하면서도, 결코 궁색한 변
명이 아니라고 단언했다. 이것이야말로 현실이라는 말이었다. 그는 자
신이 진료한 환자들에게서 이따금 보이는 고도 비만뿐 아니라 "매일
같이 보는 일반적인 비만"도 이에 해당한다고 말했다.

　애스트우드는 유전적인, 다시 말해 호르몬의 영향이 비만과 지방
축적에 작용한다는 증거가 버젓이 있는데도 사람들이 어떻게 달리 생
각할 수 있는지 납득할 수 없었다. 비만이 가족 단위로 생긴다는 것은
권위자들이 모두 동의하는 바이지만, 뚱뚱한 부모가 자녀를 많이 먹게
끔 하기 때문이 아니라 강력한 유전적 요인 때문이라는 것이 그의 주
장이었다. 일란성 쌍둥이는 얼굴만 똑같이 생긴 게 아니라 체형까지도
똑같다. 한쪽이 비만이면 다른 쪽도 십중팔구 비만이다. 가족 내에서
비만의 분포 또한 유전과의 연관성을 시사한다. 애스트우드는 청중에
게 신장이 166센티미터이고 체중이 207킬로그램인 스물네 살 환자의
사례를 소개했다. 이 청년에게는 일곱 명의 형제자매가 있었는데, 그
중 셋이 고도 비만이었다. "열 살, 열다섯 살, 스물한 살 난 형제들은 몸
무게가 각각 125킬로그램, 172킬로그램, 154킬로그램이었습니다." 나
머지 네 명은 "비율이 정상"이었다.

애스트우드는 이것이 "상다리 휘어지는 밥상 때문이라기보다는 유전자의 작용으로 보인"다고 말했다. 그는 유전자가 신장과 머리 색, 발 크기를 결정하며, 유전과 관련된 것으로 밝혀진 "대사 이상의 종류가 증가하"고 있다며 이렇게 말했다. "그러니 유전이 체형을 결정하지 않는다는 법이 어디 있습니까?" 이 사실이 믿기지 않는다면 동물의 사례를 살펴보라고 그는 말했다. "돼지를 생각해보세요. 돼지가 살찌고 많이 먹는 것은 인간이 인위적으로 선택한 결과입니다. 선별 육종을 통해 거대한 덩치와 먹성이 생겨난 것이죠. 돼지의 먹성이 어미가 젖을 너무 많이 먹인 탓이라는 건 얼토당토않은 생각입니다."

비만 유전자가 발현하는 합리적 기전은 1930년대에 이미 밝혀졌다고 애스트우드는 설명했다. 한 무리의 실험 연구자들이 인체에 저장되는 지방과 에너지원으로 쓰이는 지방을 몸이 어떻게 조절하는지에 대해 방대한 지식을 쏟아냈다는 것이었다. "먹은 것을 지방으로 전환하고 인체의 다른 부위로 운반하여 태우는 데는 수십 가지 효소가 관여하며, 이 과정에서 다양한 호르몬이 강력하게 작용합니다." 지방이 저장되는 곳을 결정하는 데 성호르몬이 영향을 미치는 것은 분명하다. 무엇보다 남성과 여성은 살찌는 부위가 다르다. 남성은 허리 위가 찌고, 여성은 허리 아래가 찐다. 갑상선호르몬, 아드레날린, 성장호르몬은 지방을 저장고에서 끄집어내는 역할을 하며 췌장에서 분비되는 글루카곤이라는 호르몬도 마찬가지다.

애스트우드는 이어서 말했다. "이 호르몬들은 그 반대 과정, 즉 지방을 저장고에 집어넣고 다른 영양소가 지방으로 전환되는 과정을 억제하지만, 인슐린은 이 과정을 매우 촉진합니다." 이 모든 기전은 "지방 조절과 관련하여 내분비계가 얼마나 복잡한 역할을 하는지" 보여준다고 그는 설명했다. 체내에서 무슨 일이 벌어지고 있는지 보여주는 중요한 단서는 비만과 연관된 무수한 만성병("특히 동맥과 관계된 질병")이 당뇨병 합병증과 닮았다는 사실이며, 이는 "두 질병이 공통의 결함에서 비롯됐"음을 의미한다고 그는 덧붙였다.

이 기전 중 하나라도 잘못되어 지방이 지방세포에서 제대로 빠져나오지 못하거나 지방이 과도하게 저장되면 무슨 일이 일어날지 상상해보라고 애스트우드는 말했다. 지방이 천천히, 조금씩 축적되고 이것이 몇 년, 몇십 년 지속되면 고도 비만으로 이어질 것이 불 보듯 뻔하다. 지방이 무지막지하게 축적되면 "내인성 기아"가 발생할 수 있다. 연료로 써야 할 열량이 지방세포에 저장되는 한편, (인체가 감당해야 할 체중이 증가하여) 커진 덩치를 이동시키고 연료를 공급하는 데 더 많은 에너지를 써야 한다는 것이다. 말하자면 미묘하게 호르몬이 교란되어 지방이 과도하게 축적되면 살이 찌는 동시에 허기에 시달릴 수 있다. 설상가상으로 살찐 사람은 적게 먹고 많이 움직이라느니, 필요하다면 허기진 채로 지내라느니, 하는 충고를 사방에서 듣는다. 지방 축적 문제 때문에 내인성 기아, 즉 허기가 유발되었는데 이에 대한 해결책이 더 굶주리는 것이라면 이 방법은 (단기적으로는 아니더라도) 결국 실패할 수밖에 없다.

애스트우드가 말했다. "이 이론은 식이 제한이 왜 그토록 효과가 없는지, 살찐 사람들이 단식할 때 왜 그토록 고통스러워하는지 설명합니다. 이는 동료인 정신과 의사들에게도 시사하는 바가 있습니다. 그들은 비만 환자들의 꿈에서 음식에 대한 온갖 강박을 찾아내지만, 내인성 기아로 고통받고 있는데 음식 생각에 사로잡히지 않을 사람이 있을까요? 신체적 불편함과 더불어 살찐 것에 대한 정서적 스트레스, 날

씬한 사람들의 조롱, 끊임없는 비난, 탐식과 '의지박약'에 대한 비판,
만성적 죄책감 등을 감안하면 정신과 의사들의 고민거리인 정서 장애
의 이유를 짐작할 만합니다."

✦ ✦ ✦

　　타이밍이 나빴던 건지 청중을 잘못 고른 건지 모르겠지만, 애스트
우드는 우물 안 개구리처럼 폐쇄적인 의학 연구와 의료의 희생자였다.
그가 발표한 시점은 내분비학 혁명이 정점에 이르렀을 때였다. 비만과
2형 당뇨병(나이를 먹고 살이 찌면서 발병 가능성이 커지는 당뇨병)의 밀접한
관계에 대한 그의 논평은 시대를 앞선 탁견이었다. 그의 말에는 비만
을 치료하고 예방하는 방법이 당뇨병을 치료하고 예방하는 방법과 무
척 비슷하리라는 논리가 담겨 있었다. 하지만 그의 강연을 듣고 있던
청중은 내분비과 의사들이었고, 그들은 일반적 형태의 비만(애스트우드
의 말마따나 "우리가 매일같이 보는 종류")을 치료하지 않았다. 이런 비만은
그들의 소관이 아니었으며, 어쩌면 관심사도 아니었을 것이다. 1960년
대 초에 비만은 오늘날 유행하는 것과 달리 비교적 드문 현상이었다.

　　애스트우드가 암시했듯, 비만 치료는 당시만 해도 정신과 의사와
심리학자의 전유물이었다. 그들은 뚱뚱한 사람들에게 날씬해지는 법
을 가르치고 비만에 대해 이해의 폭을 넓히는 임무를 띤 의료인이었
다. 그들이 비만과 과체중인 사람들을 자신의 독특한 관점과 맥락에서
해석하여 정신 장애, 정서 장애, 행동 장애를 겪고 있다고 확신한 것은
그다지 놀랍지 않다. 그들은 내분비학 혁명을 쉽게 무시할 수 있었다.
자신들의 연구 분야가 아니었기 때문이다. (나중에 설명하겠지만 영양학자

들도 마찬가지였다.) 그들은 다른 학술지를 읽었고, 다른 학회에 참석했으며, 다른 학과에 몸담았다. 내분비과 의사들이 문제를 해결했더라도 정신과 의사와 심리학자는 그 사실을 몰랐거나 동의하지 않았을 것이다. 뚱뚱한 사람들이 해소되지 않은 신경과민을 직시하고 덜 먹게 하는 법을 찾느라 여념이 없었기 때문이다.

애스트우드가 발표할 즈음은 탐식이 비만의 으뜸 요인이라는 확신이 이미 승리를 거둔 뒤였다. 당시는 비만 연구 분야가 하도 좁아서 영향력 있고 입지가 탄탄한 극소수가 나머지 모두의, 그리하여 우리의 믿음을 좌우할 수 있었다. 그들은 절대적인 확신을 품은 채 이렇게 읊어댔다. "비만은 균형의 문제다. 음식 섭취와 에너지 소비의 균형이 깨진 결과다." 이 주장은 너무도 당연해 보였기에 사실상 모든 사람이 무턱대고 믿었다. 노벨 평화상 수상자 버나드 라운Bernard Lown 같은 우리 시대의 가장 훌륭하고 공감 능력이 뛰어난 의사들조차 이 주장을 받아들였다. 라운은 '의료에서 공감을 실천하라'라는 부제가 붙은 고전《잃어버린 치유의 본질에 대하여》에서 비만이 "알코올 중독, 흡연이나 마약 중독, …… 자기 비하, 강박적 업무 행태, 혹은 단순히 삶의 기쁨을 느끼지 못하는 경우" 등과 마찬가지로 "개인에게 내재된 빗나간 행동"이라고 말했다. 비만으로 고통받는 사람들조차 자신이 처한 상황을 스스로의 탓으로 돌렸다.

1970년대가 되자, 비만이 호르몬 장애라는 개념은 학계의 비만 담론에서 자취를 감췄다. 살찌는 이유는 지방이 저장되거나 연료로 쓰이는 기전을 조절하는 호르몬과 효소가 누군가에게서는 조절 장애를 일으키고 누군가에게서는 그러지 않기 때문이며 그런 탓에 어떤 사람은 쉽게 살이 찌고 여분의 지방이 지방 조직이나 조직 주변에 쉽게 축적되는 반면에 다른 사람들은 그러지 않을 가능성이 있다는 것을, 의학 권위자들은 극소수를 제외하고는 더는 고려하지 않았다. 누군가는 평생 날씬해지기 위해 싸우고 전투에서 패하는데 어떤 사람들은 아무 노력도 하지 않은 채 승리하는 것은, 이와 같은 호르몬과 생리학적 이유 때문인데도 말이다.

애스트우드의 주장과 이론, 전쟁 이전의 독일과 오스트리아 권위자들의 생각은 사실상 자취를 감췄다. 지방 대사 및 저장의 기전이 정교하게 밝혀진 지 40년 뒤인 1973년에 미국의 저명한 아동 비만 권위자 힐데 브루흐Hilde Bruch는 이런 연구의 부재를 개탄했다. "비만에 대한 인식이 커져가는데도 이것이 임상 문헌에 거의 반영되지 않는 것은 놀라운 일이다."

반세기 가까이 지난 오늘날도 상황은 마찬가지다. 생화학과 내분비학 교과서에서는 호르몬과 효소가 지방 저장 및 대사를 조절하는 기전을 상세히 설명하며 내분비계(특히 인슐린 호르몬)에 미묘한 교란이 일어나면 애스트우드가 주장한 것처럼 비만이 쉽게 일어날 수 있다고 암시하고 있지만, 이 과학적 설명은 비만에 대한 논의에서 완전히 배제되어 있으며 비만을 다루는 교과서에서도 마찬가지다. 탐식이 비만의 으뜸 요인이라는 확신이 비만에 대한 논의를 여전히 지배한다. 뇌가 우리를 살찌게 하는데, 우리가 얼마나 먹고 싶어 하거나 운동하고 싶어 하는지를 조절함으로써 살이 찐다는 것이다. 이에 대립하는 이론이 없다는 것은 의아한 일이다. 비만이 얼마나 중요하고 큰 영향을 미치는지 감안하면 더더욱 그렇다.

암에 대한 학계의 논의(암의 원인, 치료, 예방에 대한 온갖 책, 교과서)에서 종양의 성장과 암세포의 분열, 증식, 전이를 **직접적으로** 일으키는 생

리적 기전을 (자세히 서술하는 것은 고사하고) 언급조차 하지 않는다고 생
각해보라. 상상할 수도 없는 일이다. 그런데도 비만 연구에서는 이런
일이 벌어졌으며, 비만이라는 장애에 대한 대처는 절름발이 신세가 되
었다. 늘어만 가는 비만·당뇨병 환자의 치료를 떠맡은 의사들은 애스
트우드 시절과 똑같은 조언을 환자들에게 건넨다. 그리고 똑같이 실패
한다.

   또한 이 논의에서는 호르몬 중심의 관점에서 직접적이고 사실상
필연적으로 도출되는 또 다른 결론도 실종되었다. 그것은 탄수화물만
이 살찌게 만든다는 사실(적어도 가능성)이다. 영양학자들은 1960년대
에 이 사실을 당연하게 받아들였으나, 정작 비만의 원인을 연구한다는
학자들은 탄수화물과 비만의 관계를 포착하지 못했다. 1963년에 스탠
리 데이비드슨 경Sir Stanley Davidson과 레지널드 패스모어Réginald Passmore
박사는 한 세대의 영국 의료인들에게 영양학 지식의 확고한 원천이던
교과서《인간 영양 및 영양학Human Nutrition and Dietetics》에서 이렇게 주
장했다. "고탄수화물 식품의 섭취를 급격히 줄여야 한다. 이런 식품을
과도하게 섭취하는 것이 비만의 가장 일반적인 원인이기 때문이다."
두 사람은 생리적 이유는 이해하지 못했지만—당시에는 비만의 생리
학이 실험실에서 갓 연구되기 시작한 때였다—그 사실만은 부인할 수
없는 듯했다. 같은 해에 패스모어는 〈영국 영양학회지〉의 공저 논문에
서 이런 단언으로 글머리를 열었다. "여성들은 탄수화물이 살찌게 한
다는 것을 안다. 영양학자라면 누구나 동의할 만한 상식이다."

   이 주장은 호르몬에 의한 지방 저장 및 대사의 조절에 대해 당시
실험실 연구자들이 밝혀내려던 원리와 거의 완벽히 맞아떨어졌다. 이
논리와 그 의미를 주류 의학계에서 배제함으로써—이것이 교과서적

의학 지식인데도—권위자들은 비만 치료를 의사들에게 떠넘겼으며, 의사들은 그나마 할 수 있는 일을 했다. 건강 체중을 쉽게 달성하고 유지할 수 있는 식사법을 찾아낸 것이다. 그리하여 '반짝 유행' 다이어트 책이 쏟아져나오기 시작했다.

의사들이 쓴 책들이 절찬리에 팔린 이유는 쉽게 살찌는 사람들이 해답을 간절히 찾고 있었기 때문만이 아니다. 탄수화물 제한—고지방—식단으로 비교적 빠르게, 허기 없이 체중을 줄일 수 있었기 때문이기도 했다. 이 책들이 제시한 해결책은 영양학 권위자들에게서 듣는 말보다 옳을 때가 훨씬 많았다. 이 책들의 조언은 효과가 있었으며, 그 생리적·대사적 근거는 명백해 보였다. 그런데도 권위자들은—이유는 나중에 설명하겠지만—이 식단이 효과가 없을 거라고, 이 식단을 결코 지키지 못할 거라고, 지킬 수 있더라도 조기에 사망할 거라고 우리를 끈질기게 설득했다. 그들은 이 식사법이 효과가 있는지 시험해보는 것조차 자신들의 전문성에 대한 모독으로 여기는 듯했다. 하긴, 그건 사실이다.

2 _____ 뚱뚱한 사람, 날씬한 사람

날씬한 사람이 너무 많이 먹는다고 해서 뚱뚱해지지는 않는다

2016년 가을, 나는 반짝 유행 다이어트에 대해 BBC 다큐멘터리와 인터뷰를 했다. 의사는 아니지만 케임브리지 대학교에서 비만의 유전학을 연구하는 저명한 연구자가 진행자 겸 인터뷰어였다. (그가 쓴 학술 논문은 '개의 POMC 유전자 제거는 비만 성향을 지닌 래브라도 리트리버 견종의 체중 및 식욕과 연관성이 있다'와 같은 알쏭달쏭한 제목이 붙어 있다.)

추측건대, BBC 프로듀서들이 내 생각을 듣고 싶어 한 이유는 당시에(지금도 마찬가지이겠지만) 비만 연구의 상세하고도 비판적인 역사 (구체적으로는 비만 연구가 영양학, 공중 보건 운동, 식단 지침과 어떻게 접목되는 가?)를 기록한 사람이 언론인, 역사가, 과학자를 통틀어 나밖에 없었기 때문이다. 식이와 영양 연구의 역사에 대해서는 매우 훌륭한 책이 여러 권 있지만, 이처럼 폭넓은 맥락에서 다룬 것은 하나도 없었다. (겸손하지 못한 것을 부디 용서하시길.)《굿칼로리 배드칼로리》는 이 접점, 즉 비만 및 관련 만성병(구체적으로는 당뇨병, 심장병, 뇌혈관병[발작], 암, 알츠하이머병)의 원인에 대한 임상의와 과학자의 생각이 어떻게 진화했는지를, 이 병들을 식이로 치료하고 예방할 가능성을 살펴본 첫 책이었다.

나는 그 책을 쓰면서 학자들과는 달리 기자로서의 이점을 누렸다. 궁극적으로 우리의 식사법을 바꾸고 건강 식단의 성격에 대한 믿음을 (좋게든 나쁘게든) 정의한 장본인들을 인터뷰할 수 있었던 것이다. 나는 모호한 학술 논문에서 관련 학회의 발표 자료에 이르기까지 비만과 관련된 각종 문헌을 섭렵하면서 수백 명의 임상의, 연구자, 공중 보건 담당자를 인터뷰했는데, 이들 중 일부는 80대이거나 심지어 그보다 나이가 많았으며, 반세기 이전에 그 연구를 했거나 업무를 담당했다.

이렇게 강박적으로 조사에 매달린 이유는 건강 식단의 성격에 대해 신뢰할 만한 지식이 무엇인지 알고 싶었기 때문이다. 과학철학자 로버트 머튼Robert K. Merton의 말을 빌리자면, 우리가 안다고 생각하는 것이 정말로 그런지 알고 싶었다. 내가 이 논쟁을 역사적 관점에서 들여다본 이유는 경쟁하는 주장과 믿음을 평가하고 이해하려면 맥락을 이해하는 것이 필수라고 믿기 때문이었다. "자신이 무슨 말을 하는지 안다"라는 표현은 말 그대로 자신의 믿음, 가정, 경합하는 신념 체계, 따라서 그것을 떠받치는 근거를 알아야 한다는 것 아니겠는가?[1] 이런 작업 때문에, 나의 과학 해석이 전부 또는 대부분 옳을 것이라고 믿

1　노벨상 수상 화학자 핸스 크레브스Hans Krebs는 자신의 멘토인 노벨상 수상자 오토 바르부르크Otto Warburg에 대해 쓴 전기에서 이를 다음과 같이 표현했다. "이따금 학생들이 현재의 지식을 공부하는 것만으로도 벅차서 자기 분야의 역사에 대해 읽을 시간이 전혀 없다고 말하는 것은 사실이다. 하지만 연구 분야의 역사적 발전에 대해 아는 것은 현재의 상황을 온전히 이해하는 데 필수적이다."

는 연구자와 의사는―앞에서 언급했듯 소수이지만 점차 수가 늘고 있
다―나를 권위자로 대접하게 되었으며, 그렇지 않다고 믿는 사람들은
선동가나 훼방꾼, 때로는 돌팔이로 매도했다. 후자의 관점에서 보자면
의학과 과학의 영역을 집적거리는 기자 나부랭이였으리라.

　케임브리지 대학교의 유전학자인 인터뷰어가 BBC를 대신하여
내게 묻고 싶었던 것은 '사람들이 반짝 열풍 다이어트에 이끌리는 이
유는 무엇인가?'라는 주제의 변주였다. 대안적 식사법을 주창하는 의
사와 다이어트 책이 끝없이 인기를 누리는 이유는 무엇인가? 왜 이토
록 열심히 그런 책을 읽는가? 나는 조사 기간을 통틀어 그 질문에 답하
는 것은 고사하고 질문을 던질 생각조차 한 적이 없었다. 그런데 불현
듯 해답이 명확해졌다. 그러지 말아야 할 이유가 어디 있나?

　구체적으로, 내가 언급하는 대상은 자신이 원하는 것보다 더 살찐
사람, 과체중이거나 비만인 사람들(애석하게도 오늘날 인구의 대다수)이
다. 다이어트 책의 독자들은 대부분 체중을 조절하는 법을 배우고 싶
어서―오늘날에는 (초과 체중에 동반되곤 하는) 당뇨병과 고혈압을 조절
하는 법을 배우는 것도 포함한다―책을 펼친다.

　판매가 보장되는 책은 하나같이 체중 감량과 체중 조절을 약속한
다(맬컴 글래드웰Malcolm Gladwell이 비만과 반짝 유행 다이어트에 대해 1998년
〈뉴요커〉 기사에서 묘사했듯 "마치 마법처럼" 노력을 들이지 않아도 된다면 금상
첨화다). '마치 마법처럼'이라는 개념이 중요한 이유는 이것이야말로
쉽게 살찌는 사람들이 원하는 것이기 때문이다. 인기 다이어트 책들
이 잘 팔리는 이유는 평생 허기와 결핍감을 강요하지 않으면서도 체
중 감량이나 건강 체중 유지와 더불어 활력, 맑은 정신, 수면의 질 개
선, 노화와 21세기 삶의 스트레스에 따르는 전반적 질환으로부터의

해방 등 총체적인 건강을 약속하기 때문이다. 이런 책의 독자들은 대체로—유럽의 저명한 비만 권위자인 빈 대학교의 내분비학자 율리우스 바우어Julius Bauer가 1941년(유럽 권위자들에게는 불운한 해)에 다소 전문적인 어휘로 묘사했듯—"비정상적 지방 축적으로 인해 현저한 과체중으로 향하는 강제적 성향"(이 정도면 충분히 명료해 보이지 않는가?)을 가지고 있다.

지금도 살쪘고 앞으로도 더 살찌려는 성향이 있다면 대안적 해법을 찾아봐야 할 것이다. 그러지 않는 편이 어리석은 일 아니겠는가? 이미 건강하게 먹고 있다면, 이미 식사량을 제한하고 있다면, 이미 체육관에 가고 매일매일 만보기로 걸음을 세는데도 여전히 살쪘거나 바람직한 체중보다 더 살쪘다면—피곤하고 무기력하고 관절이 쑤시고 잠을 설치고 늘 몽롱한 것은 말할 것도 없고—그런데도 인기 다이어트 책에 이끌린다면, 그것은 기존 접근법이 효과가 없기 때문이다. 그렇다면 대안을 실험하지 않을 이유가 없지 않겠는가? 합리적이고 사려 깊은 사람이라면 이 상황에서 더 효과적인 방법을 찾아볼 것이다.

날씬하고 건강한 사람들은 이런 심정을 이해하지 못한다. 굳이 예외를 찾자면 날씬한 부모가 살찐 자녀의 고충을 이해하려고 안간힘을 쓰는 경우가 있겠다. 관점으로 모든 것을 설명할 수는 없겠지만, 주변의 세상을 이해하려 할 때 관점이 중요한 역할을 하는 것은 분명하다. 행동심리학자이자 노벨상 수상자인 대니얼 카너먼Daniel Kahneman의 말을 빌리자면 "보이는 것이 전부"다. 우리 모두가 어떻게 먹어야 하는지에 대한 영양학 권위자들의 생각을 결정한 것은 날씬한 사람들의 관점—그들의 눈에 '보이는 것'—이었다. 날씬한 사람들에게 체중 조절은 쉬운 일이거나 비교적 쉽다. 이런 까닭에 그들은 다른 사람들도 그릴 수 있으리라 지레짐작한다.

어쩌면 동기를 충분히 부여받거나 우선순위를 옳게 정하면 우리
도 그럴 수 있으리라 지레짐작하는 것인지도 모르겠다. 이런 사고방
식은 노골적인 '뚱보에게 창피 주기'로 곧장 연결된다. 이것은 20세
기 내내 비만에 대한 학계와 의료계의 생각에 깔린 거센 기류였다.
(1930~1960년대의 비만 및 비만 치료에 대한 학계의 논의를 21세기의 시각에서
읽어보면 날씬한 전문가들이 구사하는 충격적일 만큼 편향되고 성차별적이고 모
멸적인 언어에 몸서리가 난다. 그들은 날씬하지 않은 환자에게 타당한—제 딴에
는—조언을 했는데도 환자가 날씬해지기를 완강히 거부하더라고 말한다.) 관점
의 문제는 의사들도 마찬가지다. 날씬한 의사들, 특히 날씬한 환자를
주로 보는 의사들은 권위자들의 전통적 사고방식에 의문을 제기할 이
유가 전혀 없다. 그들이 어떤 처방을 하든 자신과 뚱뚱하지 않은 환자
들에게는 효과가 있는 것처럼 보이기 때문이다. 그들은 자신의 방법
이 모든 경우에, 모든 사람에게 효과가 있을 거라고 가정해서는 안 되
는 이유를 알지 못한다. 그것은 자연스러운 가정이지만 옳은 가정은
아니다.

(기자 출신의 날씬한 식품 운동가 마이클 폴란Michael Pollan이 조언하듯)
"과식하지 말[고] 적당히" 먹거나, (남달리 똑똑하다고 스스로 생각하는 날
씬한 사람들이 말하듯) "절제 이외의 모든 것을 절제하"기만 하면 건강
체중을 달성하거나 유지할 수 있다고 조언하는 사람들이 날씬한 사람,
적어도 뚱뚱하지 않은 사람인 것은 이 때문이다. 그들은 쉽게 살찌는
사람도 이렇게만 하면 자신처럼 날씬한 사람으로 얼마든지 탈바꿈할
수 있다고 암시하며 스스로도 그렇게 믿는 듯하다(그들은 자신이 쉽게 살
찌는 사람이 아님을 알지 못한다). (운동도 마찬가지다. 날씬한 마라톤 선수는 누

구나 마라톤을 하면 날씬해질 수 있다고 믿을 가능성이 다분하다.)

(지난 50년간 들었듯) 제대로 먹어야 한다며, 그것이 자신들에게 효과가 있다고 말하는 사람들이 예외 없이 날씬하고 건강한 사람인 것도 그래서다. 그들의 논리는 살찐 사람들도 그렇게 하면 틀림없이 날씬해지고 건강해진다는 것이다. 최소한 더 찌지는 않을 거라고 말한다. 따라서 그들의 조언대로 먹는데도 살이 더 찌거나 체중이 그대로라면, 그들의 현명한 조언을 따르지 않았거나 포기했기 때문이라는 것이다. 그게 사실이라면 문제는 우리의 동기와 우선순위이고 우리는 핀잔받아 마땅하다.

'보이는 것이 전부'라는 문제를 더 복잡하게 만드는 것은 호기심과 공감 능력의 결여다. 체중 조절에 대한 전통적 사고방식을 옹호하는 사람들은 자신의 가정이 정말로 옳은지, 건강하게, 적당히 먹고 규칙적으로 운동하고 "과식하지 않"으려고 열심히 노력하는데도 과체중이거나 비만인 사람이 많고 늘어나고 있지는 않은지에 대해 결코 의문을 제기하지 않는다. (그런 노력을 전혀 들이지 않고도 언제나 날씬한 사람들이 많은 것과 같은 이치다.) 호기심과 공감 능력의 결여는 비만과 체중 조절에 대한 공식 권위자들과 (날씬한) 자칭 권위자들 대부분이 지닌 한결같고 결정적인 특징이었다.

사실 쉽게 살찌는 사람들은 체중을 조절하기 위해 열심히 노력해야 하기 때문에, 체중 조절에 실패했더라도 깨어 있는 시간에는(애스트우드의 말마따나 꿈속에서도) 무엇을 먹어야 하고 먹지 말아야 하는지, 식사량을 어떻게 조절해야 하는지에 대한 생각으로 여념이 없다. 그게 우리가 하는 일이다. 많은 사람들은 결국 싸움을 포기하고 죄책감이나 숙명론, 또는 둘 다에 빠진다. 자포자기하는 것은 희망이 보이지 않기 때문인지도 모른다. 아무리 건강에 좋은 식품을 먹고 깐깐하게 식사량을 조절하고 전통적인 조언을 충실히 따라도, 비만과 당뇨병이 우리의 운명인 것처럼만 보이니 말이다.

◆ ◆ ◆

이때 결정적으로 중요한 논점이 두 가지 있다. 첫 번째 논점은 영양 및 학계의 권위자가 우리를 실망시켰으며, 모두 이 사실을 인정해야 한다는 것이다. 그들이 우리를 실망시키지 않았다면 비만 유행이 이 지경에 이르렀을 리 없으니 말이다. 이것이 지금과 앞으로의 모든 논의를 둘러싼 맥락이다. 나는 이것이야말로 비만과 체중 조절에 대한 대중적 논의의 맥락이어야 한다고 믿는다. 전통적 사고방식과 조언이 효과가 있었다면, 덜 먹고 더 운동하는 것이 비만과 초과 체중 문제의 유의미한 해법이었다면 이 지경에 이르지 않았을 것이다. 우리가 살찌는 이유가 소비하는 것보다 많은 열량을 섭취하고 잉여 열량을 지방으로 저장하기 때문이라면, 우리는 이 지경에 이르지 않았을 것이다. 지금보다 훨씬 많은 사람들이 날씬하고 건강할 것이며, 이런 책은 필요하지 않을 것이다. 전통적 사고방식의 실패야말로 다이어트와 건강에 대한 온갖 혼란, 언론에서 '다이어트 전쟁'이라고 즐겨 부르는 수십 년에 걸친 논쟁, 전 세계적인 비만·당뇨병 유행(전 세계보건기구 사무총장이 최근에 말한 바에 따르면 "슬로모션 재앙")의 뿌리다.

두 번째 논점은 첫 번째 논점의 바탕이다. 살찐 사람들이 섭취 열량과 소비 열량의 균형을 맞추지 못하는 반면 날씬한 사람은 그렇다는 논리는, 우리가 너무 많이 먹어서 살찐다는 개념에서 직접적으로 도출되는 결과다. 한마디로, 이것이야말로 문제의 근원이다. 이것은 간단한 논리이며 애매할 이유가 전혀 없다. 쉽게 바로잡지 못할 이유도 전혀 없다. 사실 20년 가까이 이 논쟁의 역사를 조사하고 그 안에 파묻혀 살았는데도, 나는 이 문제가 오랫동안 해결되지 않았다는 사실이 여전히 이해되지 않는다. 하지만 이것이 현실이니 어떻게 해서든 그 이유를 알아내야 한다.

수십 년에 걸쳐 비만 연구가 진행되고 실험과 임상 시험에 수십억 달러가 쓰였는데도 모든 영양·식단 조언의 근저에 놓인 기본 개념은, 살찐 사람과 날씬한 사람이 생리학적으로 사실상 똑같고 먹는 것에 몸이 똑같이 반응한다는 것이다. 단, 살찐 사람들은 어느 순간 너무 많이 먹고 에너지를 너무 적게 소비하여 뚱뚱해진 반면, 날씬한 사람은 그러지 않았다는 것이다. (작가 록산 게이Roxane Gay는 고도 비만의 삶을 묘사한 비망록《헝거》에서 비만이라는 단어조차 "뚱뚱해질 때까지 먹다"라는 뜻의 라틴어 단어 오베수스obésus에서 왔다고 꼬집는다.)

권위자들은 비만이 "복잡한 다인자 장애"인 이유를 설명한다며 정교한 의학 용어를 주워섬긴다. 그러는 이유 중 하나는 비만의 치료와 예방에 대해 수십 년째 유의미한 돌파구를 전혀 찾아내지 못한 책임을 면하기 위해서다. 하지만 그들이 실패한 이유는 그들의 사고방식에 내재해 있으며, 이는 변명의 여지가 없다. 건강 관련 단체나 권위자가 비만의 원인을 소비 열량보다 섭취 열량이 많기 때문이라고, 과식하기 때문이라고 말할 때마다 그 토대에 깔린 가정은 다음과 같다. 날씬함을 유지하는 사람과 살찌는 사람의 유일한 차이는 날씬한 사람이 섭취와 소비의 균형을 맞추는 반면에 살찐 사람은 그러지 못한다는 것, 적어도 살찌는 동안에는 그러지 못했다는 것이다.

BBC의 케임브리지 대학교 유전학자는 2016년 논문 첫머리에서 이 점을 (어쩌면 스스로도 깨닫지 못한 채로) 지적한다. "어떤 차원에서 비만은 단순한 물리학의 문제임이 분명하다. 너무 많이 먹고 에너지를 충분히 소비하지 않은 결과인 것이다. 하지만 더 복잡한 문제는 왜 어떤 사람은 남들보다 많이 먹느냐는 것이다." 후자의 문제가 더 복잡할지는 모르지만, 그는 왜 어떤 사람들이 남들보다 몸에 지방을 더 많이 축적하는지는 묻지 않는다. 왜 어떤 사람들이 쉽게 살찌는 반면에 남들은 그러지 않는지도 묻지 않는다. 돼지, 소, 양, 심지어 비만 성향을 지닌 래브라드 리트리버 같은 동물은 쉽게 살찌는 반면, 다른 동물은 그러지 않는데도 말이다. 그가 묻는 것은 왜 우리가 더 먹는지, 즉 왜 너무 많이 먹는지다. 하지만 그 이면에는 우리가 그럴 수밖에 없으며, 그것이야말로 우리가 살찌는 이유라는 근원적 자각이 있다.

2018년 늦여름, 공익과학센터 소식지 〈뉴트리션 액션Nutrition Action〉에 국립보건원 수석 비만 연구자와의 문답이 실렸다. 전문가는 비만의 원인과 비만 유행에 대한 자신의 견해(전통적 사고방식)를 밝혔는데, 우리 사회가 식품에 과도한 열량을 주입하고 뚱뚱한 사람들이 무심결에 그것을 먹기 때문이라는 것이었다. 그는 조언이랍시고 이렇게 말했다. "비만한 사람들은 여분의 열량을 훨씬 많이 섭취하고 있을 가능성이 큽니다."

여기서 눈여겨볼 점은 그가 인류에게 알려진 가장 난치성인 만성 장애 ─ 모든 주요 만성병에 걸릴 위험을 부쩍 증가시키는 장애 ─ 중 하나에 대한 한 세기의 의학적·영양학적 연구의 (현재까지의) 최종 결과를 이야기하고 있었다는 것이다. 이 장애가 존재하는 이유가 일부 사람들이 너무 많이 먹기 때문이라는 말이 여전히 회자된다. 외부에서

들이미는 열량을 거부할 만큼 조심하지 않기 때문이라는 것이다.

"공복감과 포만감의 조절이 핵심이라고 생각한다." 옥스퍼드 대학교에서 내분비·대사 유전학을 연구하는 서실리아 린드그렌Cecilia Lindgren이 최근 〈뉴욕타임스〉에 기고한 놀랍도록 솔직한 논평의 한 문구다. "어디에나 음식이 있다. 살짝 출출한데 누군가가 모임 자리에서 커다란 도넛 접시를 내밀었을 때 도넛을 집는 사람은 어떤 사람일까?" 그녀의 속뜻은 체질적으로 날씬한 사람은 자제할 수 있지만, 비만 성향이 있는 사람은 참지 못한다는 것이다. 이것을 '도넛 집기' 비만 이론이라고 하자. 린드그렌은 도넛이 넘쳐나는 현대의 식품 환경에서 왜 어떤 사람들은 너무 많이 먹는 것을 그만두지 못하는가를 결정하는 것이 유전자일 수도 있으며, 이런 까닭에 그들을 비난할 수는 없다고 주장했다. 하지만 도넛을 집는 것은 여전히 자발적인 행위다. 즉, 여기에는 의지력을 발휘하여 통제할 수 있다는 의미가 담겨 있다.

말로 표현하지는 않았지만 그녀의 암묵적인 주장은 너무 많이 먹는 사람이 고삐 풀린 식욕을 억제하고 식사량을 줄이고 도넛을 집지 않도록 유도하는 법을 연구자들이 알아낼 수만 있다면, 체중을 감량하거나 아예 살찌지 않을 수 있다는 말이다. 다시 말하지만, 이는 살이 찐 사람이 왜 실패했는가에 대한 암묵적 판단으로 이어진다. 그것은 (날씬한 친구나 형제자매와 달리) 지방을 축적하는 것은 몸의 문제가 아니고, 호르몬 현상이나 생리적 현상도 아니고, (도덕적 해이이든, 의지박약이든, 부주의이든, 탐식과 나태의 죄이든) 행동 측면의 기벽이라는 것이다. 즉, 여전히 뚱뚱한 것은 전문가의 조언이나 잘못된 사고방식 때문이 아니라 우리 자신 때문이라는 논리다.

살찐 사람에 대한 비난, 누가 도넛을 집었는지 따지는 분위기, 도

덕적 판단과 뚱보에게 창피 주기 등은 비만의 궁극적인 원인이 과식이
라는 개념에 언제나 내재해 있었다. 이 논쟁의 많은 측면이 그렇듯, 여
기에서도 역사를 알면 도움이 된다. 뚱보에게 창피 주기가 일상화된
시점은 1930년대로 거슬러 올라간다. 미시간 대학교의 의사 루이스
뉴버그Louis Newburgh는 의사와 비만 연구자에게 비만이 너무 많이 먹
어서—그의 말에 따르면 "도착적 식욕"이나 "에너지 유출 감소" 때문
에—생기는 것이지, 호르몬이나 생리적 결함 때문이 아니라고 수십 년
간 말했다. 그의 동료인 마거릿 우드웰 존스턴Margaret Woodwell Johnston
은 1930년에 이렇게 썼다. "비만은 언제나 에너지의 과잉 유입 때문에
생긴다." 열량을 연료로 태우지 않고 지방으로 저장하는 "내분비 교
란"—즉, 호르몬—은 결코 원인이 아니라는 것이다. 뉴버그의 발언에
따르면 원인은 항상 과식이다.

　　하지만 명백한 의문이 떠오른다. 그렇다면 과식을 유발하는 것은
무엇일까? 이렇게 질문할 수도 있겠다. 왜 뚱뚱한 사람들은 살이 찌
지 않도록 자발적으로 식욕을 억제하고 과잉 유입을 차단하지 못하는
걸까? 이것이 의지력의 문제일 뿐일까? 이 또한 해명이 필요하다(마
찬가지로 식품이 넘쳐나는 세상에서 왜 어떤 사람들은 너무 많이 먹고 다른 사람
들은 그러지 않는지에 대해 〈뉴트리션 액션〉의 국립보건원 권위자는 해명해야 한
다). 이렇게 해서 뉴버그는 자신의 뒤를 이은 모든 사람과 더불어 생
리적 장애를 성격의 결함으로 둔갑시켰다. 뉴버그는 과잉 유입이 "식
탐이나 무지와 같은 다양한 인간적 약점"의 결과라고 말했다. 내가 품
은 의심은—이 일이 고인에게 누가 되지 않길 바란다—뉴버그가 말
라깽이였다는 사실이 그의 사고방식에 큰 영향을 미치지 않았을까 하
는 것이다.

심지어 호르몬과의 연관성이 명백해 보이는 사례에서도—이를 테면 여성은 폐경이나 자궁 절제를 겪고 나면 몸무게가 몇 킬로그램씩 증가한다—뉴버그는 식탐과 나약함 이외의 설명을 내놓으려 하지 않았다. 이렇게 "잘 알려진" 현상을 동물을 통해 연구한 내분비학자들은 1920년대 후반에 여성 호르몬(특히 에스트로겐)이 지방 축적 과정에서 중요한 역할을 한다고 결론 내렸다. 폐경이나 자궁 절제 이후에 에스트로겐의 분비가 줄면 지방이 축적된다. 이것은 동물 암컷에게 일어나는 현상이다. 인간 여성에게도 같은 현상이 일어나는 것은 당연하다. 그렇다면 적어도 호르몬과 관계가 있는 것이 틀림없다. 하지만 뉴버그는 그렇지 않다고 주장했다. 모든 것이 너무 많이 먹기 때문이라는 것이다. "폐경을 겪으면서 살찌는 여성은 브리지 게임을 즐기면서 긴장이 풀리고 흥겨운 나머지, 입에 물고 있는 사탕 때문에 허리둘레가 늘고 있다는 것을 모르거나 잘 알지 못하는 듯하다." 참으로 과학적이기도 하지.

1961년, 〈타임〉 지는 이 논리를 받아들여 커버스토리에서 미네소타 대학교의 영양학자 앤설 키스Ancel Keys를 다뤄 큰 반향을 일으킨 것과 더불어 훗날 저지방 식단 운동으로 알려진 운동을 벌이는 터무니없는 실수를 저질렀다. '뚱뚱한 사람과 날씬한 사람을 가르는 유일한 차이는 식욕을 조절하는 능력'이라는 개념이 유포되는 데 뉴버그가 핵심적 역할을 한 것과 마찬가지로, 키스는 심장병에 걸리는 이유가 지방을 너무 많이 먹거나 적어도 포화지방을 너무 많이 먹기 때문이라고 전 세계 의료 권위자들을 설득했다. 지방(식이 지방과 체지방 둘 다)의 해악에 대한 〈타임〉 지 기사는 교과서 《해리슨 내과학》을 인용하여 "가장 흔한 형태의 영양실조[는] 열량 과잉, 즉 비만"이라고 말했

다. 마치 열량 과잉과 비만이 똑같다는 투였다. 그러고는 비만이 뉴잉
글랜드 청교도 공동체에서는 죄악으로 여겨졌고 지금도 여전히 그럴
거라고 암시한 뒤, 키스의 말을 인용했다. "어쩌면 비만이 부도덕하다
는 생각이 다시 자리 잡으면 뚱뚱한 사람이 생각을 고쳐먹을지도 모
른다."

　물론 여기에는 터무니없는 속뜻이 담겨 있었는데, 그것은 생각을
고쳐먹으면(또는 식탐에 빠진 폐경기 주부가 친구들과 브리지 게임을 하면서 봉
봉 사탕을 빨지 않으면) 과식을 멈추거나 무분별하게 먹는 것을 멈추고
식사량과 식욕을 조절하여 날씬해지리라는 것이다. 그러면 만사 오케
이다. 자신이 알든 모르든, 덜 먹고 더 운동하여 체중을 감량하고 섭취
열량보다 소비 열량이 커지도록 열량을 계산하라고 조언한 모든 의사,
영양사와 운동 강사, 이웃과 형제자매, 권위자는 날씬한 사람과 비만
해지는 사람이 생리적으로 똑같으며 행동만 다를 뿐이라는 개념에 사
로잡혀 있다.

　이 신념 체계는 1950년대 이래 비만에 대한 우리의 인식을 지배
했지만, 이제는 시효가 지났다. 틀린 게 너무 많아서 일일이 열거하기
도 힘들다. 1961년에도, 심지어 1931년에도 이미 오류로 판명 난 것들
이다. 이 논리의 가장 명백한 문제 중 하나는 순환 논증이라는 점이다.
매우 훌륭한 임상 연구자들이 20세기 중엽에 이 문제를 거듭해서 지적
했지만, 의사와 영양사에서 도덕주의자로 돌아선 자들은 콧방귀만 뀌
는 듯 보였다. 물론 살찌고 덩치가 커진다는 것은 소비하는 것보다 더
많은 에너지를 섭취한다는 의미이며, 이때 여분의 열량이 지방(엄밀히
말하자면 지방뿐 아니라 필요에 따라 지탱하고 움직이는 일부 근육이나 제지방 조
직)으로 저장되는 것도 사실이다. 따라서 살찌는 과정에서는 과식할

수밖에 없다. 하지만 이것은 원인과는 아무 상관이 없다. 여기에 순환 논증이 있다.

우리는 왜 살찌는가? 과식하기 때문이다.

우리가 과식하고 있다는 건 어떻게 아나? 살찌고 있기 때문이다.

우리는 왜 살찌고 있는가? 과식하기 때문이다.

논리학자들은 이렇게 돌고 도는 논리를 동어 반복이라고 말한다. 이것은 똑같은 것을 두 가지 방식으로 말하면서 어느 쪽도 설명하지 않는 수법이다. 살찌고 있다는 것은 체질량과 에너지 저장량이 증가하고, 따라서 소비하는 것보다 더 많은 에너지(열량)를 섭취하고 있다는 뜻이다. 그렇다, 우리는 과식하고 있다. 하지만 똑같은 논리로, 키가 크고 있다면 소비하는 것보다 더 많은 열량을 섭취하고 있는 것이다. 하지만 과식해서 키가 큰다고 말하는 사람은 아무도 없다. 부유해지고 있다는 것은 쓰는 것보다 더 많은 돈을 벌고 있다는 뜻이다. 하지만 과하게 벌어서 부유해진다고 말하는 사람은 없다. 설령 과하게 버는 것이 부유해지는 과정에서 실제로 일어나는 일이라고 해도—정의에 따르면 사실이니까—터무니없는 논리다. 그렇다면 비만에 대해서만은 이런 순환적 설명이 통용되는 이유가 무엇일까? 설명처럼 보일 뿐 원인에 대해서는 아무것도 알려주지 않는데 말이다.

과학에서 가설은 자연에서나 실험실에서 관찰하는 것(왜 저 일이 일어나지 않고 이 일이 일어났을까?)에 대해 설명(이상적으로는, 검증 가능한 가설)을 제시하기 위한 것이다. 더 많은 관찰을 설명하거나 더 많은 현상을 예측할수록 가설의 설명력은 커지고 가설 자체도 좋아진다. 과식하기 때문에 살찐다는 주장은 (촌철살인의 명수인 전설적 물리학자 볼프강 파울리Wolfgang Pauli의 말마따나) 틀리지조차 못했다. 아무것도 설명하지 않기 때문이다.

내가 옹호하는 반론은 쉽게 살찌는 사람들이 그렇지 않은 사람들과 근본적으로, 생리적으로, 대사적으로 다르다는 애스트우드의 믿음이다. 여기에 담긴 의미는 쉽게 살찌는 사람들이 날씬한 사람들과 똑같은 음식을 똑같은 양만큼 먹어도 살이 찔 수 있다는 것이다. 날씬하고 건강한 사람들이 먹는 것처럼 먹으라는 조언이 통할 거라 기대해서는 안 된다. 날씬하고 건강한 사람들이 먹는 것처럼 먹으면서 살찌기 때문이다. 사실 우리는 날씬하고 건강한 사람들이 먹는 것처럼 먹으면 살찌는 동시에 허기진다. 우리는 다르게 먹어야 한다. 문제는 어떻게 다르게 먹을 것인가다.

비만의 생리적 본성에 대한 관찰은 수십 년 전, 아마도 수백 년 전으로 거슬러 올라간다. 가장 두드러진 예는 (애스트우드가 "돼지를 생각해보세요"라며 지적했듯) 1930년대 후반 이후로 영양학자와 비만 연구자가 연구한 동물 및 동물 모형이다. 사실 연구자들은 이것이 동물에 대해서는 분명히 사실임을 인정하면서도—일부 동물이 살찌는 것은 사실상 얼마나 먹느냐와 무관하며, 마른 동물보다 더 먹지 않는데도 살이 찐다—사람이 너무 많이 먹어서 살찌는 건 누구나 알지 않느냐며 인체와의 연관성을 부정한다. 그들은 에너지 균형 논리와 그 의미에 단단히 사로잡혀 도무지 헤어나지 못한다.

1960년대를 지나 1970년대에 접어들어서까지 미국에서 가장 영향력 있던 영양학자 장 메이어를 예로 들어보자. 메이어는 1940년대 후반에 하버드에서 연구 활동을 시작했으며 나중에 터프츠 대학교 학장이 되었다. 터프츠 대학교 영양학 대학원에는 훗날 그의 이름이 붙었다. 영양학자로서 메이어는, 과학자라면 — 최고의 과학자라도 — 으레 그렇듯, 옳은 말보다 틀린 말을 더 많이 했다. 만년에 그는 사람들이 비만해지는 이유가 충분히 운동하지 않기 때문이라는 주장을 읊어댔다. 신체 활동에 집착하는 풍조는 1970년대 메이어의 전도 활동에서 그 뿌리를 찾을 수 있다. 하지만 1950년대에 학계에 입문할 때만 해도 그의 연구 분야는 비만 생쥐였다. 그는 이렇게 썼다. "이 생쥐들은 가장 뜻밖의 상황에서, 심지어 굶어 죽을 지경인데도 먹이를 지방으로 저장한다."

이것이 과체중과 비만의 본질이다. "비정상적인 지방 축적으로 인해 현저한 과체중으로 향하는 강제적 성향"의 뜻이 바로 이것이다. 메이어의 생쥐는 너무 많이 먹어서 살찐 것이 아니다. 단지 먹어서 찐 것이다. 이 생쥐들은 굶어 죽을 지경이 되어도 날씬해지지 않았다. 허기지고 약간 수척해진 것이 고작이었다.

그렇다면 비만의 의미를 다시 정의해야 한다. 뚱뚱한 사람은 날씬한 사람과 똑같은 조건에서, (생리적 이유에서든, 신경생물학적 이유에서든) 식욕을 조절하지 못하고 너무 많이 먹어서 살찐 것이 아니다. 굶어 죽을 지경인데도 몸이 여분의 지방을 축적하려 들기 때문에 살찐 것이다. 문제는 지방을 축적하려는 성향이며, 이것이 바로 살찐 사람과 날씬한 사람의 차이다. 허기와 갈망, 뒤이은 실패와 죄책감은 애스트우드의 말마따나 결과일 뿐이다.

이것은 체중 때문에 고생해본 사람, 쉽게 살찌는 사람이라면 누구나 아는 사실이다. 쉽게 살찌는 사람은 그렇지 않은 사람과 근본적으로 다르며, 이 차이는 자궁에서부터 생겼을지도 모른다. 그들은 생리

가 다르고 음식에 대한 호르몬 반응과 대사적 반응이 다르다. 그들의
몸은 열량을 지방으로 저장하지만, 날씬한 사람들의 몸은 그러지 않는
다. 1909~1910년에 집필된 조지 버나드 쇼의 희곡 〈어울리지 않는 결
혼misalliance〉에서 등장인물 존 탈러턴John Tarleton이 말한다. "그건 체질
적인 겁니다. 아무리 적게 먹어도, 그렇게 생겨먹었으면 살이 찝니다."
쇼가 탈러턴의 입을 빌려 약간 과장했을지는 몰라도, 이것은 개념을
일목요연하게 포착한 촌철살인의 문구였다. 이 사람들은 날씬해지고
건강해지고 싶다면 — 그런 일이 가능하다면 — 다르게 먹어야 한다. 그
들에게는 먹으면 안 되는 음식이 있다. 날씬한 친구들을 살찌게 만들
지 않는 음식이 그들을 살찌게 만들기 때문이다.

　1977년에 비만 담론의 역사에서 촌극이라 할 만한 사건이 벌어졌
는데, 미 의회 소위원회 청문회에서 의원들이 당대의 내로라하는 학계
전문가들로부터 비만의 원인과 치료법에 대해, 또한 섭취 열량과 소비
열량의 '필연적' 관계에 대해 설명을 듣고 있을 때였다. 오클라호마 상
원의원 헨리 벨몬Henry Bellmon은 증언을 듣다가 머리를 긁적였다. 그는
쉽게 살찌는 게 어떤 것인지 알았고 자신 또한 체중과 씨름하고 있었
기 때문이다. 다음의 발언은 그 자신에 대한 것이었는지도 모르겠다.
아니라면 사랑하는 사람 때문에 개방적인 태도를 가지게 된 분명하다.

　"지나치게 단순화하지는 않았으면 좋겠습니다. 지금 증언은 '과
체중인 사람들의 문제는 밥상에서 더 일찍 일어나야 하는 것뿐'이라는
식으로 들립니다. 하지만 상원 식당에서 밥 돌Bob Doll 상원의원을 봤
더니, 아이스크림 두 덩이, 블루베리 파이, 고기와 감자를 먹고도 캔자
스 서부의 코요테만큼이나 날씬합니다. 반면에 어떤 사람들은 양상추,
코티지 치즈, 호밀빵을 먹는데도 살이 안 빠집니다. 이것은 사람들의

연료 이용 방식에 차이가 있기 때문이 아닐까요?"

청문회에 참석한 전문가들은 "이런 유형의 사례를 끊임없이 접한"다고 인정했지만, 설명은 전혀 내놓을 수 없었다. 탐식이 으뜸가는 요인이라는 확신 때문에 엄두조차 내지 못했다. 사실 증거는 언제나 분명했다. '비만은 너무 많이 먹고 너무 적게 운동하기 때문'이라는 개념과 조화시킬 수 없었을 뿐이다.

벨몬 상원의원과 마찬가지로, 건강 체중을 달성하고 유지하고 싶어 하는 사람들은 비만이 에너지 균형의 문제라는 생각을 받아들일 수 없다. 그렇게 해서는, 평생 그랬듯 어떤 결과에도 도달할 수 없기 때문이다. 애스트우드가 주장한 것처럼, 비만을 당뇨병과 비슷한 호르몬, 대사, 생리의 문제로 보아야 한다. 지금은 괜찮아 보이더라도 나이가 들면서 그런 문제를 겪는 사람들이 있는가 하면, 평생 문제가 나타나지 않는 사람들도 있다. 어떤 사람들은 아이스크림, 파이, 고기, 감자를 실컷 먹고도 캔자스 서부 코요테만큼 날씬하지만, 어떤 사람들은 그렇지 못하다.

하지만 음식은 관련 호르몬에 크나큰 영향을 미치는데, 이 이야기는 뒤에서 할 것이다. 이것은 교과서에 나오는 의학 지식이다. (권위자들이 한결같이 정의하는 대로) '건강하게' 먹으라는 조언은 보편적이고 당연해 보이지만, 모든 사람에게 해당하는 것은 아니다. 저 조언에서 '건강하게'라는 부사어는 '날씬하고 건강한 사람들이 먹는 것처럼'의 동의어이지만, 우리는 그들과 다르다. 우리는 쉽게 살이 찌고, 그들은 살이 찌지 않는다. 아침저녁으로 서구의 일반적인 가공식품 — 마이클 폴란에 따르면 "음식을 가장한 물질" — 을 먹고 가당 음료(탄산음료, 과일 주스, 에너지 음료, 모카 라테 카푸치노)를 마시는 것보다는 그들처럼 먹는 게 낫겠지만, 그걸로는 부족하다. 그러다가 몸에 피해를 입힐 수도 있고, 적어도 과거의 피해가 유지되게끔 만들 수도 있기 때문이다. 우리가 그들과 다르게 먹어야 하는 이유는 우리가 그들과 다르기 때문이다.

3 _____ 사소한 것의 중요성

**살찌는 사람들은 매일 지방세포에 소량의 지방을 채워 넣는 반면에
날씬한 사람들은 그러지 않는다**

쉽게 살찐다는 것이 무슨 뜻인지 좀 더 살펴보자. 비만 및 만성병 권위자들의 특징은 (앞에서 말했듯) 호기심과 공감 능력이 결여되었다는 것이다. 이 분야에서는 그로 인한 문제를 적나라하게 확인할 수 있다.

이것을 염두에 두고서 비만에 대한 앤설 키스의 입장을 들여다보자. 뚱뚱한 사람이 너무 많이 먹어서 살찐 거라면, 호기심이 있는 사람은 이런 합리적인 의문을 떠올릴 것이다. 얼마만큼이 너무 많은 걸까? 비만의 과학에 대한 전문가를 자처하는 학자들은 전통적 사고방식을 옹호하는 독단적인 발언을 내뱉으면서도 그 의미를 깊이 파고들지는 않는다. 하버드 의과대학 교수 제롬 그루프먼Jerome Groopman이 〈뉴요커〉에 쓴 글은 또 어떤가? "열량의 중요성 ─ 획득한 에너지가 방출한 에너지를 초과하면 잉여 에너지가 지방이 된다 ─ 은 여전히 식이과학 분야에서 이론의 여지가 없는 몇 가지 사실 중 하나다." 설령 이 말

이 (이론의 여지가 없는) 사실이라고 해도, 이런 질문을 던져야 하지 않을까? 에너지가 얼마나 초과돼야 문제가 될까? 획득한 에너지, 즉 방출하지 않은 에너지는 얼마나 될까? 이것은 정확히 무엇에 대해 이야기하는 것일까?

　이 수치는 쉽게 계산할 수 있다. 조사해보니, 이 수치를 처음으로 계산한 사람은 20세기 초 독일의 당뇨병 전문가 카를 폰 누르덴Karl von Noorden이다. 그는 비만이 너무 많이 먹어서 생긴다는 믿음을 루이스 뉴버그에게 물려주었다. 영양학자들은 사람들이 섭취하는 열량뿐 아니라 얼마나 소비하는지도 측정할 수 있다는 사실에 매료되었다. 이것은 1860년대 후반에 독일의 영양학자들이 발명한 **열량계**라는 새로운 장치 덕분이었다. 열량 섭취량 및 소비량을 측정하는 일이 연구자들 사이에서 유행했는데, 그 결과 그들의 생각에 중대한 영향을 미쳤다. 당시에는 이것이 그들이 알 수 있는 전부였다. 폰 누르덴은 하루에 200칼로리씩만 과식해도(또는 덜 소비해도) 1년에 7.7킬로그램의 지방이 축적된다고 추정했다(이 책에서 '칼로리'는 '영양학에서 식품의 영양가를 열량으로 환산하여 나타낸 단위'로, 1칼로리는 1kcal에 해당한다—옮긴이). 이만큼의 잉여 열량만 지방 조직으로 저장해도 체질량이 이 정도로 증가한다는 것이었다. 200칼로리는 맥주 500cc에 해당한다.

　즉, 매일 맥주 한 잔을 마시거나, 주스를 큰 잔으로 마시거나, 땅콩을 너무 많이(약 서른 개) 먹고 이 열량이 지방 조직에 저장되면 5~6년 내로 날씬한 몸에서 고도 비만으로 바뀐다는 말이다. 폰 누르덴은 비만한 사람을 무식하다거나 식탐이 있다고 비난하기를 주저했던 것 같다. 그가 이 계산을 통해 전하고 싶었던 말은 아무리 조심해도 극소량의 잉여 열량이 모르는 사이에 식단에 스며들 수 있다는 것이다. 이것은 '뜻하지 않은 과식으로 인한 고도 비만' 이론이라고 부를 수 있을 텐데, 도무지 받아들이기 힘들다.

1년에 7.7킬로그램이면 꽤 많은 증가량이다. 임신부를 제외하면 이렇게 극단적으로 체중 증가를 경험하는 사람은 많지 않다. 하지만 성인기에 접어든 후 1년에 1킬로그램씩 살이 찐다면 어떨까? 10년 뒤에는 10킬로그램, 20년 뒤에는 20킬로그램이 찐다. 20대에 날씬했더라도 중년의 위기를 맞을 즈음에는 비만해지는 것이다. 이 계산은 폰 누르덴의 추정과 별반 다르지 않다. 이를 위해 지방 조직이 축적해야 하는 양은 하루 200칼로리와 한 해 7.7킬로그램이 아니라 하루 20칼로리와 한 해 1킬로그램의 잉여 지방이다. (지방 1킬로그램은 약 7,700칼로리에 해당하므로 7,700칼로리를 365일로 나누면 하루에 21칼로리가 지방으로 저장되는 셈이다.)

그렇다면 하루 잉여 지방의 양은 20칼로리 미만이 되어야 한다. 이것은 땅콩 세 알의 칼로리에 해당한다. 올리브유로 치면 반 티스푼에 불과하다. 따라서 하루에 2,500칼로리를 섭취하되 그중에서 2,480칼로리만 연소 또는 배설하고 나머지 20칼로리를 지방 조직에 고스란히 쌓는 사람은 20년 만에 날씬한 몸에서 비만으로 바뀔 운명이다.

하지만 애스트우드 시절의 대사 연구자들(비만 연구자를 자처하는 사람들과는 다른 집단이니 헷갈리지 말 것)이 그랬듯, 이 문제를 다른 식으로 생각해볼 수도 있다. 지방세포는 하루에 수천 칼로리, 적어도 수백 칼로리의 지방을 저장한다. 지방세포들은 식사 후에 열량을 거둬들여 일시적으로 저장했다가 몸의 다른 세포에서 연료로 쓸 수 있도록 혈류로 돌려보낸다. 저장된 지방은 매일 밤낮으로 이렇게 활용된다. 잠자고 있을 때에는 낮 동안 저장된 지방이 연소된다. 이제 지방세포가 거뒤들인 열량이 대부분 방출되거나 대사되거나 배설된 뒤에도 지방세포에 20칼로리가 남아 결코 쓰이지 않는다고 상상해보라. 그러면 간이 매일같이 그 열량을 챙겨 지방세포로 돌려보낸다. 이런 사정이라면 당신은 비만해질 운명이다. 이 말인즉 20칼로리가 인체에 있는 **수백억 개**의 **지방세포에** ― 지방세포 하나당 말 그대로 극미량씩 ― 퍼지고 있다는 뜻이다.✦

지방이 이런 식으로 저장된다고 생각해보면, 왜 어떤 사람들은 아무리 노력해도 살찌는지 이해하는 첫발을 내디딜 수 있다. 이유는 밝혀지지 않았지만, 어떤 사람들의 지방 조직은 매일 20칼로리의 잉여 열량에 해당하는 지방을 저장한다. 매일같이 수백, 수천 또는 그 이상의 칼로리가 일시적으로 지방 조직에 지방으로 저장되지만 ― 이것은 사실상 우리가 섭취하는 모든 지방이며, 엄밀히 말해서 우리가 섭취하는 탄수화물로부터 간세포가 새로 만들어내는 지방도 마찬가지다 ― 그중 20칼로리가 빠져나오지 않는 것이다. 이 현상이 왜 일어나는지는 알 수 없지만(나중에 설명을 시도할 것이다) 이렇게 해서 잉여가 생기며 이것이 엄청난 차이를 만들어낸다. 날씬한 사람과 살찐 사람, 체질적으로 날씬한 사람과 체질적으로 뚱뚱한 사람의 차이를 만들어내는 것이다. 이게 전부다. 이것이 쉽게 살찐다는 것의 의미다.

✦ 《윌리엄스 내분비학 교과서Williams Textbook of Endocrinology》최신판에 따르면 경도 비만인 사람은 지방세포 700억 개에 약 60만 분의 1그램의 지방, 즉 500만 분의 1칼로리 분량의 지방이 들어 있다. 20칼로리의 잉여 지방을 이 모든 세포에 분배하면 각 세포는 매일 약 10억 분의 3칼로리의 지방을 거둬들이거나 지방 저장량이 약 0.006퍼센트 증가하는 셈이다.

✦ ✦ ✦

다음으로 떠오르는 의문도 꽤 명백하다. 이것이 사실이라면, 마지막 한입이나 한 모금을 먹었을 때, 마지막 5킬로미터나 (수천 걸음을 걷고 나서) 200걸음을 남겨두고 포기했을 때, 우리가 지방 저장의 문지방을 넘었는지, 과식하거나 덜 소비하고 있는지 어떻게 알 수 있을까? 우리 몸은 어떻게 알까? 이런 식의 지방 포획 시나리오를 받아들인다면 어떻게 균형을 잡을 수 있을까?

덜 먹는다고 해서 문제가 해결된다는 보장은 전혀 없다. 하루에 2,500칼로리 대신 2,480칼로리를 섭취해봐야 무의미하다. 두 양의 차이를 알 방법이 없기 때문이다. 하지만 2,300칼로리나 2,000칼로리는 어떨까? 오후 간식을 생략하면 될까? 그래도 지방세포가 하루에 잉여 열량 20칼로리를 거둬들여 저장하는 것을 어떻게 알 수 있을까? 20칼로리는 그날 섭취한 모든 칼로리의 1퍼센트에도 훨씬 못 미치고, 식이지방만 놓고 봐도 2퍼센트 미만이다. 어쩌면 지방세포는 굶어 죽을 지경이 되어도 소량의 지방을 매일 저장할지도 모른다. 이것은 동물 연구에서 한결같이 암시하는 바다.

폰 누르덴은 이 단순한 산수를 사람들이 무심결에 얼마나 많이 먹을 수 있는지 보여주는 근거로 여겼지만, 20세기 초의 전문가들은 비만에 대한 사고방식 전체에 의문을 제기할 만한 근거로 여겼다. 이를테면 1920년대와 1930년대에 미국에서 손꼽히는 인체 대사 권위자인 외젠 뒤부아Eugène DuBois는 자신의 기념비적 교과서에서 이 간단한 산수를 보면 (탐식과 나태를 멀리하여) 에너지 균형을 달성함으로써 체중을 조절한다는 개념 전체가 얼마나 터무니없는지 알 수 있다고 주장했다.

그는 균형이 조금만 틀어져서 매일 극소량의 잉여 열량이 지방으로 저장되어도 10년마다 5킬로그램씩 살이 쪄서 비만해질 수 있다며 이렇게 말했다. "신체 활동량과 식품 섭취량이 들쭉날쭉한데도 체중이 일정하게 유지되는 것보다 기이한 현상은 없다." (물리학자들은 이런 부류의 문제를 일컬어 "구상球狀으로 무의미하다spherically senseless"라고 하는데, 어느 관점에서 보아도 터무니없다는 뜻이다.)

숫자가 얼마나 작은지 염두에 두고, 관점을 달리하여 질문을 바꿔 보자. 물어볼 질문은 온갖 음식과 음료가 넘쳐나는 상황에서 왜 일부 사람만이 극단적으로 살찌느냐가 아니라 왜 모든 사람이 살찌지 않느냐 하는 것이다. 소식하고 늘 약간 배고픈 상태로 지내기 때문이라고 생각할 수도 있지만, 대부분의 사람은 그러지 않는다. 배부를 때까지 먹는다. 그런데 왜 모든 사람이 살찌진 않을까? 동물이 배부르기 전에 먹이 앞을 떠나지 않는다는 것은 분명하다. 그런데 왜 모든 동물이 살찌지 않을까? 제2차 세계대전 이전에 메이오 클리닉의 비만·당뇨병 권위자 러셀 와일더Russell Morse Wilder는 1930년에 이 질문을 제기했다. "그렇다면 왜 모든 사람이 뚱뚱해지진 않을까?" 그가 내놓은 답은 이렇다. "칵테일과 포도주 같은 온갖 수법을 동원하여 식욕을 돋우더라도 대다수 사람들의 경우 인체는 비만에 맞서 끊임없이 자신을 보호한다. 사실 요리법이 발전한 것 자체가 먹어야 하는 것보다 더 많이 먹도록 유도하기 위해서다." ("대다수 사람들의 경우" 인체가 비만에 맞서 자신을 보호한다고 와일더가 말한 것은 거의 90년 전이다. 오늘날이라면 "일부 사람들의 경우"라고 해야 할지도 모르지만, 그의 논점은 여전히 유효하다.)

비만과 과체중에 대한 모든 논의, 이 유행병에 대한 치료와 예방의 관점에서 모든 논의는 이 사소한 숫자와 그 의미가 터무니없음을 이해하는 것에서 출발해야 한다. 하지만 뉴버그와 키스 시절부터 오늘날까지, 권위자들의 논의와 지침에서는 그런 모습을 찾아보기 힘들다. 그들은 터무니없는 지금의 상황을 애써 외면한다. 1953년, 영국의 내분비과 의사이자 당대 저명한 권위자이던 레이먼드 그린Raymond Greene(소설가 그레이엄 그린의 형이기도 하다)은 이런 식으로 외면하는 것을 "의료계의 해묵은 수법, 즉 불편한 증거를 짓뭉개는 것"이라고 일찍이 묘사했다. 그러고는 명백한 사실을 하나 덧붙였다. "까다로운 문제를 외면하는 것은 부실한 해결 방법이다." 이것은 모두에게 해당하는 교훈이다. 정확히 무엇을 설명하려고 하는지 올바르게 정량화하지 않으면 정작 자신이 선호하는 설명이 옳은지 그른지 골머리를 썩일 필요가 없으니 말이다.

오늘날 이 숫자들은 과식이 비만의 원인이라는 논리에 의문을 제기한다. 비만이 유행한다는 말을 뻔질나게 듣고 걱정하는 이유는 미국인의 평균 체중이 30~40년에 걸쳐 10~20킬로그램이나 증가했기 때문이다. 이것은 하루 평균 5~10칼로리의 잉여 지방이 축적되었다는 뜻이다. 말하자면 아몬드 한 알이나 젤리 한 알에 들어 있는 열량 또는 올리브유 8분의 1티스푼에 들어 있는 것보다 적은 열량이 매일 저장된 셈이다. 고등학생 시절에서 50번째 생일까지 15킬로그램이 늘었다면 이 분량의 열량을 태우거나 배설하지 않고 매일 지방 조직에 저장했다는 뜻이다. 이것이 당신이 부러워하는 날씬한 친구와 당신을 가르는 하루치 차이다. 식사량과 운동의 균형을 맞춰서 지방 조직이 지방을 그만큼(하루 5~10칼로리) 축적하지 않게 만들 수 있다고 생각하는 사람이 있다면 그들은 나보다, 또는 이런 난국이 존재하지 않는 것처럼 자신을 속여 문제를 해결하는 영양·비만 전문가들보다 훨씬 뛰어난 상상력의 소유자일 것이다.

✦ ✦ ✦

나는 집필과 조사 과정에서 남다른 사람을 많이 만났는데, 서던캘리포니아에서 고도 비만으로 자란 청년도 그중 하나다. 그는 어릴 적에 몸무게 때문에 놀림받았다. 열여덟 살 생일이 되었을 때 170킬로그램을 웃돌았는데, 이것이 체중계의 최고 수치였기에 정확한 체중은 알 수 없다. 그의 비만은 유전자와 관계가 있는 것이 분명하다. 아버지도 비만이었고, 삼촌은 비만 수술을 받기 전에 360킬로그램 가까이 나갔기 때문이다. 청년은 키가 190센티미터이므로 열여덟 살 때 체질량지수BMI는 적어도 47로, 오늘날 병적 비만에 해당하는 수치다. 체중이 80킬로그램이었다면 BMI는 22.2였을 것이고, 전문가들이 건강하다고 여기는 범위의 중간이었을 것이다. 즉, 날씬하고 건장한 청년이었을 것이다.

따라서 병적 비만과 건강하고 날씬한 삶을 가른 차이는 그가 18년 동안 얻은 90킬로그램이었다. 계산의 편의를 위해 잉여 열량이 모두 지방으로 저장되었다고 가정하자. (잉여 열량의 약 3분의 1은 근육—전문용어로 제지방 조직—이었을 테지만, 요점은 달라지지 않는다.) 그 기간에 그만한 양의 잉여 지방을 축적했다는 것은 하루에 100칼로리의 잉여 열량을 식사에서 얻어 지방 조직에 저장했다는 뜻이다. 이것은 버터 한 테이블스푼 혹은 올리브유 한 테이블스푼보다 약간 많은 양이다. 맥도날드 쿼터파운더 치즈 버거로 따지면 5분의 1조각보다도 적은 열량인 셈이다.

그렇다면 이 청년이 매일 치즈 버거를 자신이 먹어야 하는 양보다 5분의 1 또는 반 개 많이—음식의 소화·흡수에 쓰인 열량을 감안하고, 그가 친구들보다 훨씬 뚱뚱하기에 에너지를 더 많이 소비한다는 사실을 고려하여—먹었기 때문에 병적으로 비만해졌다고 믿어야한다. 그가 식사량을 조절할 줄 알아서 쿼터파운더 치즈 버거를 다 먹기 전에 일어났다면 날씬했으리라고 여겨야 하는 것이다. 이는 그가 식사량을 조절했다면 병적으로 비만해지지 않았을 뿐 아니라 아동기와 청소년기 내내 겪어야 했던 창피와 조롱을 당하지 않았을 것이라는 논리다.

미미한 식사량만 조절해도 청년이 날씬함을 유지할 수 있었으리라고 진지하게 믿는 사람은 내가 보기에는 망상에 빠진 것으로 보인다. 그가 "너무 많이" 먹지 않고 약간 배고픈 상태로 밥상에서 일어나기만 했다면 병적으로 살이 찌지도, 조롱받지도 않았으리라는 뜻이니까 말이다. 청년이 해준 말을 덧붙이자면, 그는 아동기나 청소년기에 포만감을 느껴본 기억이 한 번도 없다고 했다. 말하자면 언제나 더 먹고 싶은데도 밥상에서 일어났다는 것이다. 청년이 날씬한 친구들과 달랐던 점이 있다면 지방이 너무 쉽게 축적된다는 것뿐이었다.

살찐 사람과 날씬한 사람의 차이가 너무 많이 먹는 것뿐이라는 통념은 살찐 사람들로서는 너무도 억울하다. 비만으로 인한 고통은 매우 괴로운데 비만의 원인이 (열량 모형에서 주장하는 것처럼) 사소하다면, 문제 해결에 필요한 그 사소한 일을 왜 하지 않았겠는가? 텍사스에 사는 나의 지인은 체중이 최고 127킬로그램까지 나갔다. 그녀가 40대 후반일 때 나는 그녀에 대해 알게 되었다. 그녀는 자신을 이렇게 묘사했다. "저는 학벌 좋고 성공한 전문직이며 행복한 결혼 생활을 하고 있어요.

실패한 인생이라고는 볼 수 없죠. 하지만 뚱뚱하다는 수치심이 평생
제 목에 걸려 있었어요. 살면서 누가 제게 스스로를 묘사해보라고 하
면 처음 떠오르는 단어는 '뚱뚱하다'였어요. '여성, 딸, 언니, 미국인, 아
내, 전문직, 장신, 금발, 48세'처럼 사람들이 자신을 묘사할 때 전형적
으로 떠올리는 단어는 하나도 떠오르지 않았어요. 저를 묘사하는 으뜸
단어, 나머지 모든 것을 결정하고 제 인생을 정의한 단어는 '뚱뚱하다'
예요."

　비만과 같은 장애 또는 질병의 원인을 열량 불균형처럼 무의미한
것으로 돌릴 때 벌어지는 일이 이런 것이다. 이런 사고방식 때문에 치
욕을 당하는 것은 비만의 원인을 이해하지 못하는 권위자 집단이 아니
라 비만으로 고통받는 사람, 어쩔 수 없이 비만해지고 소량의 지방을
매일같이 축적하는 사람들이다.

4 _____ 부작용

열량 적자를 목표로 삼는 것은 바보짓이다[1]

살찐다는 것이 섭취하는 모든 지방 열량 중에서 소량(그에 더해 지방으로 전환되는 탄수화물)을 지방세포에 축적하는 것에 불과하다면, 해야 할 일은 무엇일까? 이것이야말로 핵심적이고 당연한 질문 아닐까?

정통적 해법은 덜 먹는 것, 즉 식사량을 조절하고 포만감을 느끼기 전에 밥상에서 일어나는 것이다. 폰 누르덴이 100년 전에 쓴 것과 같은 산수를 살짝 변형한 채, 영양사들은 과체중이거나 비만한 사람들에게 매일같이 자신이 원하는 양이나 현재 섭취량보다 500칼로리를 덜 먹으면 일주일에 500그램을 감량할 수 있다고 줄기차게 설명한다. 1,000칼로리를 줄이면 1킬로그램도 뺄 수 있다고 말한다. 국립심장폐

---

1 이 생생한 표현은 내가 아니라 테네시주 시골의 가정의이자 《의사의 거짓말》의 저자인 켄 베리Ken Berry가 한 말이다.

혈액연구소 웹사이트에 나와 있듯, 그들은 하루에 섭취해야 할 총열량으로 여성에게는 1,200~1,500칼로리, 남성에게는 1,500~1,800칼로리를 권고한다.

그들의 사고방식은 식사량을 충분히 줄이면 (그 지방을 생산한 초과 섭취의 양이 아무리 적어 보여도) 잉여 지방을 체내에서 틀림없이 빼낼 수 있다는 것이다. 1960년대와 1970년대에 열량 제한 식단은 연구 문헌에서조차 반기아半飢餓 식단으로 알려졌다. 나는 앞으로 이 용어를 쓸 텐데, 실제와 딱 맞아떨어지기 때문이다.

충분히 굶으면 체중을 감량할 수 있다는 가정은 틀림없이 참이다. 이것은 뉴버그 이래로 임상 연구자와 의사가 너무 많이 먹어서 살찐다고 확신한 이유 중 하나다. 뚱뚱한 사람이 섭취 열량을 충분히 줄이면 덜 뚱뚱한 사람이 된다. 하지만 하버드 대학교의 심리학자 윌리엄 셸던William H. Sheldon이 1940년대 후반에 발견했듯, 마스티프를 굶긴다고 해서 콜리나 그레이하운드가 되지 않듯, 뚱뚱한 사람(그의 용어로는 내배엽 체형)을 굶긴다고 해서 근육질의 건장한 사람(외배엽 체형)이 되지는 않는다. 개의 경우는 쇠약한 마스티프가 될 뿐이고, 사람의 경우는 쇠약한 뚱보가 될 뿐이다.

따라서 이 논리에도 그냥 넘어가기 힘든 심각한 문제들이 있다. 날씬한 사람은 반기아 식단을 실시하면 더 날씬한 사람—실은 쇠약하고 날씬한 사람—이 된다. 자라는 아이를 기아나 반기아 상태에 두면 쇠약해지고 발육이 부진해지지만, 아동이 자기가 소비하는 것보다 많이 먹어서 성장한다고 가정하는—단언하는 것은 말할 것도 없고—권위자는 한 명도 없었다. (부디 다른 권위자들 중에서도 한 명도 없길 바란다.) 그런데도 뚱뚱한 사람 굶기기의 관찰 결과에 대해서는 이것이 늘 합리적 해석으로 여겨졌다. 하지만 중요한 질문은 왜 어떤 사람은 만성적 기아나 반기아 상태를 유지하고 평생 식사량을 조절하며 굶주린 채 살아야 날씬해질 수 있는 반면에 다른 사람은 그렇지 않은가 하는 것이다. 이것은 좀처럼 제기되지 않는 또 하나의 질문이다.

궁극적으로, 쉽게 대답할 수 있는 질문, 즉 덜 먹음으로써 건강 체중을 되찾을 수 있다고—이것이 물리법칙으로 정해져 있다고—주장하는 사람에게 반드시 물어야 하는 질문은 이것이다. 어떤 비용을 치러야 하는가? 부작용은 무엇인가? 라틴어를 좋아하는 의사들 말마따나 부정적 세쿠엘라이sequelae(후유증)는 무엇인가?

질병의 약물 요법에 대해서는 누구나 부작용을 염려한다. 두통을 일으키거나 졸음 또는 어지럼증을 유발하지 않을까? 복통이나 경련, 메스꺼움, 구토를 일으키려나? 설사는? 발기 부전은? 우리는 콜레스테롤을 낮추려고 약을 복용했다가 근육통이 너무 심해지면 다른 방법을 찾거나 약을 바꾼다. 그렇다면 식이요법(구체적으로는 덜 먹는 것)에 대해서는 어떨까?

키스가 주장하고 뉴버그가 암시한 것처럼 덜 먹는 것이 체중 감량과 유지에 절대적으로 필요하다는 개념을 우리가 받아들였다고 상상해보라. 우리의 목표는 날씬해지고 평생 그 상태를 유지할 수 있도록 식사량을 줄이는 것이다. 이 방법에는 어떤 결과가 따를까? 흔한 부작용은 무엇일까? 무엇을 감내해야 할까?

권위자들은 이 의문의 답을 안다. 그렇기 때문에 좀처럼 질문을 던지지 않는 것인지도 모르겠다. 이와 관련하여 수십 년간 확고한 근거로 떠받들어진 기념비적 연구는—영양 연구라는 것이 존재한다면—1940년대 앤설 키스의 연구다. 그는 동료들과 함께 자신들이 밝혀낸 모든 것을 1,400쪽 가까운 두 권짜리 대작으로 써냈다. '인간 기아의 생물학The Biology of Human Starvation'이라는 제목을 보면 그가 무엇을 했고 실험 대상들이 어떤 경험을 했는지—이 피험자들은 (권위자들이 유의미한 체중 감량에 필요하다고 주장하는) 열량 박탈을 겪으며 살아갈 때 어떤 일이 생기는가에 대한 질문에 답을 알려주었다—조금이나마 알 수 있다. 간단히 말하자면 굶주리게 된다, 그것도 지독하게. 키스와 동료들은《인간 기아의 생물학》에 이렇게 썼다. "식품 결핍의 가장 정확한 정의는 그 결과에서 찾아볼 수 있다."

제2차 세계대전 초기에 키스와 미네소타 대학교 동료들은 양심적 병역 거부자 서른여섯 명을 실험에 동원했다. 이 청년들은 대부분 말랐으며 몇 명은 (적어도 비교적 말랐던 그 시대의 기준에 비추어) 뚱뚱했다. 키스와 동료들은 오늘날이라면 (무척 단조롭기는 하지만) 건강에 매우 좋다고 여겨질 만한 식단("통밀빵, 감자, 곡물, 상당량의 순무와 양배추" 그리고 "시늉만 낸 것 같은 분량의" 육류와 유제품)을 하루에 약 1,600칼로리씩 제공했다. 영양사들이 저지방 식단이라고 부르는 것으로, 포화지방의 함량이 적고 21세기 건강 단체 대부분의 식이 지침에 부합했다. 열량은 오늘날 체중 감량을 위해 권고되는 범위에 해당했다.

첫 12주 동안 피험자들은 일주일에 평균 500그램의 체지방을 잃었으나, 열량 박탈이 계속되고도 그다음 12주 동안은 감량 속도가 느려져서 일주일에 250그램밖에 빠지지 않았다. 이들은 반년 가까운 기간을 통틀어 평균 7킬로그램의 지방이 빠졌다. 나쁘지 않은 결과이지만, 딱히 대단한 것도 아니다(물론 피험자들은 빼야 할 체중 자체가 많지 않았다). 하지만 반응은 그것만이 아니었다. 피험자들은 늘 추위를 탔다. 대사가 느려졌다. 머리카락이 빠졌다. 성욕이 감퇴했다. 짜증을 부리고 밤낮으로 음식 생각만 했다. 미네소타 연구자들은 이것을 "반기아 신경증"이라고 불렀다. 네 명에게서는 더 심한 "성격 신경증"이 나타났다. 두 명은 신경 쇠약을 앓았는데, 그중 한 명은 "흐느끼고 자살과 폭력 위협을 입에 올렸"다. 그는 정신과 병동에 수감되었다. 다른 한 명은 "성격 황폐[가] 극에 달해 두 번 자해를 시도했"다. 처음에는 도끼로 한 손가락 끝을 자를 뻔했다. 그래도 연구에서 내보내주지 않자 "우연히" 세 손가락을 끊었다.

건강에 좋은 채식 위주의 자연식 저지방 식단을 하루에 1,600칼로리씩 섭취한 대가치곤 가혹했다. 피험자들은 실험이 끝나고 배불리 먹을 수 있게 되자 어마어마한 양을―하루에 최대 1만 칼로리까지―먹어치웠으며, 금세 체중을 회복하고 살이 쪘다. 20주의 회복 기간이 지나자 처음보다 평균 50퍼센트나 뚱뚱해졌는데, 키스와 동료들은 이것을 "기아 후 비만"이라고 불렀다. 많은 사람이 비슷한 경험을 했을 것이다. 우리는 그들에게 공감할 수 있다.

이렇듯 날씬하고 건강한 사람들도 이런 열량 제한을 견딜 수 없다. 선택의 여지가 조금이라도 있다면 그들은 다른 방식을 선택한다. 그런데 왜 살찐 사람에게는 열량 제한을 장려하는가? 날씬한 친구가 있다면, 배를 출출하게 하고 "식욕을 동하게 하"여 그 상태를 유지하고 싶을 때 어떻게 하겠느냐고 물어보라. 그날 밤 진수성찬이 코스별로 펼쳐지는 잔치에 초대받았다고 상상해보자. 그의 목표는 배를 출출하게 하여 식욕을 동하게 하는 것인데, 목표를 이루기 위해 어떻게 할 것인지 물어보라. 추측건대 그는 우선 그날 덜 먹고 주전부리를 거르고 식사를 하더라도 양을 줄이겠다고 답할 것이며, 운동을 하거나 (더 오래 걷거나 체육관에서 더 많은 열량을 태워) 운동량을 평소보다 늘리는 것

도 괜찮을 거라고 말할 것이다. 한마디로, 식욕을 동하게 하는 방법은
덜 먹고 더 운동하는 것이다.

　여기에서도 비만을 예방하고 치료하는 방법을 재고해야 한다는
것, 어떻게 해서 살이 찌고 빠지는지 이해하는 패러다임을 바꿔야 한
다는 것을 알 수 있다. 정신이 멀쩡하고 날씬한 사람이 식욕을 동하게
할 때 하는 일, 즉 배를 출출하게 하고 그 상태를 유지하는 것은 뚱뚱한
사람에게 체중 감량을 위해 권고하는 바로 그 두 가지다. 이것은 비만
인 사람이 날씬한 사람과 똑같이 인생을 출발한 뒤에 너무 많이 먹는
다는 생각, 비만이 호르몬 문제라기보다는 에너지 균형 문제라는 생각
의 필연적 귀결이다.

　물론 살찐 사람이 하루 1,600칼로리로 연명하려다 실패하면 ― (날
씬한 사람들과 마찬가지로) 손가락을 잘라서라도 벗어나고 싶을 만큼 끊
임없이 만성적으로 굶주리기 때문에 ― 식사량과 하루 운동량을 지키
는 데 실패하여 기아 전 비만이 기아 후 비만으로 바뀌었을 뿐이라면,
그는 의지력이 부족하다는 손가락질을 받을 것이고, 탐식과 나태, 무
지와 식탐이라는 죄악을 저질렀다는 비난을 당할 것이다. 너무 먹지
말아야 한다는 것, 적어도 늘 너무 많이 먹지는 말아야 했다는 것을 모
를 만큼 생각이 글러먹었다는 소리를 들을 것이다. 이 밖에도 많은 반
응이 머릿속에 떠오르지만 차마 지면에 옮기진 못하겠다.

문제는 뇌가 아니라 몸에 있다

상상하기 힘들지도 모르겠지만, 나는 권위자들(1900년대의 폰 누르덴부터 1930년대와 1940년대의 뉴버그, 그 이후의 추종자에 이르는 사실상 모든 사람)이 여느 사람과 마찬가지로 잘못 생각했다고 주장한다. (맬컴 글래드웰이 비만과 비만 유행에 대한 1998년 〈뉴요커〉 기사에서 의료계의 정설이 틀리는 경우가 얼마나 많은지 언급한 것처럼, 상상하기가 아주 힘든 것은 아니지만 말이다.) 탐식과 나태, 과식과 무절제한 식사, 좌식坐式 생활과 움직이지 않는 생활, 식탐과 무지(또는 해소되지 않은 신경과민)는 왜 살찌는지에 대해 흔히 제시되는 이유이지만, 모두 틀렸다.[1] 이것들은 합리적으로 들

---

1   최고 수준의 비만 연구자들 중 일부는 비만 이해와 관련하여 사실상 아무 진전도 없었음을 알고 있었다. 이를테면 〈워싱턴 포스트〉에서 "비만의 현대적 이해를 재구성하는 데 기여했"다고 묘사되었던 록펠러 대학교의 줄스 허시Jules Hirsch는 은퇴하기 직전인 2002년에 자신의 연구 인생을 처참한 실패라고 평가했다. 40년 가까이 연구에 매진했는데도 그는 사람들이 어떻게 살찌는지조차 설명할 수 없었다. 어떻게 체중을 감량하고 유지하는지는 말할 것도 없었다. 이 문제는 그에게 수수께끼로 남았다. 그가 말했다. "무척이나 오랫동안 이 문제와 씨름했습니다. 기자님께서는 제가 조금이나마 진전을 거뒀으리라 생각하시겠지만, 그러지 못했습니다." 4년 뒤, 허시는 비만학회에서 공로상을 받았다. 그가 정중히 사양하지 않은 것이 놀랍다.

려 귀가 솔깃해지지만, 그래도 틀린 것은 틀린 것이다. 반짝 유행 다이
어트 책의 저자들은 수십 년째 이렇게 말해왔다. 내가 말했듯 그들의
말 중 몇 가지는 틀렸지만, 상당수는 (효과를 거둔 것에서 보듯) 대체로 옳
은 해법이었다.

　권위자들이 터무니없는 잘못을 저지르는 이유는 당시보다 훗날
돌아볼 때 더 분명히 알 수 있다. 한마디로 문제는 (그들이 날씬한 사람이
라면) 일견 당연해 보이지만 공교롭게도 다소 기만적인 관점에서 문제
를 바라보았다는 것이다. 그들은 사람들을 굶기고 쇠약하게 만드는 것
에 의미가 있다고 생각했고, 살찐 사람이라면 셰익스피어의 폴스타프
처럼 음식과 음료에 식탐이 있는 뚱보를 으레 떠올렸으며—《헨리 4
세》(2부)에서 퀴클리 부인은 폴스타프를 일컬어 "저 사람이 먹은 값만
해도 제집을 홀딱 삼켜 제가 나앉게 됐어요. 저 큰 배 속에 제 재산 모
두 처넣었[어요]"라고 말했다—폴스타프가 무절제하게 먹어서 살쪘
다면 우리도 그런 게 틀림없다고 넘겨짚었다.[2]

　하지만 저 논리에 숨겨진 만일은 절대적으로 중요한 단서다. 폴스
타프의 경우에도 탐식이 비만을 일으켰는지, 비만이 탐식으로 이어졌
는지 알 수 없다. 자녀를 키워본 사람은 알겠지만, 아이들의 음식 값만
해도 집을 홀딱 삼킬 정도이니까. (먹성 좋은 열한 살배기 내 아이가 사춘기
와 청소년기를 지나며 밥값이 얼마나 많이 들었는지 생각하면 지금도 간담이 서늘

2　이 논리가 너무도 폭넓게 퍼져 있어서, 프린스턴 대학교의 철학자이자 동물 권리 운동가
피터 싱어Peter Singer는 이 논리를 동원하여 (짐 메이슨Jim Mason과 공저한 책에서) 비만이 비윤리
적이라고 주장했다. 그는 그저 체지방을 축적하려고 음식을 낭비하고 동물의 생명을 빼앗는 것
을 비판하는 데서 한발 더 나아가 이렇게 말했다. "만약 과식을 거듭하고 비만으로 인한 건강 문
제가 생겨서 병원 치료를 받아야 한다면, 그 비용의 일부를 다른 사람이 부담하게 될 수 있다."

하다.) 아이들이 대식가인 것은 성장하기 때문이다. 그러니 복부가 늘어나는 성인도 비슷한 이유에서 그렇다고 생각할 법하다.

두 아들이 어릴 때, 우리는 꼬마 니콜라와 친구들이 나오는 우스꽝스러운 프랑스 어린이책 시리즈에 심취했다. 니콜라에게는 알세스트라는 친구가 있는데, "뚱뚱하며 늘 먹어댄"다. 먹고 있지 않을 땐 배고파한다. 식사와 식사의 중간에, 심지어 간식과 간식의 중간에도 주머니에서 크루아상이나 페이스트리 부스러기를 무시로 꺼집어낸다. 저녁 먹으러 집에 가야 한다며 신나는 장난조차 마다할 정도다. 하지만 스토리 작가 르네 고시니Rene Goscinny는 알세스트가 뚱뚱한 것이 배고파서 늘 먹어대기 때문일 가능성에 대해서는 어떤 견해도 드러내지 않는다. 알세스트가 늘 먹어대는 것은 니콜라를 비롯한 날씬한 친구들과 달리 그의 몸이 지방을 축적하는 일에만 몰두하기 때문인지도 모른다. 알세스트가 배고픈 것은 "비정상적 지방 축적으로 인해 현저한 과체중으로 향하는 강제적 성향"의 원인이 아니라 결과인지도 모른다. 애스트우드가 짚은 요점이 바로 이것이다. 허기는 원인이 아니라 반응이다.

이것은 비만의 문제와 왜 지방을 축적하는가의 문제를 바라보는 전혀 다른 시각이며, 비만 유행을 종식하고 체중 문제에 성공적으로 대처하려면 진지하게 고려해야 할 시각이다. 또한 (저탄수화물 케토 식이를 주장하는 의사들이 말하듯) 다르게 잘 먹는 법도 배워야 할 것이다. 20세기 중엽 비만 연구의 대가들(빈 대학교의 율리우스 바우어와 메이오 클리닉의 러셀 와일더처럼 비만 환자를 연구하고 치료했으며 살찌는 문제를 선입견 없이 합리적으로 생각한 사람들)은 허기와 식사, 잉여 지방의 관계를 언뜻 들으면 그럴듯하게 설명하는 통념(허기와 식사가 잉여 지방의 원인이라는 것)이 원인과 결과를 혼동했을 가능성을 받아들였거나 진지하게 고려했다.

통념과 반대로, 허기와 과식(처럼 보이는 것)을 일으키는 것은 지방을 연료로 쓰지 않고 축적하려는 성향이다. 이런 권위자들은 이 설명이 설득력이 있다고 생각했다. 하지만 선뜻 받아들이긴 힘들었다. 그들조차도 열량에 대한 사고방식(탐식 확신)에 세뇌되어 있었기 때문이다.

이 권위자들이 자신의 연구 주제에 호기심을 느낀 것은 당연했다. 그들은 살찌는 과정과 관련하여 이 문제에 중요한 실마리를 줄 법한 질문을 던졌다. 이것은 애스트우드가 생각을 전개한 과정과 같았다. 이를테면 남성과 여성은 왜 다른 방식으로 다른 부위에 살이 찔까? 왜 남자아이는 사춘기를 지나면서 근육이 생기고 지방이 줄어드는 반면에 여자아이는 지방이, 그것도 특정 부위(엉덩이, 궁둥이, 가슴)에 쌓일까? 왜 여성은 폐경기를 맞으면 살이 찔까? (뉴버그와 그의 추종자들은 봉봉 사탕, 브리지 파티, 식탐 탓으로 돌렸지만.) 왜 어떤 부위(겹턱, 똥배)에는 살이 찌고 다른 부위에는 안 찔까? 지방종은 어떤 병일까? 이 양성 지방덩어리는 왜 심지어 굶주리는 동안에도 지방을 움켜쥐고 있을까?

이런 질문에 합리적으로 답하려면 지방 축적과 비만을 호르몬과 효소의 관점에서 설명하는 수밖에 없다는 것이 그들의 결론이었다. 사람들이 얼마나 먹고 운동하는가는 이런 질문에 대해 어떤 답도 내놓지 못했다. 만일 똥배가 나왔지만 다리는 수수깡처럼 깡말랐다면(미국에서는 일정 연령 이상의 남성 중 상당수가 그렇다) 먹고 소비하는 열량은 그 이유에 대해 아무것도 알려줄 수 없는 게 분명하다. 인체의 다른 과정에서도 대부분 그렇듯 지방 축적에서도 호르몬이 핵심적 역할을 하는 듯하며, 인체 비만과 국소적 지방 축적에 대한 질문은 호르몬 기전(여기에는 호르몬 신호를 받고 반응하는 세포 안테나 격인 효소와 수용체 분자가 포함된다)의 미묘한—전신에서든 국소적으로든—변화로 설명할 수 있을 듯하다. 이는, 애스트우드가 주장했듯 지방 축적과 비만에 관련된 모든 질문을 호르몬과 효소 관점에서 설명해야 한다는 뜻이다.

말하자면 제2차 세계대전 이후의 의사 연구자들은 잉여 지방의 문제를 근본 원리의 관점에서 생각했다. 왜 살찐 사람이 많이 먹고 적게 운동하는지(지금도 그렇듯 얼마나 먹고 운동하는지 알지도 못하면서) 묻는 게 아니라 지방이 얼마나 축적되는지, 언제, 어디에, 왜 축적되는지 물었다. 지방 축적 과정을 조절하는 것은 무엇일까? 지방이 지방 조직에—요즘 들어서는 장기와 간 둘레에도—갇히기만 하고 연료로 쓰이지 않는 것은 왜일까? 날씬한 사람들은 지방을 연료로 태우는데, 왜 살찐 사람들은 지방을 쌓아두기만 할까? 왜 어떤 사람들은 쉽게 살찌고 어떤 사람들은 그러지 않을까?[3]

키스가 살찐 사람들에게 창피를 주어 부도덕한 습관을 버리게 하려던 1960년대 초는 매우 훌륭한 과학자들이 이 질문에 답변을 시도한 지 수십 년이 지난 뒤였다. 내분비학자 애스트우드는 이 질문들에 답해야 한다고 생각했지만, 키스와 그의 영양학계 동료들은 그렇게 생각하지 않았다. 연구자들, 그중에서도 의사나 영양사가 아니고 정신과 의사나 심리학자는 더더욱 아닌 생리학자들은 지방세포에 지방이 저장되고 그 지방이 빠져나와 연료로 이용되는 것(전문 용어로 '산화')이 영양학계 권위자들의 주장만큼 단순한 과정이 아님을 발견했다.

---

3 우주를 이해하는—즉, 좋은 과학을 하는—한 가지 열쇠는 답이 전적으로 질문에 달렸음을 깨닫는 것이다. 그러므로 옳은 답을 얻었다고 섣불리 결론 내리기 전에 올바른 질문을 던지는 편이 낫다.

20세기 중엽, 아동 비만 분야의 독보적인 권위자이던 컬럼비아 대학교의 힐데 브루흐는 이 상황을 파악하고 있었으며, 1957년에 쓴《과체중의 중요성 The Importance of Overweight》에서 격분을 쏟아냈다(이 책은 비만을 이해하려는 사람에게는 여전히 필독서다). 1930년대 후반에 브루흐가 아동 비만 연구를 시작했을 때 의학계 동료들은 "어떻게 그렇게나 따분하고 재미없는 사례를 연구하고 싶어 할" 수 있느냐고 물었다고 한다. 반면에 그녀의 환자들은 예전 의사들이 자신의 처지에 무관심하거나 더 심한 반응을 보였다고 불만을 토로했다. 브루흐는 이렇게 썼다. "환자들이 절감한 것은 단순한 무관심이 아니었다. 그들은 거들먹거리거나 때로는 노골적으로 벌주거나 비난하는 의사들의 태도에 상처를 입었다."

브루흐 또한 지방 축적 과정에 대한 연구자들(비만을 이해하는 임무를 자임한 사람들)의 무관심에 어안이 벙벙했다. "선입견 없이 비만 문제를 바라보면 비정상적인 지방 대사를 주된 연구 방향으로 삼아야 한다는 생각이 들 수밖에 없다. 과도한 지방 축적이야말로 정의상 근본적인 비정상이기 때문이다. 하지만 공교롭게도 이 분야의 연구가 가장 부족한 실정이다." 그녀는 이렇게 덧붙였다. "인체가 어떻게 지방을 축적하고 분해하는지 알려지지 않았을 때는 인체의 필요량을 초과하여 섭취된 음식이 감자가 포대에 담기듯 지방세포에 저장된다며 무지를 얼버무렸다. 하지만 그렇지 않다는 것은 분명한 사실이다."

브루흐가 이 사실을 깨달은 데는 여러 이유가 있지만, 나는 그녀가 현업 소아과 의사였다는 사실이 한몫했다고 생각한다. 그녀는 아동 비만을 연구했을 뿐 아니라 컬럼비아 대학교에서 미국 최초의 소아 비만 클리닉을 개설하여 비만 아동을 치료하기도 했다(별로 성공하진 못했지만). 브루흐에게 이 아이들은 통계가 아니었다. 무엇을 먹고 얼마나 운동하는지에 대한 설문 조사에서 취합한 숫자가 아니었다. 아이들은 그녀의 환자였다. 그녀는 아이들에게 말을 걸고 면담을 진행했다. 부모와 시간을 보내고 그들과도 면담했다. 그러면서 그녀는 살찌는 강박과 (여기에 동반되기도 하는) 먹으려는 강박 둘 다에 대해 알게 되었다.

또한 브루흐는 어린 환자들의 성장 과정을 추적했다. 그녀는 이 아이들에게서 처음으로 협조를 얻었을 때 너무나 쉽게 체중이 빠지는 것을 보고 깊은 인상을 받았다고 말했다. 하지만 1957년이 되자 더욱 인상적인 속도로 체중이 원상 복구되었다. "아이들은 한결같이 체중을 유지하려는 성향을 나타냈다." 그녀는 이렇게 결론 내렸다. "과식은—매우 규칙적으로 관찰되긴 하지만—비만의 원인이 아니다. 과식은 기저의 장애가 겉으로 드러난 증상이다. …… 물론 음식은 비만의 필수 요인이지만 전반적 생명 유지의 필수 요인이기도 하다. 과식의 필요성과 체중 조절 및 지방 저장 행태의 변화야말로 본질적 장애다."

브루흐가 책에 썼듯, 1957년이 되자 연구자들은 호르몬과 (세포 수준의 표적인) 효소가 인체 내 지방 이용을 조율하는 다양한 방식(지방이 언제, 어디에, 어떻게 저장되었다가 혈류에 방출되어 연료로 쓰이는지)을 이해하게 되었다. 브루흐와 애스트우드의 연구에 관심을 기울인 사람들은 복잡한 생물학적 체계의 균형이 어떤 이유에선지 흐트러지고 현대적 삶의 요소에 의해 교란되어 (얼마나 먹는지에는 거의 영향을 받지 않은 채) 잉여 지방이 지방세포에(또한 장기 안팎에) 축적됨으로써 비만에 이르게 되었다고 추론할 수 있었다.

동물의 지방 축적을 다루는 연구자들은 지방세포와 동물 자체가 "동물의 영양 상태와 무관하게" 지방을 축적하거나 동원하거나 연료로 태울 수 있다고 말했을 것이다. 동물이 얼마나 자주, 많이 먹는가는 저장된 지방을 다 써버리는지, 쌓아두는지와 무관했기 때문이다. 당시 하버드 대학교의 영양학자이던 장 메이어는 실험실 쥐들이 굶어 죽을 지경이 되어도 먹이를 지방으로 전환했다고 말했다. 인간도 그러지 말란 법이 있는가?

인간도 그런다면, 당연히 제기되는 중요한 질문은 '이러한 지방 저장의 문제를 바로잡을 수 있을까?' 하는 것이다. 식습관을 바꿈으로써 지방 축적이 일어나지 않고 비만한 사람의 몸이 날씬한 사람의 몸처럼 작동하도록 할 수 있을까?.

이상적 식단이 "마치 마법처럼" 효과를 발휘하는 이유는 식단을 바로잡기 때문이다

원인을 고려하지 않는다면 치료에 대해 운운하거나 요법에 대해 궁리해봐
야 소용이 없다. …… 다른 사람들의 공통된 경험으로 보건대 원인을 먼저
탐색하지 않은 치료는 불완전하고 절름발이이고 헛수고일 수밖에 없다.
—로버트 버턴Robert Burton, 《우울증의 해부》(1638)에서 갈레노스를 인
용하여

기성 권위자든 다이어트 의사든 우리가 논의하는 식단이 평생 지
속되어야 하고 지속될 수 있어야 하며 그렇지 않으면 평생 효과를 발
휘하지는 못할 것이라는 데는 모두 동의한다. 이런 까닭에 다이어트라
는 단어는 '먹는 음식과 먹는 방법에 있어서 평생에 걸친 변화'를 가리
키기에는 부적절하며, 생활 습관이나 식습관이 낫다. 내가 저탄고지/케
토제닉 다이어트라고 하지 않고 저탄고지/케토제닉 식이라고 하는 것
은 그래서다. 이것은 아주 단순한 문제이며, 매우 단순한 논리를 바탕
으로 한다. 다이어트는 무엇을, 얼마나 먹는지를 변화시켜 효과를 거
두고 우리를 병들게 하는 것을 바로잡는 방법이다. 다이어트에 실패한
다는 것은 문제를 일으키거나 덧나게 한 애초의 음식이나 식사법으로
돌아간다는 뜻이다. 그래놓고서 결과가 예전과 조금이라도 다를 거라

생각하는 것은 어리석다.

이 논리를 보여주는 간단한 예를 들어보겠다. 나는 옥수수 알레르기가 있다. 옥수수를 먹으면 온갖 위장 장애가 생긴다. 배앓이를 하고 싶지 않기에 옥수수를 먹지 않으며, 옥수수 성분이 포함된 포장식품이나 가공식품을 피하려고 애쓴다. 이는 어릴 적에 터득한 방법이며, 지금껏 지키고 있다. 일종의 옥수수 제한 다이어트라고 할 수 있을 것이다. 나는 옥수수를 다시 먹으면 예전과 같은 문제가 생길 것임을 안다. 그렇기에 옥수수 없이 사는 것은 쉬운 일이며, 지속 가능성은 문제가 되지 않는다. 그냥 하면 되니까. 내가 옥수수를 평생 멀리하는 것은 그래야 하기 때문이다.

다음 명제는 조금 덜 분명하긴 하지만, 그런데도 참이다. 모든 합리적인 다이어트 방법은 그 다이어트로 바로잡으려는 문제의 원인에 대해 (암묵적이든 명시적이든) 가설을 세운다. 비건과 채식 옹호자들이 말하는 건강상의 유익(육식에 대한 윤리적, 도덕적, 환경적 문제와 혼동하지 말 것)이 사실이라면, 육류와 동물성 식품은 음식과 관련된 주요 질병의 근본 원인이며 육류와 동물성 식품을 멀리하면 건강해지거나 건강이 현저히 나아질 것이다. 영양 권위자들이 채식 위주의 식사가 건강에 가장 좋다고 말하는 것은 식물성 식품이 동물성 식품보다 나으며 동물성 식품이 (식물성 식품에 비해) 해롭다는 가설을 옹호하는 셈이다. 하지만 채식 위주의 식사로 전환했는데도 여전히 뚱뚱하고 당뇨병을 앓는다면, 또는 처음부터 채식이나 비건, 채식 위주의 식생활을 하고 있는데도 살이 찌고 당뇨병에 걸렸다면, 육류와 동물성 식품이 문제가—적어도 주된 문제가—아닐 가능성이 있다. 그렇다면 무엇이 문제인지 정확히 파악해야 한다.

앞에서 설명했듯, 음식과 체중에 대한 통념의 기저에 깔린 가설은 '우리가 살찌는 이유는 과식하기 때문이며 날씬해지려면 덜 먹어야 한다'라는 것이다. 그렇다면 권위자들의 말마따나 효과가 있는 다이어트는 열량을 줄이고 덜 먹는 다이어트가 된다. 이 책을 쓰는 지금《비만 교과서 Textbook of Obesity》최신판(2012)에서는 이렇게 단언한다. "체중을 감량해주는 모든 다이어트의 토대는 오직 하나다. 그것은 총 열량의 섭취량을 줄이는 것이다." 평생 덜 먹거나 너무 많이 먹지 않으려고 노력했는데도 (많은 사람들이 그랬듯) 살이 찌고 당뇨병에 걸리고 말았다면, 너무 많이 먹는 것이 문제가 아니며 딴 데서 해결책을 찾는 게 상책이라고 믿을 만한 충분한 이유가 된다. 이것이 믿음이 바뀌는 경험의 출발점이다.

웨스트버지니아의 의사인 하프사 칸Hafsa Khan은 2017년 가을에 나와 한 인터뷰에서 이 난감한 상황을 이렇게 설명했다. 그녀는 평생 과체중이었으며, 비만일 때도 많았다. 체중 감량을 하려고 안간힘을 썼지만 성공은 잠시뿐, 오히려 더 찌고 말았다. 의과대학에 다니는 동안은 체중을 조절할 수 있었지만, 전공의 기간에 11~14킬로그램이 늘었다. 출산하면서는 체중이 더욱 불었다. 둘째 아들을 낳은 뒤에 다시 한번 과다 체중을 감량하려고 노력했는데, 체육관에서 보내는 시간을 늘리고 섭취 열량을 줄였다. 그녀가 말했다. "건강에 좋다고 생각되는 것들을 먹고 있어요. 제가 의사라는 걸 명심하세요. 그 정도는 얼마든지 안다고요." 급기야 비만 치료 면허가 있는 의사 친구에게 조언을 구하려고 찾아갔을 때, 그녀의 체중은 107킬로그램이었다. 그녀가 친구에게 말했다. "작년에 3킬로그램을 빼는 것조차 얼마나 힘들었나 몰라. 빼야 하는 살은 30킬로그램인데 말이야."

언론인 마이클 홉스Michael Hobbs는 비만이 난치병처럼 보이는 현실을 통렬히 묘사한 2018년 〈허프포스트〉 기사에서 비슷한 사연을 회상했다. 홉스가 인터뷰한 사람들은 고작 몇 킬로그램을 빼려고 분투했지만, 여전히 분명하게, 어떨 때는 속상할 정도로, 비만한 채였다.

홉스는 자신과 인터뷰한 여성에 대해 이렇게 썼다. "그녀는 일어나면 식욕을 가라앉히려고 샤워하고 담배를 피운다. 차를 몰고 가구점에 출근하여 하루 종일 10센티미터짜리 하이힐을 신고 서 있으며, 차에서 혼자 요거트 한 컵으로 점심을 때운다. 일이 끝나면 머리가 어질어질하고 발이 욱신거리는데, 리츠 크래커 세 조각을 세어 부엌 조리대에서 먹고는 식사 일기에 열량을 기록한다. 열량이 아예 기록되지 않는 날도 있다. 어떤 때는 과로로 기진맥진하고 굶주림으로 어질어질한 채 퇴근하여 캔자스의 열기에도 덜덜 떨며 침대로 직행한다. 저녁때에 몸을 일으켜 오렌지 주스를 마시거나 그래놀라 바 반 개를 먹는다."

이 젊은 여성이 날씬해지려고 굶은 적은 한두 번이 아니었다. 몇 해 전에 마지막으로 시도했을 때는 여섯 달간 식단을 유지하다가 딸이 거식증에 걸렸을까 봐 걱정한 어머니에 의해 병원에 실려 갔는데, 그때도 여전히 비만이었으며 "여전히 플러스 사이즈를 입고 있"었다.

의료계의 통설은 이 상황을 기본적으로 바람직하고 평생 노력할 가치가 있는 것으로 받아들인다. 질병통제센터 웹사이트에서 보듯, 그들은 초과 체중을 조금이라도 감량하면 "커다란 유익"을 얻을 수 있다고 홍보한다. 이 논리에 따르면 5퍼센트 감량(하프사 칸의 경우는 5킬로그램)으로도 충분한 효과를 얻을 수 있다. 그들이 말하는 커다란 유익은 건강을 말하는 걸 텐데, 그렇게 말할 수 있는 것은 자신들의 허리가 우리보다 가늘기 때문이다. 그들의 논리에 따르면, 이 사소한 체중 감량을 유지하는 것은 평생 요요와 반기아를 반복하는 것보다 분명 바람직하다.

이 개념을 뒷받침하는 것은 당뇨병예방프로그램DPP이라는 영향력 있는 대규모 임상 시험의 결과다. 2002년에 DPP 연구진은 전문가의 조언대로 열량을 제한하고 식사량을 조절하고(아직 배가 고픈 채로 밥상에서 일어나고) 일주일에 150분 이상 운동하면(일주일에 닷새, 하루에 30분씩 힘차게 걷거나 조깅하면) 1년에 5킬로그램을 뺄 수 있고, 4년 뒤에는 4킬로그램 감량한 체중을 유지할 수도 있다고 보고했다. DPP의 결론에서는 이렇게 하면 당뇨병 발병을 2~3년 늦출 수 있다고 한다. 이 요법은 평생, 또는 당뇨병이 시작되어 혈당을 조절하기 위해 약을 복용하고 결국 인슐린을 투약할 때까지 유지해야 한다.[1]

하지만 거의 눈에 띄지 않으며 누적된다고 해도 썩 반갑지도 않을 결과를 위해 평생 이렇게 살아가는 것은 너무 큰 손해다. 예순둘이 아니라 예순다섯에 당뇨병에 걸리더라도 나는 그 유익을 전혀 알아차리지 못할 것이다. 그 3년의 건강한 보너스 기간에 내가 당뇨병 없이 살았다는 걸 실감할 것 같지는 않다. 노력과 희생의 대가치고는 너무 하찮다. 현저히 과체중이거나 비만인 사람들 중에서 이만한 유익을 위해 평생 노력할(매일 저녁 리츠 크래커 세 조각을 셀) 가치가 있다고 생각하는 사람은 없을 것이다. 5퍼센트 체중 감량의 "커다란 유익"을 홍보하는 것은 의료·공중 보건 권위자들이 희망을 잃은 후에 보이는 행동이다. 그들이 희망을 잃은 이유는 비만의 원인에 대한—왜 살찌는지, 왜 당

---

1   DPP 연구자들은 이 관찰 결과를 당뇨병 발병률이 3년에 걸쳐 58퍼센트 감소한 것으로 보고했지만, 같은 데이터라도 당뇨병 발병이 몇 년 지연된 것으로 해석할 수도 있다.

뇨병을 앓거나 당뇨병에 걸리는지에 대한—어수룩하고 섣부른 가정을 받아들였기 때문이다.[2]

반짝 유행 다이어트를 비판하는 주된 논거(실은 반짝 유행 다이어트를 판정하는 기준)는 동물성 식품이나 모든 곡물, 녹말, 당처럼 식품 분류군 하나를 통째로 제한한다는 것이다. 이렇게 하면 영양 균형이 깨지고 식단을 지속할 수 없으며 어쩌면 치명적일지도 모른다는 것이 통념적 사고방식의 논리다. (여기에 대해서는 나중에 이야기하겠다.) 하지만 성공적 다이어트, 효과가 있는 다이어트란 질환을 일으키거나 덧나게 하는—구체적으로는 이상적인 상태보다 살찌게 하고 당뇨병에 걸리게 하고 그 상태를 지속하는—원인이 되는 식품의 섭취를 중단하거나 최소화해야 한다는 것임은 누구도 부정할 수 없다. 물론 우리를 병들게 하는 것이 먹는 것과는 아무 관계가 없을지도 모른다. 그렇다면 식습관을 바꿔봐야 의미가 없을 것이다. 하지만 만에 하나 관계가 있다면, 어떤 음식이 문제를 일으키거나 덧내는지 파악하여 그 음식의 섭취를 중단하거나 줄여야 한다. 그 음식이 식품군 전체여서 섭취를 중단하면 식단의 균형이 깨지더라도 어쩔 수 없다. 건강에 필수적인 비타민, 미네랄, 기타 미량 성분을 나머지 식단으로도 섭취할 수만 있다면 이렇게 먹는 편이 분명히 더 낫다.

---

2   이것이 거듭 되풀이된 해묵은 이야기라는 또 다른 증거는 애스트우드가 1962년 회장 취임 강연 끝부분에서 브리야사바랭과 《브리야사바랭의 미식 예찬》을 언급하며 같은 논점을 제기했다는 것이다. "비만인이 식이를 통해 날씬해지는 것이 얼마나 고역인지 가장 잘 보여주는 말이 있다면, 1825년에 한 환자가 자신의 의사에게 한 것입니다. '선생님, 저는 마치 제 삶이 걸린 것처럼 선생의 처방을 따랐고, 한 달 후 몸무게가 3파운드(약 1.5킬로그램) 이상 줄어든 것을 보았습니다. 그러나 이러한 결과에 이르기 위해 입맛과 모든 습관을 엄청나게 강제했습니다. 한마디로 말해 너무나 고통받았기 때문에, 선생의 훌륭한 조언에 진심으로 감사드리는 동시에, 이 이상의 이득을 포기하고 신의 은총이 명령하는 바에 저를 맡기겠습니다.'"

20세기 중엽 이후로 영양 전문가들은 식품에 '나쁘다'라는 딱지를 붙이는 것에 득보다 실이 많다는 사고방식에 사로잡혀 있다. 당에 대한 최근 BBC 기사에서는 이 현상을 묘사하면서, 특정 식품을 금기시하면 "오히려 더 먹고 싶어질지도 모른"다고 언급했다. 하지만 '나쁜' 식품이 정말로 있다면 어떻게 될까? 담배를 금기시하면 오히려 담배를 더 피우고 싶어질 거라고 말하는 사람은 없을 것이다. 담배를 끊거나 평생 금연하는 것이 힘들다고 해서 그 사실이 금연의 상대적 유익에 조금이라도 영향을 미친다고 주장하는 사람은 아무도 없을 것이다(부디 없길 바란다). 제정신이 박힌 사람 중에서, 옥수수 제품이 '금기'로 선언되면―'나쁜' 식품이라는 꼬리표가 붙으면―옥수수를 더 먹고 싶어질 거라고 주장하는 사람이 있으리라고는 상상이 되지 않는다. 내가 바란 것은―어릴 적에도―배앓이 없는 삶이었다. 그것이 옥수수 없는 삶을 의미한다면―영화관에서 옥수수 통구이나 팝콘을 먹을 수조차 없더라도―나는 기꺼이 현실을 받아들이고 대가를 치를 각오가 되어 있었다. 식품을 금기시하는 것에 득보다 실이 많다고 단정하기 전에 그런 음식이 정말로 해로운지, 그렇다면 그 피해가 어떻게 왜 나타나는지 알아봐야 한다. 그런 질문에 올바르게 답한 뒤에야 금기로 인한 심리적 문제를 다룰 수 있다.

식품군 전체를 배제하는 다이어트를 지속할 수 있는지는 좀 더 복잡한 문제다. 무엇을 지속할 수 있는가는 시간이 흐름에 따라 달라질 수 있으며 절식이 어떤 유익을 가져다주는가도 판단 근거가 된다(이 책에서는 '소식'을 '양을 줄이는 것', '절식'을 '아예 끊는 것'의 의미로 쓴다―옮긴이). (리츠 크래커 개수를 세는 것처럼) 필사적으로 노력해도 유익이 거의 없거나 아예 없다면―30킬로그램을 감량해야 하는 상황에서 3킬로그램밖에 감량하지 못하고 반년 동안 사실상 기아 상태로 살았는데도 여전히 플러스 사이즈를 입어야 한다면 —뭐 하러 노력하나? 하지만 허기를 느끼지 않은 채 체중을 유의미하게 감량하는 식사법이 있다면 지속하기가 훨씬 수월할 것이다. 나머지 조건이 동일하다면 유익이 클수록, 비용이 적을수록 좋다. 우리가 유지하려는 것이 건강이고 이를 위해 특정한 식습관을 유지해야 한다면 그러려고 노력할 것이다. 권위자들은 반짝 유행 다이어트가 (자기들이 생각하기에) 지속 가능하지 않은 방식으로 "속성 체중 감량"을 약속한다며 비판하지만, 쉽게 살찌는 사람들에게 식사법이 '효과'를 발휘한다는 것의 의미를 이해하지 못한다.

오해하지 말라. 속성 체중 감량에도 나름의 가치가 있다. 덴버의 비만 수술 의사 마이클 스나이더Michael Snyder는 이 개념을 이렇게 설명했다. "성공보다 유익한 것은 없습니다." 하지만 쉽게 살찌는 사람들, 과체중과 비만 체질인 사람들이 결국 바라는 것은 자신의 몸이 천성적으로 날씬한 사람들의 몸처럼 작동하는 것이다. 그들이 바라는 것은 배불리 먹고도 살찌지 않거나 빨리 살찌지 않는 것이다. 이것이 과욕인지는 또 다른 중요한 질문이다. 물론 가능하지 않을 수도 있다. 하지만 만에 하나 가능하다면, 그들은 하루하루 자발적으로 굶주리며 살고, 열량을 계산하고, 음식의 무게를 측정하고, 허기진 채 잠자리에 들고 잠에서 깨고, 음식 박탈의 자연스러운 결과인 피로와 짜증을 견디지 않고서도 평생 날씬하게 살고 싶어 한다. 물론 이를 위해 무언가를 희생할 수도 있겠지만, 허기진 채 살아가는 것은 그런 희생에 해당하지 않는다. 그걸 감내하라고 요구할 순 없다.

효과가 있는 식사법은 6개월에서 1년 정도 체중을 감량했다가 다시 살찌는 것을 의미하지 않는다. 초과 체중의 문제를 바로잡고, 배불리 먹으면서도 지방이 축적되거나 상당량의 잉여 지방이 지장되지 않는 상태를 의미한다. 그럴 수만 있다면, 그 식사법은 '지속 가능성'의 정의에 비추어 보건대 지속 가능할 것이다.

◆ ◆ ◆

맬컴 글래드웰은 비만에 대한 1998년 〈뉴요커〉 기사에서 다이어트 책을 쓴 의사들의 "개종 사연"을 묘사하면서 "마치 마법처럼" 살이 빠진 일화를 소개했다. 이것은 다이어트 책 저자가 직접 경험한 것이며, 환자들도 같은 경험을 했을 것이다. 글래드웰의 기사는 이런 사연이 속임수이며 책을 팔려고 지어낸 거짓 경험이라는―한마디로 약장수 수법이라는―뉘앙스를 풍겼다. 하지만 마치 마법처럼 체중을 감량한다는 것은 허기 없이 비교적 수월하게 살이 빠진다는 것, 즉 날씬해진다는 것과 다를 바 없다. 빠른 효과는 보너스다. 음식 박탈이나 기아, 반기아의 불가피한 생리적 결과(즉, 체중 감량 다이어트 연구의 선구자이자 미시간 주립대학교 식품영양학과 학과장인 마거릿 올슨Margaret Ohlson과 동료들이 1952년에 묘사했듯 "과도한 피로, 짜증, 우울, 극도의 허기")를 겪지 않는다는 것이 핵심이다.

이런 경험은 분명히 가능하다. 《과체중의 중요성》에서 힐데 브루흐는 자신의 환자가 겪은 경험을 회상하는데, 그녀의 환자는 키가 작고 골격이 왜소하며 "말 그대로 지방 더미에 파묻힌" 젊은 여성이었다. 그녀는 "자신을 살찌게 하느냐, 체중 감량에 도움이 되느냐로 삶의 모든 것을 평가했다. 날씬해지고 싶어서 해수욕을 하고 자전거를 타고 골프를 치고 무용을 해야 했"다. 이 젊은 여성은 브루흐에게 자신의 삶이 무가치하다고 말했다. "정말이지, 자신이 증오스러웠어요. 견딜 수 없었죠. 제 모습을 보고 싶지 않았어요. 거울이 싫었어요. 제가 얼마나 뚱뚱한지 보여줬으니까요."

그녀는 브루흐의 지도를 받아 매일 "고기를 세 번 푸짐하게, 과일과 채소는 조금만 곁들여" 먹고서 여름내 20킬로그램 넘게 감량했다. 브루흐가 식단의 근거로 삼은 것은 듀폰 사 소속 의사 앨프리드 페닝턴의 연구였다. 페닝턴은 1940년대 후반과 1950년대 초반에 저탄고지/케토제닉 식단에 대한 임상 경험을 의학 학술지에 발표했으며, 그의 연구는 결국 허먼 탈러의 《열량은 중요하지 않다》와 앳킨스의 《다이어트 혁명》, 그리고 이후의 모든 저탄고지/케토제닉 식사법으로 이어졌다.

브루흐는 이렇게 썼다. "결과는 극적이었다. 그녀는 외모가 달라졌을 뿐 아니라 그때까지 겪어야 했던 극한적인 식사량 조절에서 처음으로 자유로워질 수 있었다. 또한 모든 힘겨운 삶에 자신의 탓도 있었음을 깨닫기 시작했다. 지금까지는 무언가를 할 수 없거나 하고 싶지 않을 때 마지막으로 내뱉는 말이 '안 좋아해요'나 '한 번도 안 해봤어요'였으며, 음식뿐 아니라 나머지 활동도 마찬가지였다. 하지만 이 식단은 (무언가를 하지 않는 것이 아니라) 전혀 색다른 음식을 먹는 것이었으며, 자신의 입맛이 달라질 수 있다는 것을 알고 그녀는 무척 놀라워했다."

브루흐가 육류 섭취("고기를 세 번 푸짐하게" 매일!)와 당, 곡물, 녹말 채소 제한을 비만 완화의 열쇠로 홍보하는 다이어트 책을 쓰려고 했다면 그녀에게는 두 가지 선택지가 있었을 것이다. (1) 자신의 믿음을 바꾸게 만든 사연을 내세워 식단의 이로움을 묘사한다. 하지만 거짓으로 비칠 우려가 있다. (2) 자신이 실제로 관찰하거나 경험한 것만 신중하게 언급한다. 하지만 독자들이 그런 책을 읽는 이유는 그 개종 경험이 정확히 어떤 것인지(브루흐의 젊은 환자에게 일어난 일이 독자에게도 일어날 것인지) 알고 싶어서다. 브루흐가 실제로 쓴 책은 비만과 연관된 많은 문제를 독보적으로 심도 있게 논의했지만, 다른 한편으로는 다이어트 책이 될 수도 있었다. 브루흐는 육류가 풍부하고 탄수화물이 빈약한 식단이 비만의 해결책이 될 수 있으며 당, 녹말 탄수화물, 곡물이 비만을 일으킬 수 있다고 믿은 것이 분명하다. 그녀는 이렇게 썼다. "19세기 중엽 이후로 비만에 대한 식이 조절의 중대한 진전은 '고영양 식품'인 육류가 지방을 생산하지 않으며, 빵과 과자처럼 '무고한' 식품이 비만으로 이어진다는 인식이었다."

   브루흐가 이 말을 쓰던 당시에 의학 문헌은 "무고한 식품"을 제한하고 동물성 식품을 대량으로 포함하는 식단으로 경이로운 성공을 거뒀다는 보고가 이미 넘쳐나고 있었다. 전 세계의 병원에서 일하는 의사들이 페닝턴과 비슷한 보고서를 쏟아내고 있었다. 당, 곡물, 녹말을 제한하는 대신 지방이 풍부한 불균형 식단은 허기 없이 유의미할 만큼 체중을 감량했다. 환자들에게 열량을 얼마나 제공했는지와 무관하게 —(메이오 클리닉에서처럼) 하루에 500칼로리 미만을 제공했든, (많은 처방처럼) 환자가 먹고 싶은 만큼 섭취할 수 있게 했든—성과를 거뒀다는 보고가 속출했다. 메이오 클리닉의 러셀 와일더는 1933년에 이렇게 썼다. "배고프다는 호소가 없다는 것이 이채로웠다."

   1950년대 초가 되었을 때 주요 의과대학의 의사들은 비만 치료를 위한 육류 중심, 녹말·곡물·당 제한 식단의 다양한 형태를 주요 의학 학술지에 발표하고 논의하고 있었다. 그들은 지방의 경우는 버터와 기

름 같은 첨가 지방(식품에 자연적으로 함유된 것이 아니라 인위적으로 첨가한
지방—옮긴이)만 제한했지만—그러면 식사량을 줄이는 데 도움이 되
리라 생각했기 때문이다—브루흐가 "무고한 식품"이라고 부른 것은
거의 배제했다. 영국의 내분비과 의사 레이먼드 그린이 1951년에 출
간한 기념비적 교과서 《내분비학 연습The Practice of Endocrinology》에 소
개된 식단은 아래와 같다.

피해야 할 식품

1. 빵, 밀가루로 제조한 모든 식품

2. 아침 시리얼과 밀크 푸딩을 비롯한 모든 시리얼

3. 감자를 비롯한 모든 흰뿌리 채소

4. 당이 많이 함유된 식품

5. 모든 당

먹고 싶은 만큼 먹어도 괜찮은 식품

1. 육류, 생선, 가금

2. 모든 녹색 채소

3. 달걀(계란 분말과 신선란)

4. 치즈

5. 바나나와 포도를 제외한 과일(무가당, 무사카린)

코넬 대학교 의학전문대학원의 로버트 멜키오나Robert Melchionna
는 1950년대 초 맨해튼의 뉴욕 병원에서 실시한 체중 감량 식단을 이
렇게 묘사했다. "당과 빵류 같은 농축 탄수화물을 제한해야 한다. 따라

서 식단은 밥, 빵, 감자, 마카로니, 파이, 케이크, 달콤한 디저트, 유리당 (전분이나 펙틴 같은 고분자 화합물이 아닌 유리 상태로 존재하는 당으로, 포도당, 과당, 자당 등이 이에 속한다―옮긴이), 사탕, 크림 등의 이용을 중단하거나 최소화해야 한다. 육류, 생선, 가금, 계란, 치즈, 통곡물, 조곡粗穀(도정하지 않은 곡물―옮긴이), 탈지유를 적당량 포함해야 한다." 1950년 시카고 메모리얼 어린이병원의 의사가 발표한 성공적인 체중 감량 식단의 "일반 규칙"은 어땠을까?

1. 설탕, 꿀, 시럽, 잼, 젤리, 사탕을 쓰지 말 것.

2. 설탕 조림 과일을 쓰지 말 것.

3. 케이크, 쿠키, 파이, 푸딩, 아이스크림, 빙과를 쓰지 말 것.

4. 옥수수 녹말이나 밀가루에 그레이비나 크림소스를 첨가한 식품을 쓰지 말 것.

5. 감자, 고구마, 마카로니, 스파게티, 국수, 말린 콩을 쓰지 말 것.

6. 버터, 돼지기름, 기름, 버터 대용품으로 가공한 튀김 음식을 쓰지 말 것.

7. 코카콜라, 진저에일, 청량음료, 루트비어 같은 음료를 쓰지 말 것.

8. 식단에서 허용되지 않는 식품을 일절 쓰지 말고 식단에서 허용되는 양만 쓸 것.

1960년대에 의사들이 학회를 열어 비만 연구의 최신 성과를 논의하기 시작했을 때 발표 주제는 한결같이 식이요법이었으며, 내용은 어김없이 저탄고지/케토제닉 식이의 경이로운 임상적 효과에 대한 것이었다. 학회에 참석한 의사, 정신과 의사, 영양사는 열량 제한(덜 먹는 것)이 실패했음을 알고 있었으며, 그 방법에 시간을 낭비할 이유가 없다고 생각했다. 반면에 탄수화물을 제한하고 지방과 단백질이 풍부한 식품의 섭취를 상당히, 또는 무제한 허용하는 식단은 그렇지 않았다.

이런 학회 중에서 가장 영향력이 컸던 것은 1973년 10월 메릴랜드주 베세즈다에서 열린 국립보건원 학회였다. 국립보건원이 비만을 주제로 개최한 최초의 학회였다. 코넬 대학교의 샬럿 영Charlotte Young 교수는 식이요법에 대한 유일한 발표에서 100년에 걸친 당, 녹말 탄수화물, 곡물 제한 식단의 역사를 개관한 뒤에 코넬 대학교에서 자신이 실시한 임상 시험을 비롯해 여러 임상 시험의 결과를 소개했다. 영은 저탄고지 식단이 모두 "허기로부터의 해방, 과도한 피로의 경감, 만족스러운 체중 감량, 체중 감소와 뒤이은 장기간에 걸친 지속 가능성 등의 척도에서 빼어난 임상적 결과를 얻었"다고 말했다.

한마디로 이 식단은 글래드웰의 말마따나 "마치 마법처럼" 효과를 발휘했다. 허기가 없었을 뿐 아니라 연료 부족으로 인한 신체 반응—피로나 탈진—도 없이 체중을 감량한 것이다. 피험자들은 배불리 먹고 활력을 느꼈으며, 그런데도 체중이 줄었다. 이야말로 그들이 바라던 바가 아닌가?

허기 없이 잉여 지방을 줄이려면 인슐린을 최소화해야 한다

왜 마법일까? 강박적인 허기를 느끼지 않고 체중을 감량한 경험은 이 일을 가능케 하는 식단 구성에 대해, 더 중요하게는 먹는 것과 애초에 살찌는 이유 사이의 관계에 대해 어떤 의미가 있을까? 말하자면 문제는 무엇을 먹느냐일까, 얼마나 먹느냐일까?

1950년대 중엽과 1970년대 사이에 이 질문의 답을 내놓은 것은 대부분 지방 대사를 연구하는 실험 연구자들이었다. 그들이 1960년 이후에 괄목할 만한 진전을 거둔 것은 역사상 처음으로 혈류를 순환하는 호르몬 수치를 정확하게 측정하는 실험 기법(검정)이 발명된 덕분이었다. 발명자는 물리학자 로절린 앨로Rosalyn Sussman Yalow와 의사 연구자 솔로몬 버슨Solomon Berson이었다. 앨로는 1977년에 이 공로로 노벨상을 받았다. (버슨은 1972년에 사망하여 공동 수상하지 못했다.) 노벨위원회는 앨로와 버슨의 검정 기법이 "생물학 및 의학 연구에 혁명을 가져왔"다고 평가했다.

이 말은 사실이었지만, 비만 연구자들과 건강 체중을 달성하고 유지하는 방법을 조언하던 권위자들은 대부분 이 혁명을 모르고 지나쳤다. 당시에 반짝 유행 다이어트 책을 쓴 의사들은 그렇지 않았지만, 저 권위자들은 다이어트 책 의사들을 돌팔이라며 노골적으로 매도했다. 그럼에도 반세기의 연구에서 드러난 이런 사실들은 건강 식이에 대한 조언이라며 언론에 보도된 최신 연구 결과들보다 더 중요하다. 왜 그런지 설명하겠다.

명심할 것은 브루흐와 애스트우드가 말했듯 우리가 다루는 것이 지방의 과잉이라는 장애이기에 인체의 지방 대사를 조절하는 생리적 과정, 특히 (애스트우드의 말을 빌리자면) "지방 조절과 관련한 내분비계의 복잡한 역할"을 이해해야 한다는 것이다. 그렇다면 기전에 대한 질문이 제기된다. 내분비계가 저장(실은 과잉 저장)의 방향으로 돌아선다는 것까지는 알고 있지만, 이 변화를 무엇으로 설명할 수 있을까? 저장하는 방향으로의 변화는 무엇을, 얼마나 먹느냐와 어떻게 연관되며, 식단을 통해 이 기전에 영향을 미치거나 (이상적으로는) 역전시킬 수 있을까? 내분비계는 실제로 모든 과정에서 복잡한 역할을 하지만, 식이 변화로 과체중과 비만을 치료하는 문제만 놓고 보자면 해답은 상대적으로 간단하다(물론 '상대적'이라는 말은 상대적인 표현이다).

1950년대가 되었을 때, 인체 대사를 연구하는 연구자들(가장 대표적인 인물로는 세포가 에너지를 얻는 과정인 '크레브스 회로'를 발견하여 노벨상을 받은 핸스 크레브스가 있다)은 먹는 음식이 몸의 모든 세포에 안정적으로 확실하게 에너지를 공급하도록 하는 기초 대사 체계를 이미 이해하고 있었다. 요점은 이렇다. 세포 내 발전소(미토콘드리아)에서 생명 활동에 필요한 에너지를 만들어내는 방법은 식단의 3대 '다량영양소'인 탄수화물, 단백질, 지방을 연료로 태우는 것이다.

그러고 나면 내분비계(호르몬과 그 표적 효소)는 이 연료로 언제, 무엇을, 얼마나 오랫동안 할 것인지에 필수적으로 관여한다. 애스트우드가 내분비학회에서 회장 취임 강연을 한 1962년 즈음, 내분비학자들은 그때껏 발견된 대부분의 호르몬이 지방세포에서 지방이 방출되는 속도를 끌어올려 근육과 장기 세포의 연료로 쓰이게끔 한다는 사실을 알고 있었다. 이 호르몬들은 지방세포 하나하나를 날씬하게 만들기 때문에 사실상 우리를 날씬하게 만든다.

호르몬은 몸에 무언가(공격, 도피, 성장, 번식)를 하라고 신호를 보낸다. 공학적 관점에서만 보더라도 호르몬이 그 행위에 필요한 연료를 공급하리라는 것은 이치에 맞는다. 호르몬은 지방을 지방세포에서 끄집어내어 몸의 다른 세포들이 연료로 태울 수 있도록 준비한다. 예를 들어, 겁에 질리면 부신이 아드레날린을 혈류에 분비한다. 아드레날린은 공격하거나 도피할 수 있도록 원기를 북돋울 뿐 아니라, 지방세포에서 저장된 지방산을 방출하도록 하여 혈류가 그 지방을 공격이나 도피의 연료로 쓸 수 있게 한다. 아드레날린과 관련 호르몬은 혈류에 남아 있는 동안 지방산들이 적시에 쓰일 수 있도록 하며, 그동안 지방세포가 지방을 거둬들여 저장하지 못하도록 한다. 지방세포의 관점에서 보자면 평소보다 날씬해지는 셈이다.

애스트우드의 말마따나 "그 반대 과정, 즉 지방을 저장고에 집어넣"는 과정을 관장하는 것은 단 하나의 호르몬으로 밝혀졌다. 알려진 나머지 모든 호르몬은 지방이 지방세포에 들어가는 과정을 억제하는 역할을 하는 반면에, 인슐린은 (애스트우드의 말마따나) 그 과정을 "매우 촉진했"다. 그런 탓에 의사와 당뇨병 전문의(심지어 내분비과 의사)들은 인슐린을 혈당 조절 호르몬으로만 여겼는데(대부분은 지금도 그렇게 생각한다), 이것은 교향악단 지휘자가 악기 하나만 지휘한다고 생각하는 격이다. 인슐린은 인체에서 수많은 일을 한다. 주된 기능은 혈당을 조절하는 것이지만, 우리의 관심사와 관련된 요점은 인슐린이 그 일을 하는 과정에서 지방 저장을 촉진한다는 것이다.

1921년에 인슐린이 발견되기 전에만 해도, 현재 1형 당뇨병으로 불리는 질병(아동기에 전형적으로 발병하는 급성병)에 걸린 환자는 밥을 아무리 많이 먹어도 쇠약해지고 굶주려 사망했다. 하지만 이 어린 환자들에게 인슐린을 투약하면 죽음의 문턱에서 돌아와 몇 주 내로 건강을 되찾았다. 인슐린은 목숨을 구하는 호르몬이었다. 한편 (좋은 방향에서이긴 하지만) 살을 찌우는 것도 분명해 보였다. 캐나다인 동료 프레더릭 밴팅Frederick Banting과 함께 인슐린을 발견한 찰스 베스트Charles Herbert Best는 훗날 공저한 의학 교과서에서 이를 확고한 견해라고 단언했다. "인슐린이 지방 형성을 증가시킨다는 사실은 쇠약해진 개나 당뇨병 환자가 인슐린 호르몬 치료의 결과로 우수한 지방 조직을 나타낸 첫 사례 이후로 줄곧 명백했다."

증거가 더 필요하다면, 인슐린 요법은 1920년대에도 저체중 환자와 쇠약 환자(요즘으로 치자면 식욕 부진 환자)를 살찌우는 데 쓰였다. 20세기 중엽까지도 정신병원에서 조현병 환자들에게 충격 요법으로 쓰였는데, 환자들의 주된 반응은 살이 찌는 것이었다(가장 유명한 예로는 프린스턴 대학교의 수학자로 노벨상을 수상한 존 내시John Nash와 소설가 겸 시인 실비아 플라스Sylvia Plath가 있다). 플라스는 자신의 경험을 허구적으로 묘사한 글에서 인슐린 요법으로 9킬로그램이 늘었으며 "점점 뚱뚱해질 뿐이 있"다고 썼다. 만성적인 당뇨병(예전에는 성인 발병 당뇨병으로 불렸고 지금은 2형 당뇨병으로 알려진 질병) 환자에게 인슐린을 투여했더니 그들도 살이 쪘다. 지금도 마찬가지다.

이런 통찰이 비만을 다루는 연구자들에게 받아들여지지 않은 이유는 납득할 만하다. 물론 인슐린이 특정 상황에서 사람들을 살찌게 하는 것은 분명해 보였지만, 당뇨병 진단을 받은 상당수(또는 대다수)의 사람들(2형 당뇨병 환자)은 인슐린 요법을 받기 전에도 이미 과체중이거나 비만이었다. 앨로와 버슨이 호르몬 검정 기법을 발명한 1960년대 초까지만 해도 의사와 당뇨병 전문가의 공통된 견해는 모든 당뇨병이 인슐린 결핍(인슐린이 너무 적어서 혈당을 조절하지 못하는 상황) 때문이라는 것이었다. 아동기에 발병하는 급성병인 1형 당뇨병에서는 이것이 틀림없는 사실이었기에 이 의사와 연구자들은 모든 당뇨병도 마찬가지일 거라 추측했다. 당뇨병 환자들이 (혈당 조절에 필요한) 인슐린이 부족한데도 비만할 수 있다면 그들이 —또는 누구라도— 살찌는 데 인슐린이 어떻게 유의미한 역할을 한다는 것인지 상상하기 힘들었을 테니 말이다.

하지만 혈중 호르몬 수치를 실제로 측정할 수 있게 되면서 모든 것이 달라졌다. 1960년 앨로와 버슨은 새 인슐린 검정 기법을 이용한 최초의 논문을 발표하기 시작하면서 비만한 사람들, 특히 비만인 동시에 당뇨병을 앓는 사람들의 혈액에 인슐린이 과다하게 들어 있다고 보고했다. 너무 적기는커녕 너무 많았다. 비만하고 당뇨병이 있는 성인 환자들은 인슐린 결핍을 겪는 게 아니었다. 오히려 그들은 몸에서 분비되는 인슐린에 저항하는 것처럼 보였다. 이것이 바로 인슐린 저항성으로 알려진 상태다.

인슐린 저항성은 비만과 2형 당뇨병(2형 당뇨병은 인슐린 저항성과 대
동소이하다) 그리고 이와 연관된 모든 만성병의 근본적 요인으로 드러났
다. 인슐린 저항성이 있다면 몸(구체적으로는 췌장)은 혈당을 필요한 만
큼 조절하기 위해 인슐린을 점점 많이 만들어낸다. 이렇게 되면 앨로
와 버슨이 주장했듯 인슐린은 해야 하는 일을 하는데, 그것은 바로 지
방세포에 지방을 저장하라고 신호를 보내는 것이다. 비만과 2형 당뇨
병을 앓는 사람들이 살쪘다는 사실이야말로 그 증거다. 제지방 조직
및 장기(구체적으로는 간)의 세포들이 인슐린 저항성을 나타낸 뒤에도
지방세포는 인슐린에 여전히 민감할 수 있다.

　1965년 즈음 앨로와 버슨은 인슐린을 "지방 대사의 주요 조절 인
자"라고 묘사했으며, 비만과 당뇨병을 앓는 사람들에게서 관찰되는
인슐린 저항성이야말로 그들이 살찐 이유인지도 모른다고 주장했다.
인슐린은 일단 분비되면 몸 전체의 세포를 자극하여 혈류에서 더 많은
혈당을 취해 연료로 쓰도록 하고, 간세포에서 포도당으로 지방을 만들
어 저장하도록 하며, 지방세포에서 미래를 위해 모든 지방을 거둬들여
저장하도록 유도한다. 앨로와 버슨이 묘사한 것처럼, 지방세포에서 지
방을 끄집어내려 하면 절대적으로 기본적인 요건은 덜 먹고 더 운동하
는 것이 아니라 혈류의 인슐린 양을 줄이는 것이었다. (뒤에서 설명하겠
지만 덜 먹고 더 운동하는 것은 인슐린 수치를 낮추는 방법으로는 비효율적일 수
있다.)

　엄밀히 말하자면, 앨로와 버슨은 지방을 지방세포에서 끄집어내
기 위해 필요한 것은 "인슐린 결핍의 음성 자극뿐"이라고 말했다. 이
것이야말로 기본적으로 이해해야 할 개념이다. 비만을 연구하는 위스
콘신 대학교 연구자들은 저명한 〈미국의사협회 저널〉에서 비슷한 선

언을 했다. 1963년, 그들은 적절한 수준의 인슐린 없이는 비만해지는 것이 불가능하며, 인슐린이 관여하지 않으면—무엇보다 인체가 탄수화물(포도당)을 섭취하여 인슐린 분비를 자극하지 않으면—잉여 지방의 저장이 "일어날 수 없[다고] 단언할 수 있"다고 썼다.

한마디로 1965년이 되었을 때는, 음식과 식단이 체중과 지방 저장에 어떤 영향을 미치는지를 놓고 두 가지 개념이 경쟁하고 있었다. 통예나 지금이나 통념은 (2012년에 《비만 교과서》에서 표현한 것처럼) 다음과 같다. 체중을 감량하게 해주는 모든 다이어트의 토대는 오직 하나로, 총 열량 섭취량을 줄이는 것이다. 반면에 물리학보다는 생물학에 토대를 둔 대안적 개념은 이것이다. 체중을 감량하게 해주는 모든 다이어트의 토대는 오직 하나로, 혈중 인슐린 수치를 낮추고 인슐린 결핍의 음성 자극을 생성하고 연장하는 것이다.

록산 게이는 회고록 《헝거》에서 (마치 숫자만 가지고서도 말 안 듣는 몸을 다스리고 잉여 지방을 줄일 수 있다는 듯) "나도 계산은 할 줄 안"다며 이렇게 말한다. "1파운드의 지방을 감소시키기 위해서는 3,500칼로리를 연소시켜야 한다." 그러고는 이 지식이 자신에게 아무 쓸모도 없었다고 털어놓는다.

나를 비롯한 사람들의 주장은 계산 자체가 무의미하다는 것이다. 비만을 예방하고 치료하고 완치하는 데 필요한 것은 내분비학, 즉 호르몬이 어떤 영향을 미치고 이것이 우리가 먹는 것에 어떤 영향을 받는지 아는 것이다.

탄수화물을 섭취하면, 인슐린이 증가하고
탄수화물이 에너지원으로 연소되며 지방이 저장된다

인체가 지방을 과잉 축적하는 이유를 이해하려면 몸이 건강할 때 무엇을 목표로 삼는지 이해해야 한다. 우리는 여느 생물과 마찬가지로 어떤 조건(적어도 지난 수백만 년간 우리가 맞닥뜨렸을지도 모르는 숱한 조건들)에서도 생존하고 번성하기 위해 극도로 정교한 체계를 갖추고 있다. 이 체계는 무수히 많은 필수적인 작업을 동시에 진행한다. 그 작업 중 하나는 미래의 모든 예측 불가능성을 고려하여 모든 세포에 현재와 미래에 적절히 연료를 공급하는 것이다.

이 체계는 식품에 들어 있는 연료(다량영양소)와 몸에 저장된 연료(단백질, 지방, 탄수화물)를 취사선택하여 쓰임새를 극대화해야 한다. 한 가지 연료가 너무 많고 나머지 연료가 부족하면 임시변통으로 대처하고 그로 인한 피해를 줄여야 한다. 구체적으로 말하자면 고혈당은 세포에 유독하기 때문에 고탄수화물을 섭취한 뒤에는 혈당을 조절해야 한다. 당뇨병의 가장 명백한 합병증인 혈관, 신경, 신장의 손상은 주로 고혈당의 유독한 영향 때문이며, 돌이킬 수 없는 피해가 벌어지기 전에 일찍 당뇨병을 진단해야 하는 것은 이런 까닭에서다.

앨로와 버슨 등이 지방 저장에서 인슐린과 그 밖의 호르몬이 어떤 역할을 하는지 연구하는 동안, 영국의 생화학자들은 몸(구체적으로는 세포)이 호르몬 없이 연료 배분 작업(연료를 필요할 때 필요한 곳에 효율적으로 공급하는 것)을 수행하는지 밝혀내고 있었다. 나중에 설명하겠지만, 호르몬 체계는 맨 위에 자리 잡은 채 이 생화학 체계를 조절하고 비상 사태에 대비한다. 영국 생화학자들이 밝혀낸 것에 따르면, 몸은 탄수화물을 얻을 수 있으면 탄수화물(구체적으로는 혈당의 재료인 포도당)을 연료로 태우고, 탄수화물을 다 썼거나 (글리코겐이라는 화합물로) 저장했으면 지방을 태운다. 이것은 이치에 꼭 들어맞는다. 몸에서 탄수화물을 저장할 공간은 약 2,000칼로리 분량으로 제한되어 있지만, 지방은 상대적으로 엄청나게 많이 저장할 수 있기 때문이다. 적어도 대부분의 사람은 그럴 수 있다. 탄수화물은 세포를 재건하고 수리하는 데 필요하며, 근육에도 대량으로 저장할 수 있다.

이제 3대 다량영양소(단백질, 탄수화물, 지방)가 모두 포함된 전형적인 복합 음식을 먹는다고 가정해보자(당분간 알코올은 논외로 하자). 탄수화물은 포도당으로 분해되어 혈류에 들어가며, 그러면 혈당(포도당)이 증가한다. 급증한 혈당의 독성을 최소화하기 위해 포도당은 신속히 연료로 쓰이거나 저장되어야 한다. 그러는 동안 지방은 나중에 연료로 쓰기 위해 저장되고 단백질은 (이상적인 상황이라면) 세포와 조직 수선에 쓰일 것이다.

인슐린은 이 모든 일을 조율하는 책임을 맡은 호르몬으로, 제지방 조식 및 장기의 세포가 탄수화물을 취해 연료로 쓰도록 하고 지방을 태우지 못하게 하여 (다시 저장될 수 있도록) 혈류로 돌려보낸다. 지방 조직이 지방을 붙잡아두게 하는 동시에 근육세포도 단백질을 붙잡아두는 작용을 하도록 한다. 단백질을 섭취하면 글루카곤과 성장호르몬의 분비가 자극되는데, 전자는 지방 저장을 억제하는 반면에 후자는 세포의 성장과 수선을 촉진한다.

섭취한 탄수화물을 다 태우거나 (글리코겐으로) 저장하여 혈당이 조절되고 내려가면 인슐린도 정상으로 돌아간다. 인슐린이 감소하여 지방 조직이 최종적으로 인슐린 결핍의 음성 자극을 받으면 지방세포가 저장된 지방을 방출(동원)하고 그 지방을 연료로 태운다. 이것이 식간에 일어나는, 또는 일어나야 하는 일이다. 밤에 자는 동안에도 같은 현상이 일어나며, 오랜 기근이나 자발적 단식을 겪을 때에는 며칠, 몇 주, 심지어 더 오래 일어나기도 한다. 탄수화물과 지방이 번갈아 세포에 연료를 공급하고, 그 과정에서 저장되었다가 방출되었다가 하는 이 순환은 1960년대에 이 연구를 주도한 영국의 생화학자 필립 랜들 경Sir Philip Randle의 이름을 따서 '랜들 회로'라고 불린다.

전통적 학파에 속한 영양학자들은 탄수화물이 몸과 뇌가 선호하는 연료이기에 꼭 필요하다고 배우며, 그렇게 말한다. 하지만 영양학자들이 생각하는 방식은 틀렸다. 관찰되는 사실은 탄수화물이 식단에 들어 있으면 탄수화물을 실제로 연료로 쓰며 그것도 가장 먼저 쓴다는 것뿐이다. 몸과 뇌가 탄수화물을 연료로 선호하든 아니든, 우리에게는 선택의 여지가 없다. 저장 공간이 무척 한정되어 있기 때문에, 탄수화물을 섭취했을 때 몸은 다음의 셋 중 하나를 선택해야 한다. (1) 에너지로 쓰거나, 적어도 쓰이도록 한다. (2) 지방으로 전환한다. 이 일은 필요할 때 간이 맡는다. (3) 소변으로 배출한다. 이 증상은 혈액 내 포도당 농도를 직접(또는 간접적으로) 측정할 수 있는 정밀한 검사법이 발명되기 전에 당뇨병 진단에 쓰였다.

다시 한번 주제를 정량화하여 이 현상을 실제 수치로 표현하면 이해에 도움이 될 것이다. 구체적으로는 탄수화물을 조절하는 일이 (특히 현대의 식이 환경에서) 왜 그토록 중요하고, 인슐린이 지닌 다른 임무보다 우선 처리되는지 이해할 수 있다. 건강하고(즉, 당뇨병이 아니고) 방금 고탄수화물 음식을 먹지 않았다면 혈액에는 약 한 티스푼 분량의 탄수화물이 들어 있다.✦ 이것은 약 4~5그램 또는 약 20칼로리의 포도당이 혈액에 들어 있는 셈이며, 인체는 이 정도의 혈당량은 무해하다고 여긴다. 공복(즉, 아침 식사 전) 혈당치가 그 수치보다 조금이라도 높으면―이를테면 고작 한 티스푼 반 또는 약 30칼로리의 포도당이 온몸을 순환하고 있어도―당뇨병으로 진단될 것이다. 극소량의 혈당 상승조차도 당뇨병 환자에게 큰 피해를 입히며, 이를 조절하기 위해 수많은 약이 쓰이고 있다.

건강 식단에 대한 통념을 따른다면 일일 열량의 절반가량인 1,000~1,500칼로리를 탄수화물에서 섭취하는데, 이는 임의의 시점에 혈류를 순환하는 탄수화물의 50~150배에 해당한다. 그래서 인체는 중대한 공학적 문제를 맞닥뜨린다. 탄수화물은 식사와 간식, 섭취하는

✦ 계산법은 간단하다. 건강한 사람은 평균적으로 약 5리터의 혈액을 가지고 있으며 건강한 혈당치는 평균 60~100밀리그램/데시리터다. 5리터에 100밀리그램/데시리터를 곱하면 공복 중 5그램의 포도당이 혈류를 순환하는 셈이 된다. 물론 식후에는 혈당이 올라간다. 이 계산법을 내게 알려준 사람은 아이다호주 보이시의 의사이자 비만의학 전문의 앨런 레이더Allen Rader다. 왜 진작 생각해내지 못했을까!

모든 음료를 통해 시시때때로 몸속에 들어오지만, 힐류에 축적되는 것은 용납되지 않는다. 그랬다가는 끔찍한 일이 벌어질 것이다. 하지만 글리코겐으로 저장할 수 있는 용량은 보잘것없으며 그마저도 이미 꽉 차 있을지도 모른다. 다행히도 고탄수화물 식품에는 섬유질이 적잖이 함유되어 있는데(적어도 식품 업계에서 탄수화물을 가공하여 섬유질을 모두 제거하는—당류를 비롯한 탄수화물이 풍부하고 섬유질이 전혀 없는 맥주 같은 음료는 말할 것도 없고—기술을 완성하기 전까지는 그랬다) 섬유질은 탄수화물의 소화·흡수를 느리게 하며 탄수화물이 혈류에 흘러드는 시간을 늘린다. 하지만 탄수화물이 일단 혈류에 들어간 뒤에는 신속히 처리되어야 한다.

우리 몸은 이런 공학 문제에 대처하기 위해 음식을 먹기 전부터 췌장에서 인슐린을 분비한다. 이것을 뇌상 인슐린 방출이라고 한다. 인슐린은 지방세포가 지방을 붙잡아두도록 하고 제지방 조직이 포도당을 연료로 태우도록 하는데, 이것은 더 많은 포도당이 들어올 것이라고 몸이 예상하기 때문이다. 이를테면 **갓 구운 따끈따끈한 도넛**이라는 단어를 읽자마자 도넛을 먹는 광경을 떠올렸을 것이고 뇌상 과정이 발동했을 것이다. 군침도 조금 흘렸을지 모르겠는데, 이것은 파블로프가 개에게서 관찰한 고전적 반응(또 다른 뇌상 효과)이다. 이 모든 효과는 탄수화물과 기타 다량영양소의 홍수를 예상하여 몸을 준비시키기 위한 것이다.

음식이 위에 도달하여 소화와 혈류 흡수가 시작되기 전부터 췌장은 계속해서 인슐린을 분비하고 혈중 인슐린 농도는 계속해서 높아진다. 이 현상이 시작되고 혈당의 물결이 솟구치기 시작하면, 포도당이 췌장을 자극하여 더 많은 인슐린을 분비하도록 한다. 이 과정 내내 인슐린은 제지방 조직·장기의 세포가 포도당을 최대한 빨리 거둬들여 저장하거나 연료로 태우도록 유도한다. 그런데 인슐린으로 인해 세포가 태우는 것은 지방(지방산)이 아니라 포도당이며, 지방은 지방세포가 붙잡아 간직한다.

기본적으로 식사를 할 때마다 몸은 계산된 판단을 내린다. 장기적인 영향이 최소화되길 기대하면서 단기적인 건강과 효용을 극대화하는 것이다. 우리는 급한 문제(탄수화물의 홍수가 미토콘드리아와 크레브스 회로를 통해 포도당을 대량으로 펌프질하여 세포를 손상시키는 것)를 해결하기 위해 (탄수화물과 함께 섭취되거나 탄수화물에서 만들어진) 비교적 무해한 지방을 저장함으로써 생길지도 모르는 문제는 나중으로 미룬다. 탄수화물 사태가 진정된 뒤에는 (만일 건강하다면) 인슐린의 물결이 가라앉고, 지방세포는 인슐린 결핍의 음성 자극을 받아 지방을 혈류에 방출하며, 그러면 제지방 조직·장기의 세포들이 지방을 취하여 연료로 쓸 수 있고 실제로도 그렇게 한다. 똑같은 인슐린 결핍 신호가 제지방 조직·장기의 세포에는 지방을 에너지로 태우도록 하는 것이다.

이 체계는 날씬하고 건강한 사람에게서 순조롭게 돌아갈 때는 매우 효율적이다. 대사 연구자들은 이것을 대사 유연성이라고 한다. 우리는 지방 연소와 탄수화물 연소를 수월하게 왔다 갔다 한다. 탄수화물이 들어오면 지방이 저장되고, 탄수화물이 떨어지면 지방이 동원되어 에너지원으로 쓰인다.

여기까지는 괜찮다. 문제는 경이로울 만큼 역동적인 이 체계가 제대로 돌아가려면 인슐린과 인슐린 결핍의 음성 자극이 올바르게 작동해야 하는데, 요즘 세상에서 무엇을 먹고 어떻게 사느냐에 따라 이 신호가 쉽게 교란될 수 있다는 것이다. 인슐린 결핍의 음성 자극이 일어나지 않으면, 즉 인슐린이 임의의 기준선보다 계속 높아져 있으면 지방은 저장된다. 힐데 브루흐의 말마따나 우리의 대사 체계는 지방 저장을 지향하고 산화(즉, 지방을 태워 에너지를 얻는 것)를 지양하는 방향으로 돌아선다.

　이것은 중대한 문제다. 잉여 지방(구체적으로는 허리 위의 잉여 지방)은 인슐린 저항성을 나타내는 매우 정확한 징후다. 이 경우에 인슐린 수치는 정상 수준보다 더 높게, 더 오래 상승한다. 인슐린 저항성이 있는 사람은 낮 동안 바람직한 기간보다 훨씬 오래 지방 저장 모드(다이어트 책 저자들이 쓰는 표현이지만, 생물학적으로 타당하다)에 머물며 지방을 동원하거나 태우지 않고 붙들어둔다. 그들은 쉽게 살이 찌며, 급기야 지방세포까지도 인슐린 저항성을 가지면 더는 체중이 늘지 않게 된다. 앨로와 버슨이 지적했듯, 매일 얼마 안 되는 잉여 칼로리를 지방으로 저장하여 결국 비만에 이르는 데 필요한 인슐린 저항성은 크지 않다. 여기에는 분명 암시하는 바가 있다. 애석하게도 이러한 인슐린 상승분은 인류가 가진 어떤 검정 기법으로도 측정할 수 없을 만큼 미미할지 모른다.

9 ___ 지방과 비만

**비만이 아니라 지방세포가 지방을 저장하는 이유에 대해
교과서에서 뭐라고 말하는지 눈여겨보라**

1960년대와 1970년대를 통틀어 인체 대사와 지방 저장에 대한 이론이 교과서에 실릴 정도로 친숙해졌는데도, 건강하게 먹는 법을 알려준다는 권위자들은 과식이 비만을 일으키고 과도한 식이 지방이 심장병을 일으킨다는 논리에 사로잡혀 여전히 이 이론에 관심을 기울이지 않았다. 이 이론은 대개 교과서에 처박혀 있었다. 의과대학 도서관이나 구내 서점(또는 당신이 의사라면 자신의 서재)에서 1980년 이후에 출간된 생화학 교과서나 내분비학 교과서를 꺼내어 연료 대사와 인슐린을 찾아보라. 교과서에 따라서는 아디포사이트(지방세포를 일컫는 전문 용어)나 아디포스 조직이라는 단어를 찾아야 할 수도 있다. 그리고 해당 페이지를 펼치면 연료 대사의 호르몬 조절과 무엇이 지방세포로 하여금 지방을 저장하게 하는지 — 연료 저장이 대사 과정의 일부이기 때문에 — 설명되어 있을 것이다. 설명은 전문 용어로 되어 있겠지만, 요점

은 고탄수화물 식품을 먹거나 2형 당뇨병을 앓아서 혈당이 상승하면 인슐린이 지방 저장을 촉진한다는 것이다.[1]

이를테면 가장 권위 있는 생화학 교과서로 손꼽히는《레닌저 생화학》 2017년 판에서는 '연료 대사의 호르몬 조절'이라는 절에서 아래와 같이 설명한다.

> 높은 혈당은 인슐린의 분비를 유도하며, 인슐린은 조직으로의 포도당 흡수를 증가시켜, 글리코겐과 트라이아실글리세롤 형태로 연료를 저장하게 하고, 지방 조직에서의 지방산 동원은 억제시킨다.

덜 전문적인 용어로 번역하면 다음과 같다. 당뇨병을 앓고 있거나 고탄수화물 음식을 먹어서 혈당이 높아지면 췌장이 인슐린을 분비하는데, 그러면 탄수화물을 연료로 태우고 포도당을 글리코겐과 지방으로 저장하며, 지방세포는 섭취한 지방과 포도당으로부터 만들어진 지방을 거둬들여 기존에 가지고 있던 지방과 함께 저장한다.

그런데 패러다임과 교조적 사고방식의 위력을 보여주기라도 하듯,《레닌저 생화학》은 같은 쪽에서 이렇게 말한다. "먼저 대략적으로 살펴보면, 비만은 신체가 소비하는 에너지보다 섭취하는 칼로리가 많아 생기는 것이다." 이 말은 **지방세포**가 지방을 저장하고 살찌는 이유는 혈당이 증가하고 인슐린이 상승하기 때문이지만, 우리가 지방을 저장

---

1   생화학 및 내분비학 교과서에서도 지배적 연구 추세에 따라 오락가락하는 경향이 보인다. 때로는 당연한 사실조차 누락되기도 한다. 처음에는 분자생물학이, 그 뒤에 유전체학과 단백체학을 비롯하여 최신 기술 혁신 덕분에 가능해진 분야들이, 심지어 위장관에 서식하는 세균을 연구하는 장내미생물학이 의학에 도입되면서 교과서들은 이 기본적 과학을 생략하기 시작했다.

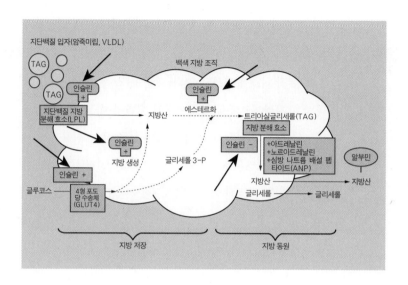

하고 살찌는 이유는 너무 많이 먹기 때문이라는 뜻이다. 즉, 둘이 전혀 다른 기전이라는 식이다. 하지만 누구에게 물어봐도 우리가 지방을 저장하고 살찌는 이유는 우리의 지방세포가 지방을 저장하고 살찌는 이유와 똑같다고 답할 것이다. 결국 살찌는 것은 지방세포이니 말이다.

대중서를 표방하는 책에 인체 대사 교과서의 도표를 싣는 것이 망설여지기는 하지만, 꼭 알아야 하는 내용이니 한 번만 도표를 소개하겠다. 중요한 것은 무엇이 지방세포에서 지방 축적을 조율하는가 하는 점이다. 브루흐의 말마따나 과체중이거나 비만일 때 해결해야 하는 것은 지방세포의 잉여 지방 축적이기 때문이다. 옥스퍼드 대학교의 키스 프레인Keith N. Frayn이 쓴 교과서 《대사와 영양》(리스 에번스Rhys D. Evans 와 공저) 2019년 판의 도표에서 지방세포의 지방 축적 원리를 살펴보자. 프레인은 몇 해 전 은퇴하기 전까지만 해도 대사, 특히 지방 대사에 대한 세계적인 권위자로 두세 손가락에 손꼽히던 인물이다.

도표의 전문 용어는 무시하고, 내가 그림에 추가한 굵은 화살표에 주목하라. 보다시피 지방 조직이 지방을 거둬들이는 곳에서는 어김없이 인슐린이 해당 작용을 촉진하고 있다('인슐린 +'로 표시되어 있다). 지방 조직이 지방을 지방세포에서 끄집어내어 혈류로 내보내서 연료로 이용될 수 있도록 하는 작용과 관련하여, 인슐린은 해당 작용을 억제하고('인슐린 -') 다른 호르몬(도표의 아드레날린, 노르아드레날린, ANP)은 해당 작용을 촉진한다. (애석하게도 프레인의 《대사와 영양》 또한 인체 비만을 너무 많이 먹는 탓으로 돌린다. 2009년 2월에 프레인과 처음 인터뷰하면서, 잉여 지방 축적에 있어서 인체와 지방세포에 서로 다른 두 기전을 부여한 것 같다고 지적했더니 그는—이것은 나의 기억이며 그에게 누가 되지 않길 바란다—전에는 이런 생각을 못해봤다고 말했다.)

대사 연구자들은 인슐린이 '식후 상태'의 신호라고 즐겨 말하는데, 이 말은 먹은 음식이 연료로 저장되고 에너지로 이용될 준비가 되었다는 신호라는 뜻이다. 하지만 이것은 지나치게 단순화한 것이다. 인슐린은 인체가 탄수화물을 섭취했다는 신호다. 지방은 인슐린 분비를 자극하지 않는다. (단백질의 경우는 아미노산이 포도당으로 전환되어 간접적으로 인슐린 분비를 자극하는 한편, 앞에서 말했듯 글루카곤과 성장호르몬 분비를 자극하기 때문에 실제 신호는 훨씬 복잡하다.) 탄수화물을 섭취하여 인슐린이 분비되면 탄수화물은 에너지로 쓰이고 지방은 지방세포에 저장된다. 계속 탄수화물을 먹고 그 탄수화물이 혈류에 흡수되는 한 인슐린 수치는 계속 높아져 있으며, 지방세포가 그 인슐린에 민감성을 나타내는 한 지방은 계속 저장되어 축적된다.

이 단순한 인체 생리 기전의 명백한 의미는, 생물학적으로 효율적인 방식으로 지방세포에서 지방을 끄집어내려면 혈중 인슐린 수치를 낮게 유지해야 한다는 것이다. 즉, 인슐린 결핍의 음성 자극을 만들어내야 하는데, 이 말은 탄수화물을 먹지 말아야 한다는 뜻이다. 인체 생리학, 생화학, 내분비학이 비만과 살찌는 이유에 실제로 관여한다는 가정을 받아들인다면 이 모든 사실은 놀랍도록 단순하다(나는 이 가정이 매우 합리적이라고 생각한다). 권위자들은 지난 반세기 동안 그러지 않았지만 말이다.

◆　◆　◆

　　이 역사에서 매혹적인 동시에 실망스러운 사실은 1960년대 이후로 식단, 체중 조절, 건강 산업에 종사한 모든 사람이 적어도 중요한 무언가를 잘못 판단했다는 것이다. 이것은 단순한 메시지가 복잡해진 여러 요인 중 하나다. 이 사람들의 가정은 어김없이 비만이 탐식과 나태의 결과라는 선입견이나 식이 지방이 심장병의 원인이라는 가정을 근거로 삼았다. 몇몇은 열역학이라는 물리법칙에 매료되어 몸에 지나치게 많이 들어온 것이 — 이것이 무슨 의미이든 — 지방으로 저장될 수밖에 없다는 논리에서 벗어나지 못했다. 이 편견 때문에 그들은 이 모든 증거를 해석하는 과정에서 중대한 착오를 저질렀다.

　　'전문가들' 상당수가 이렇다 할 과학적 훈련을 받지 않았다는 사실도 이롭게 작용하진 않았다. 그들은 대체로 의사였으며, 좋은 과학을 하는 법에 대해서는 거의 훈련받지 못했다(배관공 같은 숙련 기술자보다 나을 것이 없었다). 과학 훈련을 받은 사람들도 딱히 잘하지는 못했다. 그들은 자신의 개념을 의심하고 가정을 점검·재점검한다는 것이 무슨 뜻인지 이해하지 못했다. (노벨상을 받은 물리학자 리처드 파인먼 Richard

Feynman이 재치 있게 표현했듯 과학의 "제1원리는 스스로를 속이지 말아야 한다는 것이다. 속이기 가장 쉬운 사람은 자신이기 때문"이다.) 그래서 인슐린의 역할에 대한 관찰과 탄수화물이 살을 찌운다는 — 구체적으로는 체질적으로 쉽게 살찌는 사람들에게 — 결론은 한 번도 진지하게 받아들여지거나 관련성을 인정받지 못했다. 당대의 잘못된 영양 개념에 들어맞지 않았기 때문이다. 설령 올바른 개념을 고려했더라도, 이 연구자들은 지나치게 단순하고 부정확하게 해석했다.

이를테면 1965년에 들어 저탄수화물 식단이 점차 인기를 끌고 이 식단이 "마치 마법처럼" 효과를 발휘하는 원리가 대부분 규명되었는데도 영양학자들은 이 식단을 옹호하는 의사들의 선언이 "헛소리"라거나("식사량을 줄이지 않고 체중을 줄일 수 있는 사람은 아무도 없어!"), 저탄수화물 식단 자체가 치명적이라거나("포화지방만 먹다니!"), 이 식단 지침이 일반에 유포되면 (하버드 대학교의 장 메이어가 1965년 〈뉴욕타임스〉에서 주장했듯) "대량 학살"이 일어날 거라고 말했다. 대량 학살이라니! 메이어는 이런 발언을 내놓으면서도 인슐린이 지방 축적에서 어떤 역할을 하는지 분명히 이해하고 있었다(그는 1968년에 출간한 《과체중Overweight》에서 인슐린이 "지방 합성을 선호한"다면서, 인슐린과 기타 호르몬의 수치가 달라지면 "인체의 지방 함량에 저마다 다른 영향"을 미칠지도 모른다고 썼다). 하지만 메이어는 에너지 균형을 포기할 수 없었으며, 사람이 살찌는 것은 결국 신체 활동을 하지 않기 때문이라는 논리를 받아들였다. 운동 열풍은 메이어의 홍보에 힘입어 1970년대 미국에서 시작되었으며 여전히 승승장구하고 있다(그러는 와중에도 비만과 당뇨병 발병률은 높아저만 간다).

저탄고지/케토제닉 식이의 인상적 효과(허기 없는 체중 감량)를 연구하고 보고한 영양 전문가들은 이 인상적 효과를 설명할 수 있는 기전에 대한 논의에는 관심이 없어 보였다. 이 원리에 관심이 있었더라도 공개적으로 이야기하거나 글로 쓰는 일은 (설령 있더라도) 드물었다. 비만을 실제로 연구한 연구자들은 훗날 우리가 먹는 지방이 곧 저장하는 지방이라는—대부분의 지방은 그렇다—논리에 사로잡히고 여기에다 식이 지방이 심장병을 일으킨다는 통념까지 받아들여 지방을 덜 먹고 그 대신 탄수화물을 먹으라고 권고했으며, 그래야 지방 축적을 예방할 수 있다고 주장했다. (어떤 사람들에게는 이 방법이 효과가 있을 수도 있겠지만, 그 대가를 평생 치르는 것은 무척 고달픈 일이다.) 그들은 탄수화물이 인슐린을 통해 지방 저장 과정을 조절하는 다음 단계로 나아가지 않았으며, 지방세포가 저장하는 식이 지방이 얼마만큼이고 저장 기간이 얼마나 되는지도 궁금해하지 않았다. 유력한 연구자 한 명은 인체가 탄수화물보다 지방을 저장하고 싶어 하므로 음식에 지방이 들어 있지 않으면 살찔 수도 없고 살찌지도 않으리라는 가설을 내놓기까지 했다. 이 가설은 (지방이 제로인) 가당 음료를 양껏 마셔도 허리둘레가 늘지 않는다는 논리로 이어졌다. 이것은 참담한 착각이었지만, 영양·비만·만성병의 세상에서 소비자들은 나쁜 과학과 그 만연한 오용에 대해 전혀 보호받지 못했다.

이 시대에 명성을 얻은 로버트 앳킨스는 인슐린이 살찌우는 호르몬임을 알고 있었는데, 엄청난 베스트셀러가 된 자신의 다이어트 책에서 저탄고지/케토제닉 식사법이 효과적인 이유는 모종의 "지방 동원 호르몬"을 자극하기 때문이라고 주장했다. 하지만 1950년대 영국의 연구자들이 제시한 이 개념은 결코 호응을 얻지 못했다. (실은 인슐린을 제외한 모든 호르몬이 엄밀히 말해 지방 동원 호르몬이다. 다만 인슐린이 상승

했을 때는 지방을 동원하지 않는다. 인슐린 신호는 나머지 호르몬의 신호를 무효

화한다.) 1974년에 뉴욕시 의사와 하버드 대학교 출신 영양학자가 미국

의사협회의 승인하에 앳킨스 식단을 신랄하게 비판하는 책을 출간했

는데, 두 사람은 앳킨스의 "지방 동원 호르몬"을 유언비어로 치부했으

며 앳킨스 식단이 일반 대중에게 홍보되어서는 안 되는 "황당한 영양

학 개념"에 바탕을 두었다고 주장했다. 그러고는 지방 동원 호르몬 산

업을 언급하다가 여담으로 이렇게 실토했다. "인슐린 분비가 감소하

면 지방이 동원된다." 앳킨스 식단, 저탄고지/케토제닉 식단이 그 어떤

식단보다 인슐린 분비 감소 효과가 뛰어나다는 사실은 미국의사협회

로서는 발설해서는 안 될 일이었다.[2]

---

2   힐데 브루흐는 대부분의 경우에 옳았지만, 앞에서 말했듯 다이어트 책을 쓰지는 않았다.
그녀는 1973년에 출간된 책에서 이 원리를 다음과 같이 요약했다. "지방산이 저장되기 위해 지
방 조직에 고정되는 과정은 포도당의 지속적인 공급에 의존하며, 포도당이 이용되려면 인슐린
이 필요한 만큼 지방 대사의 조절이 포도당과 인슐린에 의해 매개되는 것은 분명하다. …… 이
연관성에 내포된 의미는 비만과 같은 지방의 과잉 저장이 인슐린의 과도한 생산 및 탄수화물 식
품의 과도한 섭취와 관계가 있거나 그 결과라는 것, 또는 둘 다라는 것이다."

**쉽게 살찌는 사람들에게는 식품군을 통째로 제한하는 식사법 — 저탄
고지/케토제닉 식단 — 이 필수적이고도 이상적일지도 모른다**

로버트 앳킨스가 다이어트 의사로서 오명을 쓴 것은 책이 하도 잘
팔렸기도 하지만, 지방, 특히 포화지방을 듬뿍 먹으라고 홍보했기 때
문이기도 하다. 제도권 의사와 영양학자는 책이 팔린 것은 다소 시샘
했을지 모르지만, 지방을 먹으라는 말은 진심으로 우려했다. 그들은
앳킨스가 사기를 쳐서 사람들을 죽이고 있다고 생각했다. 그들은 앳킨
스의 다이어트 책에서 처음으로 소개된 개념 — 케톤 생성, 그리고 체
중 감량 식단에서 케톤체(엄밀하지는 않지만, 이 책의 수준에서는 케톤이라고
해도 무방하다)와 케토시스('케톤증'을 뜻하지만 이 책에서는 부정적인 어감을
피하기 위해 '케토시스'로 쓴다 — 옮긴이)의 역할 — 을 조금도 신뢰하지 않
았다. 미국의사협회의 후원을 받은 앳킨스 비판서에서는 "황당한" 영
양학 개념으로 명토 박기도 했다. 케톤과 케토시스는 당시 급진적 개
념이었으며, 지금도 제도권 의사와 영양학자에게는 근심거리다.

살찌고 싶지 않으면 고탄수화물 식품을 멀리하는 것이 상책이라
는 지혜는 적어도 1820년대 장 앙텔름 브리야사바랭까지 거슬러 올라
간다. 그리고 내가 말했듯 상식이 되었다. 모든 여성은 탄수화물이 살
찌게 한다는 것을 알았다. 앳킨스는 한발 더 나아가 탄수화물을 지방
으로, 그것도 아무 지방이 아니라 포화지방이 풍부한 식품("버터 소스를
바른 바닷가재, 베어네이즈 소스로 구운 스테이크")으로 대체해야 한다는 주
장을 처음으로 내놓았다. 그런 다음, 이 식단이 실제로 효과를 발휘하
여 지방을 지방세포에서 끄집어내어 연료로 쓰는지, 즉 몸 밖으로 내
보내는지 확인하는 방법으로 케톤과 케토시스(지금은 '영양학적 케톤증'
으로 불리며 '케토'라고도 한다) 개념을 제시했다.

케톤은 간세포가 지방을 연료로 태울 때 합성되는 분자다. 지방
연소(산화)의 부산물인데, 음식에 들어 있는 지방에서 만들어지기도 하
고, 지방이 동원될 만큼 인슐린이 낮을 때는 저장된 지방으로부터 만
들어지기도 한다. 케톤은 원료인 지방과 달리 혈뇌 장벽을 쉽게 통과
할 수 있으므로, 뇌는 탄수화물 공급이 부족할 때 케톤을 연료로 이용
할 수 있고 실제로도 이용한다. 포도당보다 케톤을 연료로 쓸 때 뇌와
심장이 더 효율적으로 돌아간다는 사실로 보건대 케톤이야말로 이상
적인 연료인지도 모른다.[1] 케토시스는 간이 최소량 이상의 케톤을 합
성할 때 일어나는 현상이다.

앳킨스의 입장에서 케톤과 케토시스는 자신의 식단을 "모든 여

---

1   권위자들은 포도당(혈당)이 뇌가 선호하는 연료라고 말하곤 하지만, 그것은 고탄수화물
식품을 먹을 때 뇌가 포도당을 연료로 태우기 때문이다. 비유적으로 말하자면 뇌는 우리가 생산
하는 에너지의 상당 부분(약 20퍼센트)을 소비하기 때문에, 고탄수화물 세상에서 혈당을 조절하
려면 케톤이 차량의 고옥탄 연료처럼 더 나은 에너지원이라도 포도당을 태워야 할 수도 있다.

성이 아는" 상식과 구분하는 (글래드웰의 표현을 빌리사면) 그의 "특히 주
장"이었다. 그는 단순히 탄수화물이 살을 찌운다거나, 탄수화물을 제
한하지만 열량은 제한하지 않는, 즉 탄수화물 열량을 지방 열량으로
대체하는 식단이 초과 체중을 줄이는 생물학적으로 적절한 방법이라
고 말하는 게 아니다. 자신의 식사법을 혁명적 다이어트라고 선언했
다. 앞에서 말했듯, 이것은 다이어트 책을 쓰는 의사들의 단골 수법이
다. 이런 수법은 단순한 과학을 복잡하게 만드는 데 일조했으며, 이로
인해 무성해진 논란은 우리에게 유익할 수도 있고 그렇지 않을 수도
있다. 앳킨스의 경우, 자신의 식단이 근본 원인을 없앰으로써 문제를
바로잡는다고 주장하기만 한 것이 아니다(그의 주장은 사실이다). 그는
자신의 책을 읽고 그 지침을 따르는 사람들만 이해할 수 있는 독특한
요법을 제시했다. 그중 하나는 탄수화물 함량을 (감당할 수 있는 한계 내
에서) 점차 높여가는 단계별 식단이었다.

앳킨스 식단의 '입문 단계'는 육류에 글리코겐으로 저장된 탄수화
물과 녹색 채소에 들어 있는 미량의 탄수화물을 제외한 모든 탄수화물
을 배제하는 것이다. 대부분의 녹색 채소는 영양학자들이 "5퍼센트 채
소"라고 부르는 범주에 속하는데, 이는 소화할 수 있는 탄수화물이 전
체 무게의 5퍼센트밖에 되지 않으며 나머지는 대부분의 물과 약간의
'섬유질'이라는 뜻이다(섬유질은 소화되어 연료로 쓰이는 비율이 극히 적다).
이를테면 브로콜리 한 컵에는 소화가 가능한 탄수화물이 약 4그램(16
칼로리에 해당) 들어 있으며 이 탄수화물은 느리게 소화·흡수되기 때문
에 혈당과 인슐린에 미치는 영향이 미미하다. 이런 까닭에 녹색 채소
는 내분비적 관점에서는 무해하며 영양학적 관점에서는 유익하다. 녹
색 채소는 기름진 육류와 소스에 곁들여 먹어도 무방하다.

앳킨스가 알았든 몰랐든, 기름진 육류, 지방, 녹색 채소의 조합은 인슐린 수치를 낮게 유지하고 지방이 지방세포에서 동원되어 연료로 산화되고 케톤이 생성되는 시간을 늘리는 가장 효율적인 방법에 가까웠다. 일단 체중 감소가 시작되면, 간이 케톤을 만들어내는 한, 즉 케토시스가 유지되는 한 천천히 조금씩 탄수화물 양을 늘릴 수 있다.

앳킨스는 검출 가능한 수준의 케톤이 생성되지 않는 시점을 '탄수화물 임계점'이라고 불렀는데, 앳킨스 식단의 관건은 이 임계점 아래에 머무르는 것이었다. 케톤 수치는 '케톤 시험지'라는 것을 이용하여 측정하며, 약국에서 당뇨병 환자용을 구입할 수 있다(케톤증 중에서도 특히 심각한 형태인 '당뇨병 케토산증'은 당뇨병 환자의 목숨을 위협할 수도 있다). 사실 케톤이 처음 관찰된 것은 19세기 중엽 당뇨병으로 죽어가는 환자의 소변에서였다. 그 뒤로 의학계가 케톤을 무언가 끔찍한 일이 일어나고 있는 징후이자 병적 인자로 바라본 것은 이 때문이다.

이것은 틀린 해석이며 지나치게 단순화된 사고방식이지만, 알다시피 의학계에는 고질적인 문제가 있다. 앞에서 말했듯 제도권 의사들은 여전히 케톤과 케톤증에 대해 우려하지만, 그들이 문헌을 늘 꼼꼼하게 읽는 것은 아니기 때문이다. 캘리포니아 대학교 데이비스 캠퍼스의 스티브 피니Stephen Phinney와 오하이오 주립대학교의 제프 볼렉Jeff Volek은 실험과 임상 시험을 통해 케톤증의 생리학을 실제로 연구한 소수의 연구자들 중 하나로, 케톤과 그 생리적 상태를 규명하는데 큰 몫을 했다. 두 사람에 따르면 케톤은 "폭넓은 건강상의 유익"과 연관되어 있다. 병적인 것과는 무관했다(적어도 몸이 올바르게 돌아갈 때는 말이다).

케토시스와 케토제닉 식단(케토)을 이해하려면 간이 검출 가능한 수준의 케톤을 합성하기 위한 조건을 이해해야 한다. 간은 지방을 빠른 속도로 태워야 하는데, 이는 인슐린 수치가 매우 낮아야 하고, 탄수화물이 식단에서 (적어도 대부분) 배제되어야 하며, 혈당치가 건강 범위 내의 최저치에 머물러야 한다는 뜻이다. 인슐린이 하는 여러 일 중 하나는 간의 케톤 합성을 차단하는 것이다. 다시 말하지만, 이것은 공학적으로 말이 된다. 혈중 인슐린은 혈당이 높다는 징후이며, 세포들이 당을 에너지로 태우거나 글리코겐으로 저장하거나 지방으로 바꾸는 게 유익하다는 신호다. 음식에 들어 있는 지방과 마찬가지로, 케톤은 식후에는 필수적이거나 바람직한 연료 공급원이 아닐 것이다(이상적인 상황이라면 식후에만 그래야—연료 공급원이 아니어야—한다).

하지만 혈당이 떨어지고 혈중 인슐린 역시 떨어지면(건강하다면 당연히 그래야 한다) 지방이 지방 조직에서 동원되고 간세포가 그 지방을 태운다. 간의 케톤체 합성은 지금껏 (피니와 볼렉의 표현에 따르면) "뒤에서 공회전"고 있다가 그때부터 케톤을 생성하는데, 케톤은 포도당 대신 뇌의 연료가 될 수 있다. 이제 몸은 '영양학적 케톤증'에 돌입한다. 피니가 이 용어를 만든 것은 인체의 인슐린이 전부 없어진 병적 상태인 케토산증과 명확히 구분하기 위해서였으며, 동시에 이 비정통적인 식단 개념의 대담한, 또한 금전적으로 성공한 범죄의 대가로 앳킨스에게 늘 따라붙는 돌팔이 딱지로부터 거리를 두기 위해서이기도 했을 것이다.

케톤의 측정 단위는 리터당 밀리몰인데, 'mmol/l'이라고 쓴다. 일반적으로 고탄수화물 식단을 섭취했을 때의 케톤 수치는 약 0.1mmol/l이다. 이것은 간의 케톤체 합성 기계가 뒤에서 공회전할 때 나오는 산물이다. 우리는 일상적으로 열두 시간 단식을 하곤 하는데—오후 7시에 저녁을 먹고 이튿날 오전 7시에 아침을 먹는다면—이때 아침 먹기 전 케톤체 수치는 0.3mmol/l로 그 세 배다. 이는 인슐린이 낮아서 간이 뇌에 연료를 공급하기 위해 케톤을 합성하기 때문이다. 며칠을 내리 단식하면 케톤 수치는 5~10mmol/l까지 올라간다.[2] 앳킨스 식단을 하면, 즉 영양학적 케톤증 상태에서는 케톤 수치가 2~3mmol/l까지도 높아질 수 있다. 앳킨스 식단과 더불어 운동을 하고 나서 인슐린이 매우 낮을 때는 5mmol/l에 도달할 수도 있는데, 그래봐야 의사와 당뇨병 전문의가 우려하는 당뇨병 케토산증에 비하면 낮은 수치에 지나지 않는다.

당뇨병 케토산증에서는 지방세포가 저장된 지방을 혈류에 쏟아붓고 간이 마구잡이로 케톤을 합성하며 탄수화물이 몸에 필요한 속도로 획득되어 연료로 쓰이지 못한다. 한편 간은 연료를 더 만들어내기 위해 포도당도 생성한다. 이 모든 연료가 혈류에 축적되면 병적이면서 대사적인 지옥도가 펼쳐진다. 당뇨병 케토산증에서는 케톤체 수치가 20mmol/l을 훌쩍 넘는 것이 예사다. 이것은 두려워해야 마땅한 상황이지만, 영양학적 케톤증과는 전혀 다른 생리적 상태다. 앞에서 여러 차례 말했듯, 의사들은—심지어 해당 분야 전문의들조차도—지나치게 단순화된 사고방식에 빠지기 쉽다. 피해가 생길까 봐 전전긍긍할

2　1960년대 초, 앳킨스가 케토제닉 식단을 건강식으로 여기게 된 주요한 근거 중 하나는 몸이 저장된 연료와 방금 섭취한 연료를 구분하지 못한다는 것이었다. 세포는 출처를 전혀 알지 못한 채 단백질과 지방을 대사한다. 그렇기에 우리의 조상은 단식하거나 기아를 겪어야 했을 때 주로, 또는 오로지 지방과 단백질을 연료로 대사했다. 영양학적 케톤증에서도 마찬가지 현상이 일어난다는 것은 이것이 두려워할 일이 아니라 비교적 자연스럽거나 적어도 무해한 상태임을 암시한다. 이런 탓에 듀크 대학교의 에릭 웨스트먼은 영양사들이 환자와 고객과 상담할 때 "당신이 먹는 것이 곧 당신입니다"라고 말하지 말고 "당신에게 맞는 것을 먹으세요"라고 말해야 한다고 주장한다. 그것은 지방과 단백질을 뜻한다.

때는 더더욱 그렇다.[3]

우리의 목적에 비추어 보자면, 케톤과 영양학적 케톤증은 지방이 저장되지 않고 동원되어 연료로 연소되고 있다는 징후(일종의 생물학적 표지)로 생각할 수 있다. 이상적인 상황에서는 날씬해지고 있다는 뜻이기도 하다. 어쨌거나 이것이 체중 감량 식단의 목표 아닌가. 허기 없이 지방을 태우는 것이 목표라면 영양학적 케톤증은 좋은 것이다.

◆　◆　◆

이런 과감한 접근법이 현명한 것일까? 이 질문을 놓고 반세기 동안 식단 논쟁이 벌어졌다. 물론 식품군 전체를 제한하지 않는, 또한 입과 코에서 케톤의 아세톤 냄새가 나지 않는 식사법이 저탄고지/케토제닉 식사법 못지않게 잉여 지방을 효과적으로 줄일 수 있고, 평생 지속하기가 더 쉽고 게다가 건강에도 더 좋을 수 있다. 유익은 똑같으면서 위험은 적고 지속 가능성이 더 클 수도 있다. 하지만 과연 그럴까?

짧게 답하자면, 사람마다 다르다. 길게 답하자면, 인슐린으로 돌아가 미국의사협회의 승인을 받은 앳킨스 비판서의 발언을 다시 들여다보아야 한다. "인슐린 분비가 감소하면 지방이 동원된다." 이 말은 단순하기 그지없지만, 더 정확하게 표현한 앨로와 버슨의 말로 바꾸자면, 지방이 지방세포에서 동원되는 데 필요한 요건은 "인슐린 결핍의 음성 자극"이다.

3　주목할 만한 사실은 케톤 자체가 일부 인슐린 분비를 자극하며, 역으로 인슐린 분비가 케톤 합성을 억제한다는 것이다. 이것은 식단을 바꿨을 때 케톤 수치가 병적 수준까지 치솟지 않도록 자연적으로 작동하는 음의 되먹임 고리다.

이제 인체 생리, 대사, 내분비로 돌아가자. 차차 알게 되겠지만, '인슐린 결핍의 음성 자극' 개념에는 두 가지 중요한 단서 조항이 있다. 앨로와 버슨은 두 단서 조항에 대해 알고 있었지만, 당시에는 이것이 체중 감량 식단의 성공에 어떤 의미가 있는지 생각하지 못했다(다이어트 책을 쓴다는 것은 말할 것도 없었다). 제도권 권위자들은 으레 그렇듯 관심이 없었다. 자신들의 탐식·나태 논리에 들어맞지 않는다고 여겼기 때문이다.

첫째, 사람은 탄수화물에 제각각 다르게 반응한다. 천차만별이다. 이것은 똑같은 음식을 먹어도 누구는 패션모델처럼 키가 크고 누구는 고도 비만이 되는 한 가지 이유다. 게다가 같은 사람의 몸에서도 세포와 조직마다 인슐린 반응이 다르다. 이 또한 천차만별이다. 조직과 세포는 인슐린에 저항성을 가지게 되면 혈류의 인슐린 수치에 대해 저마다 다른 속도와 세기로 반응한다. 이런 까닭에 앨로와 버슨은 이렇게 경고했다. "가능하다면 제반 조직의 일반적 저항성을 개별 조직의 저항성과 구분하는 것이 바람직하다."

의사가 인슐린 저항성 진단을 내렸는데 만일 쉽게 살찌는 편이라면, 의사는 인슐린 저항성이 조직마다 어떻게 달리 나타나는지—이를테면 인체의 나머지 모든 세포가 인슐린에 반응하기를 그만둔 뒤에도 지방세포가 계속해서 반응한다는 사실을—전혀 모를 가능성이 있다. 인슐린이 몸의 나머지 부위에서 어떤 작용을 하든, 지방세포가 인슐린에 민감하고 인슐린이 분비되는 한 지방세포는 지방을 저장할 것이며 몸은 지방을 축적할 것이다. 말하자면 (옐로와 버슨이 지적했듯) 살이 찌고 있다면 지방세포는 몸의 나머지 부위에서 무슨 일이 일어나든 아랑곳없이 인슐린에 반응하는 것이 분명하다. 지방세포는 여전히 인슐린에 민감한 것이 틀림없다. 이것이 살찌는 과정의 전제 조건이다.

첫 번째 단서는 두 번째의 중요하고도 유감스러운 단서로 연결되는데, 그것은 지방세포가 인슐린에 "극히 민감하"다는 것이다. 이 말은 연구자들이 이 현상을 (심지어 학술 논문에서도) 묘사할 때 흔히 쓰는 표현이 되었다. 지방 대사를 연구한 연구자들과 인터뷰하면서 나도 거듭해서 들은 말이다. 이 말의 뜻은 혈중 인슐린 수치가 하도 낮아서 다른 세포와 조직은 인슐린이 분비되었는지조차 모를 때에도, 지방세포는 인슐린의 존재를 감지하고 반응하며 다른 세포와 조직이 저항성을 가진 지 한참 뒤에도 여전히 인슐린에 반응한다는 것이다.

인슐린이 일정 수치 이상으로 아주 조금만 올라가도 지방세포는 저장 모드에 돌입한다. (측정할 수 없을 만큼 소량이라도) 인슐린이 상승한 상태가 오래갈수록 지방세포가 지방을 동원하지 않고 저장하는 시간도 길어진다. 이런 까닭에 세계에서 가장 저명한 당뇨병 연구자들, 즉 인슐린에 관심을 두던 전문가들은 1960년대와 1970년대에 너무 많은 인슐린이 혈류를 순환하거나 지방 조직이 인슐린에 지나치게 민감한 것이 비만의 원인인지도 모른다고 추측했다. 브루흐의 말마따나 그것은 대사가 저장 모드에 과도하게 치우치는 이유일 수도 있고, 어떤 사람들은 하루에 5, 10, 20, 심지어 100칼로리의 잉여 열량을 축적하는데 다른 사람들은 그러지 않는 이유일 수도 있다. 이 연구자들이 추측한 것은 명백한 인과 가능성, 즉 살찌는 기전의 유력한 용의자였다.

1990년대 초 텍사스 대학교 샌안토니오 캠퍼스의 연구진은 "인슐린에 극히 민감하"다는 것이 어느 정도를 뜻하는지 체계적으로 측정했다. 그 과정에서 지방세포와 지방 대사의 양상이 급격히 달라지는 혈중 인슐린 수치 문턱값을 찾아냈다. 연구진의 수장인 랠프 디프론조Ralph

DeFronzo는 인체에서 이 값을 측정하는 데 필요한 기술을 개발한 인물이다. 디프론조와 동료들은 당시에 이 측정을 해낼 수 있는 유일한 사람들이었을 것이다. 그들은 인슐린에 대한 지방세포의 "극도의 민감성"이 "가장 놀라운 발견"이라고 말했으며, 이것을 (이 책의 두 번째이자 마지막인 학술적 도표에 대해 사과드리며) 135쪽 그림과 같이 표현했다. 이 그림은 식단, 체중 감량, 비만 논의를 통틀어 단연코 가장 중요하다. 이 연구의 의미를 이해하지 못하고서는 비만과 지방 축적을 절대 이해할 수 없다(인슐린이 공복감, 포만감, 식욕에 미치는 영향도 마찬가지다).

　이 그림은 혈중 인슐린 수치에 따라 지방(엄밀히 말하자면 지방산)이 지방세포에서 어떻게 동원되어 이용되는지 보여준다. 인슐린 수치가 오른쪽(매우 높음)에서 왼쪽(매우 낮음)으로 가로축을 따라 이동함에 따라 동원되는 지방의 양이 세로축에 대해 어떻게 변하는지 살펴보라. 그러면 혈중 인슐린 농도가 0으로 떨어질 때까지 지방세포가 인슐린에 어떻게 반응하는지 알 수 있다. 인슐린이 200단위($\mu U/ml$) 이상에서 약 25로 내려갈 때까지 가로선을 보면 대부분의 혈중 인슐린 범위에서 지방세포가 인슐린에 민감하여 지방을 저장하는 한편, 인체의 나머지 세포는 지방을 연료로 이용(산화)하지 않으려 든다는 것을 알 수 있다.

　디프론조와 동료들이 학술적 언어로 쓴 내용을 풀이하자면, 이 범위에서는 인슐린이 '지방 분해', 즉 지방을 분해하여 지방세포에서 방출시켜 연료로 이용하는 과정을 억제한다. 지방세포에서 빠져나와 연료로 이용되는 지방의 양은 이 범위에서 내내 동일하며 비교적 낮은 수치에 머무른다. 따라서 일정 수준 위에서는―약간 위이든 아주 위이든 상관없이―지방 조직이 인슐린에 민감하며 지방 조직에 들어 있는 지방은 대부분 갇혀서 나오지 못한다. 그러면 다른 세포들이 지방

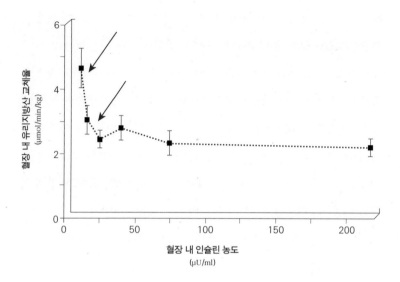

을 연료로 대사할 수 없다. 지방세포와 제지방 조직 및 장기의 세포가 인슐린에 반응하고 작용하는 행태도 이와 같다.

문제는 여기에 문턱값이 있다는 것이다(그림에서 화살표로 표시했다). 인슐린이 충분히 낮아져서 인슐린 결핍의 음성 자극이 충분히 강해지면 모든 것이 달라진다. 마치 스위치가 눌린 것과 같다. 문턱값 위에서는 지방세포가 지방을 붙들어두지만, 문턱값 아래에서는 저장된 지방을 혈류로 방출하며 인체의 나머지 세포들이 지방을 연료로 이용한다. 몸은 문턱값 위에서는 탄수화물을 태우고 지방을 저장하지만, 문턱값 아래에서는 지방을 태운다. 다이어트 책을 쓰는 의사들은 종종 사람을 지방 태우는 기계에 비유하는데, 지금 잉여 지방을 저장하고 있다면 바로 이것―지방을 태우는 것―이야말로 우리가 원하는 것이다.

그런데 무척 안타까운 문제가 하나 있다. 그것은 문턱값이 매우 낮

다는 것이다. 디프론조의 연구에서는 피험자들이 날씬하고 건강한 대
학생들이었는데도 문턱값이 상당히 낮았다. (논문에서는 학술적 언어로
이렇게 설명한다. "지방 조직으로부터 유리지방산의 유출은 생리적으로 낮은 인
슐린 농도의 범위에서 일어나며, 혈장 내 인슐린 수치의 미세한 변화에 극히 민감
하다.") 문턱값은 비만하거나 비만해지는 체질인 사람들, 즉 쉽게 살찌
는 사람들의 평상시 인슐린 수치보다 훨씬 아래에 있다. 따라서 문턱
값을 넘기가 아주 쉽고, 문턱값 아래에 머물기는 극히 힘들다. 쉽게 살
찌는 사람들, 또한 당, 녹말, 곡물을 먹는 사람들은 낮의 대부분과 밤의
(아마도) 여러 시간을 문턱값 위에서 보낼 것이며, 문턱값 아래에 머무
는 시간은 거의 없을 것이다(그 시간으로 충분하지 않은 것은 분명하다).

　이 책의 목적에 비추어 보자면, 이 인슐린 민감성 문턱값을 앳킨
스의 결정적 탄수화물 문턱값이라는 관점에서 생각해볼 수 있다. 앳킨
스가 케토시스 여부를 확인하면서 탄수화물을 다시 늘리라고 독자들
에게 조언한 것은 탄수화물을 늘려도 지방 조직이 여전히 인슐린 문
턱값 아래에 있는지 확인하라고 말하는 셈이었다. 문턱값 아래에 거의
다다랐을 때, 간은 케톤을 대량으로 합성할 수도 있고 그러지 않을 수
도 있지만 지방을 연료로 태우고 있는 것은 분명하다. 정말로 상당량의
케톤을 합성하여 케토시스 상태에 있다면 문턱값 아래에 있는 것이 확
실하며, 문턱값 아래에 머무르는 시간이 하루하루 늘어날수록 지방을
태우는 시간이 늘어나고 저장되는 지방은 줄어든다.

　날씬하든 뚱뚱하든 모든 사람에게는 결정적인 탄수화물 문턱값이
있지만, 지방을 저장하는 체질일수록, 쉽게 살찔수록 인슐린 문턱값이
낮을 가능성이 크며, 문턱값 아래에 머무르는 시간이 짧을 가능성이
크다. 탄수화물을 다시 늘리면서 케톤을 점검하는 앳킨스의 접근법은

이치에 맞지만, 시간이 지나도 문턱값이 달라지지 않는다는 가정이 반드시 옳은 것은 아니었다. 또한 앳킨스는 고탄수화물 식품을 일부 섭취하면서 체중 감량을 평생 유지하는 것이 탄수화물을 아예 끊는 것보다 더 지속 가능하고 만족스럽다고도 가정했다.

이것은 많은 사람들에게, 어쩌면 대부분의 사람들에게 사실일지도 모른다. 이것이 대부분의 사람들이 섬유질이 풍부한, 즉 소화·흡수가 느린 탄수화물을 섭취하는 것만으로도 건강 체중을 달성하고 유지하는 이유일 것이다. 이렇게 하면 인슐린이 비교적 낮게—만일 그들이 건강 체중을 유지하는 운 좋은 사람이라면, 문턱값 아래로—유지된다.

하지만 지극히 신빙성이 있는 또 다른 가능성은 우리 중 적어도 일부는 고탄수화물 식품을 적당히 먹기보다는 사실상 아예 먹지 않는 것이 더 쉬울 수도 있다는 것이다. 이 가능성은 의지력보다는 (다시 말하지만) 인체 생리와 더 큰 관계가 있다. 어떤 사람들은 (기업인 겸 작가 팀 페리스Tim Ferriss에게 처음 들은 용어를 빌리자면) "느린" 탄수화물을 먹으면서도 여전히 체중을 감량하거나 건강 체중을 유지할지도 모르지만, 섬유질이 들어 있어서 느리게 소화되는 탄수화물이야말로 함정이며, 피하는 것이 상책일지도 모른다.

**살찌는 것이 공복감과 식욕에 직접 영향을 미치는 것은
뇌가 몸의 필요에 반응하기 때문이다**

우리는 두 가지 현실과 함께 살아가야 한다. 하나는 지방세포가 인슐린에 극히 민감하다는 것이고, 다른 하나는 이것이 문지방 효과라는 것이다. 이 두 가지가 어우러진 결과는 체중뿐 아니라 식욕(공복감과 우리가 갈망하는 음식)에 크나큰 영향을 미친다. 한편 이 결과는 '식품군을 통째로 배제하는 극단적—이른바 '불균형'—식단이 필요하지 않을까?'라는 질문으로 곧장 연결된다.

앞에서 말했듯, 지방세포의 인슐린 민감성 문턱값이 일종의 스위치이고 이 스위치를 켰다 껐다 할 수 있다고 생각해보라. 스위치가 켜져 있어서 인슐린 수치가 문턱값보다 높으면 지방세포는 지방을 저장하며 인체의 나머지 세포는 탄수화물을 연료로 이용한다. 반면에 스위치가 꺼져 있어서 인슐린 수치가 문턱값보다 낮으면 지방세포는 지방을 동원하고 몸은 지방을 태워 연료를 얻으며 날씬해지거나 적어도 더

뚱뚱해지지는 않는다.

인슐린 저항성이 있더라도 이 관계는 여전히 성립한다. 하지만 이 경우에는 이상적 수준을 웃도는 인슐린이 몸을 순환하며, 이상적인 수준을 웃도는 기간 동안에는 인슐린의 양이 높게 유지된다. 이 말은 훨씬 오랫동안 스위치가 켜진 채 문턱값 위에 머물며 지방을 저장한다는 뜻이다. 이 현상은 음식을 먹은 지 한참 지나 혈당치가 정상으로 돌아오고 당장 태울 수 있는 탄수화물(포도당)이 없는데도 일어날 수 있다. 세포는 탄수화물을 태울 준비가 되어 있지만―인슐린이 그렇게 지시하므로―혈당은 이미 낮은 건강 범위로 내려가 있다. 인슐린은 세포속 미토콘드리아에게 탄수화물을 태우라고 명령하는 한편, 똑같은 (전문 용어로) 신호 경로를 통해 그 세포에게 지방과 단백질을 태우지 말라고도 명령한다. 다른 곳에서는 인슐린이 지방세포가 지방을, 제지방세포가 단백질을 붙들어두게끔 한다.

한마디로 인슐린이 문턱값 위에 있으면, 즉 스위치가 켜져 있으면 몸은 탄수화물을 이용하여 돌아간다. 탄수화물이 연료다. 그러므로 고탄수화물 식품이 당기는 것은 말이 된다. 모닝 베이글이나 사탕이나 파스타가 없는 삶을 상상조차 할 수 없는 것은 그래서일 것이다. (나는 아침에 마시는 갓 짠 오렌지 주스가 그랬다.) 뒤에서 설명하겠지만, 결국 고탄수화물 식품이 선호 음식이 된다. 이렇게 된 이유는 고탄수화물 식품을 먹을 때 쾌감으로 보상하는 법을 뇌가 배웠기 때문일 것이다.

인슐린이 문턱값보다 낮으면, 즉 스위치가 꺼져 있으면 몸은 저장된 지방을 태우고 있는 셈이다. 문턱값 아래에 머무르는 한 계속 지방을 태울 것이다. 이제 몸은 풍부한 연료를 이용할 수 있다. 체지방 10킬로그램이면 두 달을 버티고도 남는다. 2019년 10월에 세계 최초로 마라톤 두 시간의 벽을 깬 56킬로그램의 올림픽 금메달리스트 엘리우드 킵초게Eliud Kipchoge처럼 마른 마라톤 선수도 일주일 동안 몸에 연료를 공급할 수 있을 만큼 충분한 지방을 저장하고 있다. 몸은 저장된 지방을 끊임없이 공급받고 있으므로 부족함을 느끼지 않는다. 식욕도 가라 앉는다. 뇌는 음식이 더 필요하다고 생각할 이유가 전혀 없다. 음식을 더 섭취해야 할 필요가 없으므로, 그러려는 충동을 거의, 또는 전혀 느끼지 않는다. 그러면 저장된 체지방을 태움으로써 허기 없는 체중 감량을 경험한다.

인슐린 문턱값 위에 있을 때에는 수시로 연료를 보충해야 한다. 탄수화물은 공급량이 제한적이며, 인슐린은 저장된 탄수화물(최대 약 2,000칼로리의 글리코겐)이 빠져나오는 것도 차단한다. 혈당이 떨어지면 허기를 느낀다. 문턱값 위에 있을 때는 탄수화물이 연료이므로 이것이 풍부한 음식을 갈망한다.

이 관계는 며칠, 아니 몇 달치 열량을 지방 조직에 저장했어도 끼니와 끼니 사이에 식욕을 느끼는 이유를 똑똑히 보여준다. 이것은 자신이 지닌 지방에 만족하며 살 수 있는데도 허기를 느끼는 이유다. 인슐린이 낮아서 지방을 태울 수 있으면 허기를 느끼지 않는 이유이기도 하다. 다음과 같은 각도에서 생각할 수도 있다. 탄수화물을 제한하여 인슐린이 문턱값 아래이면 지방을 지방 조직에서 끄집어내려고 몸을 굶기는 것이 아니다. 체중을 감량하려고 자신의 몸과 전쟁을 벌이는 것이 아니다. 몸과 협력하며 몸이 자연스럽게 하는 일을 하도록 내버려두는 것이다.

저탄고지/케토제닉 다이어트에서 허기를 느끼지 않는다는 것은 영양학에서 그 무엇보다 일관되게 관찰되는 현상이다. 탄수화물을 배제하고 열량을 지방으로 대체하면 공복감 자극(또한 열량 제한 식단에 동반되는 음식 집착)이 부쩍 줄어든다. 소식과 반기아가 유일한 체중 감량 방법이라고 확신한 1960년대 의사와 연구자조차 논문에서는 저탄고지/케토제닉 식단이 체중 감량에 더 쉬운 방법이 아니라는 뜻은 아니라며 한발 물러서곤 했다. 한 연구자는 그 시기의 가장 유명한 논문 중 하나에서 이렇게 말했다. "이런 식단은 포만감 측면에서 고탄수화물 저지방 식단보다 우월하다." 탄수화물 배제 식단이 탄수화물 식단보다 포만감을 준다는 것은 탄수화물 식단이 탄수화물 배제 식단보다 허기지거나 더 많이 먹게 한다는 말인 셈이다. 이유는 분명하다.

지방 축적에서 인슐린의 역할과 이것이 식욕에 의미하는 바를 자각하여 식단을 설계한 의사 연구자의 예로 즐겨 인용하는 인물이 있다면, 제임스 시드버리 주니어James Sidbury Jr.다. 1970년대 중엽에 시드버리는 듀크 대학교 소아과 의사로, 탄수화물 대사 질병, 특히 자신의 이름을 딴 탄수화물(글리코겐) 저장 장애에 관한 한 세계 최고의 전문가 중 하나였다. 이런 까닭에 그가 비만을 지방 저장 질병으로 생각한 것은 자연스러운 수순이었을 것이다. 그는 대사를 연구하는 소아과 의사였기에, 듀크 대학병원의 의사들은 (당시에) 희귀 사례인 비만 아동들을 도와줄 수 있으리라 기대하여 그에게 의뢰했다.

시드버리는 탄수화물이 인슐린을 자극하며 인슐린이 지방 형성을 촉진하고 지방을 지방 조직에 가둬둔다는 사실을 알고 있었다. 1975년에 출간한 책의 이 주제에 대한 장에서 알 수 있듯, 그는 비만 아동이 고탄수화물 식품("크래커, 감자칩, 감자튀김, 쿠키, 청량음료 등")을 갈망한다는 사실도 알고 있었다. 이 아동들에게 탄수화물을 제한하고 지방과 단백질만 먹이면 인슐린 수치가 내려가고 지방 대사가 날씬한 아동처럼 작동하리라는 것이 그의 논리였다. 이 아동들은 강박적 허기를 느끼지 않고 탄수화물을 끊임없이 갈망하지 않고도 저장된 지방을 태워 체중을 감량할 수 있을 것 같았다. 그는 비만 아동에게 사실상 단백질과 지방으로만 이루어진 식사를 하루에 300~700칼로리만 먹이도록 그 부모들에게 당부했다. 아이들은 마치 마법처럼 체중이 줄었다. 시드버리는 이렇게 썼다. "많은 부모는 자녀가 그토록 적은 음식만 먹고도 포만감을 느낄 거라고 믿지 못한다." 하지만 결과를 목격하고 마침내 "자녀가 포만감을 느끼는 음식의 양이 확실히 달라졌"음을 확인하면 "부모의 태도가 완전히 달라진"다.[1]

이런 사고방식의 또 다른 예는 1970년대 하버드 의과대학의 조지 블랙번George Blackburn과 브루스 비스트리언Bruce Bistrian에게서 찾아볼 수 있다. 비스트리언과 블랙번은 비만 환자를 치료하기 위해 이른바 "단백질 섭취 변형 단식"을 개발했는데, 하루 650~800칼로리를 순살 생선, 육류, 가금으로만 공급하는 방식이었다. 탄수화물이 사실상 전혀 없었기에 케토제닉 식단이라고 말할 수 있다(매우 저열량이긴 했지만). 비스트리언과 블랙번은 이 식단을 환자 수천 명에게 처방했는데, 2003년 1월의 인터뷰에서 비스트리언이 말했듯 그중 절반이 적어도 18킬로그램을 감량했다. 700명 가까운 환자들의 사례를 보고한 1985년 논문에서는 넉 달간의 평균 감량 체중이 22킬로그램에 이르렀다. 환자들은 식단을 따르는 동안 허기를 거의 느끼지 않았다. 비스트

---

1   비만에 대한, 또한 비만의 치료 및 예방법에 대한 이해의 폭을 넓히는 측면에서는 애석하게도, 시드버리는 국립보건원 국립아동보건·인간발달연구소 소장에 임명되었다. 그는 비만에 대한 식이요법 연구로 복귀하지 않았다. 그 시기에는 소아 비만이 오늘날만큼 중요한 연구 분야로 여겨지지 않았다.

리언이 내게 말했다. "그 식단을 좋아했습니다. 이례적으로 안전한 대
규모 체중 감량 방법이었죠."

하지만 비스트리언은 인터뷰 중에 매우 중요한 요점을 하나 지적
했다. 그것은 자신과 블랙번이 식단의 균형을 맞추기 위해 채소, 통곡
물, 콩을 첨가하여 환자들이 더 많은 열량과 더 많은 탄수화물을 섭취
하도록 했다면 체중 감량에 실패했으리라는 것이다. 열량이 늘면 허
기가 줄어들 것 같지만 실은 늘어난다. 비스트리언은 앤설 키스의 기
아 실험에 참여한 사람들(하루에 1,600칼로리를 먹으면서 굶주린 사람들)이
자신과 블랙번 또는 시드버리가 치료한 환자들(하루에 1,000칼로리 미
만을 섭취하면서도 더없이 만족한 사람들)과 다른 반응을 보였다는 사실을
처음으로 지적한 인물이었다. 그가 내게 말했다. "푸딩의 진가는 먹어
봐야 아는 것이더군요"(길고 짧은 것은 재어봐야 한다는 영어 속담에 빗댄 표
현―옮긴이).

애석하게도 비스트리언과 블랙번 그리고 시드버리의 논리에는 허
점이 있었다. 그들이 환자들에게―시드버리의 경우는 아동이었고, 비
스트리언과 블랙번의 경우는 성인이었다―열량을 엄격히 제한한 것
은 여전히 열량 제한이 필요하다고 생각했기 때문이다. 인슐린과 지방
대사에 대해 모르는 것이 없었으면서도 에너지 균형 논리의 덫에서 빠
져나오지 못한 것이다. 비스트리언과 블랙번이 환자들에게 적은 열량
을 공급한 탓에, 두 사람은 도저히 극복할 수 없어 보이는 문제를 맞닥
뜨렸다. 그것은 감량한 체중을 어떻게 유지할 것인가였다.

식단이 평생 효과를 발휘하려면 평생 지속할 수 있어야 하며, 식
단이 효과를 발휘하려면―우리를 날씬하게, 또는 비교적 날씬하게 만
들려면―살찌게 하는 원인을 제거하거나 제한해야 한다. 너무 많은

열량이 원인이라면 열량을 평생 어느 정도 제한할 필요가 있다. 반면 원인이 인슐린 수치와 너무 많은 탄수화물이라면 인슐린을 평생 낮은 문턱값에 머무르게 하는 식단(저탄수화물 고지방)이 필요하다. 양자택일을 피할 방법은 없어 보인다.

비스트리언과 블랙번은 이 문제를 완벽히 이해하고 있었다. 두 사람은 환자들이 예전의 식습관으로 돌아가면 다시 체중이 늘어나리라는 것을 알았다. 열량을 더 많이 섭취하면서도 인슐린을 낮게 유지하는 환자들은 탄수화물을 제한하는 대신 지방을 섭취하고 있었다. 그들은 비스트리언과 블랙번이 보기에 앳킨스 식단을 하고 있었다. 지방을 그렇게 많이 섭취해도 괜찮다고 생각하지 않는다면—이제는 많은 의사들이 그렇게 생각하지만—그것은 용납할 수 없는 일이었다. 비스트리언은 그래서 자신과 블랙번이 비만 분야를 떠나게 됐다고 말했다. 두 사람이 보기에 방안은 두 가지였다. 하나는 뚱뚱했던 환자들에게 식욕억제제를 처방하여 그들이 평생 열량 제한으로 인한 허기와 싸우면서도 균형 잡힌 식사를 하도록 하는 것이었고, 다른 하나는 앳킨스/케토제닉 방식으로 지방과 단백질을 마음껏 먹도록 하는 것이었다. 두 사람은 어느 것도 안전한 방안이 아니라고 생각했다. 비스트리언이 내게 말했다. "포화지방을 그렇게 많이 먹으면 안 됩니다." 그와 블랙번은 다른 주제로 관심을 돌렸다. 하지만 우리는 그런 사치를 누릴 수 없다.

◆ ◆ ◆

영양학 권위자들은 탄수화물 제한 식단이 허기를 비교적 없앤다는 사실은 대체로 인정하지만, 그 이유를 이해하는 데는 관심이 없었다. 그런 탓에 이 현상에서 아무것도 배우지 못했다. 부조리의 절정은 1973년 미국의사협회의 승인을 받은 앳킨스(케토제닉) 식단 비판서였다. 그 책에서는 "식욕 부진"—식욕을 느끼지 않는다는 뜻(만성병인 신경성 식욕 부진과는 다르다)—을 이 식단의 부작용으로 취급하기까지 했다. 환영해야 할 것이 아니라 우려해야 할 것으로 여긴 것이다. 권위자들이 이 문제를 판단하면서 자신들의 선입견에 들어맞도록 인과관계를 혼동한 것은 당연한 결과였다. 그들은 누군가가 지방과 단백질을 양껏 먹으면서 체중을 감량했다면 덜 먹은 것이 틀림없으며 그래서 날씬해졌다고 주장했다.

　사람들이 반기아를 내리 몇 주, 몇 달, 몇 년간 자발적으로 받아들이는 이유를 설명하기 위해 권위자들은 자연스러운 호기심을 안이한 합리화로 짓눌렀다. 가장 흔한 설명 중 하나는 탄수화물 없이 지방을 실컷 먹는 식사법이 너무 단조롭거나 역겨워서 사람들은 양껏 먹을 수 없었고 먹으려 들지도 않았다는 것이다. 내가 즐겨 드는 사례는 〈뉴욕 타임스〉의 건강 담당 기자 제인 브로디Jane Ellen Brody의 논리인데, 그녀는 저탄고지/케토제닉 식이에 단호히 반대했으며 지금도 여전할 것이다. 2002년에 사람들이 저탄고지를—심지어 시험 삼아서도—시도하지 못하게 하려고 잇따라 쓴 기사 중 하나에서, 그녀는 자신의 논리를 이렇게 설명했다. "사람들이 체중을 감량하는 것이 유익할까? 물론 그렇다. 빵, 베이글, 케이크, 쿠키, 아이스크림, 사탕, 크래커, 머핀, 가당 청량음료, 파스타, 밥, 대부분의 과일과 다양한 채소를 먹을 수 없다면 열량을 덜 섭취할 수밖에 없다. 예전에 과잉 섭취하던 열량을 섭취하지 않는다면 어느 식단이든 체중 감량으로 이어질 것이다."

　이제 다른 설명을 제시해보겠다. 아마도 이것이 진실에 훨씬 가까올 것이다. 탄수화물을 배제하면 인슐린이 충분히 낮아져서 지방이 동원되어 연소되기에 체중이 감소한다. 자신의 지방을 연료로 태우기 때문에 몸은 여전히 에너지를 공급받으며 허기도 느끼지 않는다.

앞에서 말했듯 지방 1킬로그램에는 약 7,700칼로리의 에너지가 들어 있다. 2주 동안 체지방 1킬로그램이 빠졌다면—탄수화물을 끊으면 쉽게 달성할 수 있다—매일 500칼로리의 지방을 지방 조직에서 동원하여 연료로 태운 셈이다. 만일 체중이 일정했다면 그 500칼로리의 지방을 동원하여 연료로 태우지 않은 것이고, 매일 500칼로리의 잉여 열량을 지방으로 섭취한 셈이다. 세포는 당신이 얻는 연료가 저장된 지방에서 오는지, 아침이나 점심이나 간식으로 방금 먹은 음식에서 오는지 알지 못하고 관심도 없다. 에너지가 공급되는 한 허기를 느끼지 않는다. 지방이 빠지는 것은 덜 먹어서가 아니며, 덜 먹고 소식에 만족하는 것이야말로 지방이 빠지고 그 지방을 몸의 연료로 쓰기 때문이다.

✦ ✦ ✦

인슐린 민감성 탄수화물 저항성의 문턱값에는 두 번째 중요한 의미가 담겨 있다. 그리고 우리는 이 의미에서 벗어날 수 없다. 만일 인슐린을 문턱값 위로 끌어올려 지방 저장 스위치를 켠다면 몸은 탄수화물을 태우고 지방을 저장하는 상태로 돌아갈 뿐 아니라 탄수화물을 갈망할 것이다. 고탄수화물 식품을 섭취하는 치팅은 문턱값을 끌어올리고, 치팅을 계속하게 만드는 허기를 일으킬 가능성이 매우 크다. 몸은 원래 상태로 돌아가려고 안간힘을 쓸 것이다. 이런 까닭에 감자튀김 몇 점 먹는 것으로는 튀김에 대한 욕구를 만족시키고 포만감을 느낄 수 없다. 금연하던 사람이 담배를 딱 한 대라도 피우면 금연을 유지하기 힘들어지는 것처럼 오히려 갈망이 더 커질 가능성이 다분하다. 저탄고지/케토제닉 식이를 처방하고 스스로도 실천하는 의사들은 이러한 탄수화물 허기(치팅을 계속하려는 충동)가 사그라들기까지 며칠이 걸릴 수도 있다고 말한다. 이것은 한번 빠지면 나올 수 없는 함정과 같다.

또 다른 문제는 인슐린 분비의 뇌상 효과 때문에 생긴다. 먹는 생각만 해도 췌장이 그에 반응하여 인슐린을 분비한다는 사실을 떠올려보라. 치팅에 대해 생각만 해도 (실제 치팅만큼 급격하진 않을지라도) 치팅 자체와 비슷한 효과가 일어난다. 안타깝게도 식품 및 음료 산업은 사방을 자극으로 가득 채우느라 여념이 없다. 그 자극은 고탄수화물 식품·음료를 먹고 마시고 싶어 하도록 (돈으로 살 수 있는 최고의 광고 인력을 동원하여) 설계된 것이었다. 이것은 사실상 모든 식품·음료 텔레비전 광고의 목표다. 즉, 광고는 광고되는 상품에 대한 허기나 갈증을 자극한다. 피자(크러스트 부위), 패스트푸드(햄버거 빵, 감자튀김, 가당 음료, 디저트), 맥주, 청량음료, 과일 주스에 이르기까지, 이런 상품들은 십중팔구 탄수화물 덩어리다. 그들의 전략이 통하는 것은 인슐린과 지방 대사 때문일 가능성이 매우 크다. 쉽게 살찌는 체질일수록 지방세포는 인슐린에 극히 민감하고, 몸의 나머지 부위는 인슐린 저항성을 나타내며, 그로 인한 결과는 심각하고 자기 파괴적일 가능성이 크다.

아무리 훌륭한 식단을 짜도 인슐린 저항성과 뇌상 인슐린 분비 때문에 계획이 어그러지는 이유를 이해하려면, 갓 구운 시나몬 빵 냄새를 풍기는 빵집 앞을 두 친구가 지나간다고 상상해보라. 한 친구는 날씬하고 인슐린에 민감하다. 유혹적인 향기에 대한 뇌상 인슐린 반응은 최소한에 그친다. 지방 동원에 거의 영향을 미치지 않으며, 그의 몸이 지금 태우고 있는 연료가 지방과 탄수화물의 어떤 조합이든 거의 변화를 일으키지 않는다. 그는 향기에 매료되지만 아무 일 없었다는 듯 빵집 앞을 지나칠 수 있다.

하지만 그의 친구는 인슐린 저항성이 있으며, 이미 비만하거나 비만을 향해 치닫고 있다. 시나몬 빵의 냄새는 더 큰 인슐린 반응을 촉발한다. 그에게 문턱을 넘어 지방 동원을 차단하고 지방의 연료 사용을 중단하도록 한다. 몸은 탄수화물을 태우도록 준비시킨다. 아직은 태울 탄수화물이 없는데도 그는 (즉각적으로) 허기를 느끼며, 허기의 대상은 탄수화물이다. 뇌의 자극으로 인해 인슐린이 분비되면 몸은 반기아(애스트우드의 표현으로는 세포 기아) 상태가 되어 "먹어!"라고 명령한다. 인슐린 수치가 상승했을 때 그의 세포가 태우는 유일한—적어도 주된—연료는 탄수화물이다.

인슐린 저항성을 가진 친구는 이 상황을 해결하려는 강력한 생리학적 충동에 사로잡힌 채 빵집에 들어가 시나몬 빵을 사 먹는다. 날씬하고 인슐린에 민감한 친구는 그 친구가 방금 무슨 일을 겪었는지 도무지 이해하지 못한다. 시나몬 빵의 냄새에 저항하지 못했겠거니 짐작하는 것이 전부다. 날씬한 관찰자들은 살찌고 인슐린 저항성이 있는 사람이 의지박약이거나 심지어 도덕성이 결여되었다고 생각하는 경향이 있으며, 그래서 상대방이 살찐 게 틀림없다고 생각할 것이다.

하지만 의지력은 지금의 상황과 거의, 또는 아무 관계가 없다. 날씬하고 인슐린에 민감한 사람들은 살찌는 체질인 사람들, 인슐린 저항성이 있는 사람들이 이 냄새를 맡고 시나몬 빵을 떠올렸을 때 탄수화물 허기를 느낀다는 것을 상상하지 못한다. 이것은 그들의 이해 범위를 넘어선 주관적 경험이다. 자신들은 한 번도 경험하지 못한 현상이기 때문이다. (물론 날씬한 사람이 빵집에 들어가 시나몬 빵을 먹으면 아무도 그에게 손가락질하지 않는다. 그는 날씬하기 때문이다. 록산 게이가 《헝거》에서 말한다. "비행기에 오르기 전에 친구는 비행기에서 먹으라고 감자칩 한 봉지를 사주겠다고 했지만, 나는 거부했다. 내가 말했다. '나 같은 사람은 공공장소에서 그런 음식 먹는 거 아니야.' 그것은 내가 누군가에게 한 말 중에 가장 솔직한 말이었다.") 하지만 그런 허기는 직접 경험하는 사람들에게는 너무도 생생하다. 이 허기를 극복하려면 원인이 무엇인지 이해해야 한다.

◆ ◆ ◆

지방 대사와 인슐린 문턱값에 대해 알려진 사실로 보건대, 체질적으로 쉽게 살찌는 사람들은 이 상태를 중독으로 간주해야 한다. 치팅은—또는 치팅에 대해 생각하기만 해도—허기를 낳으며, 허기는 더 많은 치팅을 낳는다. 시나몬 빵은 고사하고 사과 한 알을 먹어도 생리적 과정이 시작되어 더욱 간절하게 사과에 대한 허기가 생기고 몸이 살찌도록 조건이 형성된다. 뇌는 그 과정에 시동을 건 뒤에, 지금껏 훈련된 대로 몸이 필요로 하는 것에 반응한다.

치팅이 체중 감량을 즉각적으로 무산시킨 일화적 사례도 인슐린 문턱값으로 설명할 수 있다. 1952년 연구 논문에서 듀폰의 앨프리드 페닝턴은 살찐 듀폰 임원이 육류와 녹색 채소로 하루에 3,000칼로리 이상을 섭취하는 탄수화물 제한 식단을 통해 23킬로그램 이상을 거뜬히 감량한 일화를 보고했다. 페닝턴에 따르면 임원은 2년간 체중을 유지했지만 종류를 불문하고 탄수화물을 먹기만 하면—"심지어 사과 한 알만 먹어도"—다시 살이 찌기 시작했다. 따라서 이런 사람들은 잉여 지방 축적이라는 대사 장애를 고치려면 식이에 대한 접근법을 완전히 바꿔 식품군을 통째로 제한해야 한다. 복잡할 것은 전혀 없다. 흡연자가 담배를 끊고 알코올 중독자가 술을 끊듯, 평생 탄수화물을 끊으면 된다.

다시 말하지만, 탄수화물을 배제하는 것이 지속 가능하지 않다고 주장하는 권위자들은 탄수화물을 주된 연료로 쓰고 탄수화물이 있어도 잉여 지방을 축적하지 않는 날씬한 사람들의 관점에서 말하는 것이다. 그들의 관점에서는 탄수화물 없는 삶을 요구하는 식단은 실패할 운명처럼 보인다. 시나몬 빵과 파스타를 이따금 (너무 많이는 말고 적당히) 먹을 수도 있는데 왜 아예 끊느냐는 것이다. 하지만 많은 사람들에게는 달리 뾰족한 수가 없어 보인다. 날씬한 사람들은 우리와 같지 않다. 그들은 탄수화물을 먹어도 살찌지 않으며, 탄수화물을 생각하는 것만으로 허기를 느끼지 않는다. 그들에게 탄수화물과 함께 살 것이냐 말 것이냐는 선택의 문제이지만, 우리는 그렇지 않다. 최대한 날씬하고 건강해지고 싶다면 선택의 여지가 없다.

여느 중독과 마찬가지로 식이 중독도 벗어날 수 있다. 중독에 빠지지 않고도 삶에서 — 이 경우에는 먹는 것에서 — 행복과 즐거움을 찾는 법을 배울 수 있다. 이런 식사법이 평생 효과를 발휘하도록 하는 기법 중 상당수는 중독 분야에서 개발되었다.

고탄수화물 식품을 끊을 때는 니코틴이나 알코올을 끊는 것에 비해 한 가지 이점이 있다. 지방이 이 식단에서 유익한 역할을 한다는 것이다. 탄수화물을 지방으로 대체하는 것은 여러 목적에 부합한다. 열량을 높게 유지하고 인슐린을 낮게 유지할 수 있기에 몸이 반기아를 겪지 않으며, 반기아 상태와 같은 생리적 반응이 나타나지 않는다. 따

라서 몸이 지방을 연료로 태우는 데 익숙해지도록 할 수 있다. 그러면
서 허기와 식욕의 대상이 고탄수화물 식품에서 고지방 식품으로 바뀐
다. 이런 현상이 (적어도 동물에게서) 일어난다는 것을 생리학자들이 알
아낸 것은 1930년대로, 생쥐에게 고지방 먹이를 주면 탄수화물 갈망
에서 벗어나게 할 수 있다고 보고했다. 풍부한 일화적 증거는 사람에
게도 마찬가지임을 시사한다. 몸이 지방을 연료로 태우고 이에 익숙
해진다면 고지방 식품이야말로 갈망하는 음식일 것이다. 버터와 베이
컨이 저탄고지/케토제닉 식이의 주식이라는 말이 완전히 농담이 아닌
것은 이 때문인지도 모르겠다. (이런 이유로 나는 라디오나 팟캐스트 인터뷰
에서 베이컨과 버터가 건강 식품이라고 말한다. 나는 이 말이 옳기를 바란다. 12장
에서는 버터와 베이컨이 무해하다는 나의 추론에 대해 자세히 이야기할 것이다.)

　　우리는 "이것이 없으면 못 살아"라고 말하지만, 그 식품은 시간이
지나면 달라질 수 있다. 더 날씬한 동시에 더 건강한 삶이 지속 가능한
이유는 우리가 먹는 식품이 전문가들이 보기엔 불균형해 보여도 우리
에게 쾌감을 주고 배불리 먹을 수 있기 때문이다.

✦　✦　✦

　　"'비만해지는 동물과 인간이 살이 찌는 이유는 더는 살이 빠질 수
없기 때문이다'라는 말은 모순이 아니다."

　　이것은 프랑스의 훌륭한 생리학자 자크 르 마넹Jacques Le Magnen이
1984년에 한 말로, 그는 수십 년에 걸친 실험을 통해 지방 축적과 허기
의 관계, 그리고 두 현상에 관여하는 인슐린의 중요한 역할을 밝혀냈
다. 지방을 태워 체중을 감량하지 못하도록 방해하는 인슐린의 역할에

대한 지식은 대부분 르 마녱의 연구와 착상에 바탕을 두고 있다. 내가 이 책과 전작들에서 한 일은 그의 연구를 인간 식이의 기초 생리학에 접목하고, 고탄수화물 식품 절식에 접목하고, 지방 축적을 역전시키고 인슐린을 낮추고 지방을 지방세포에서 빼내는 식사법에 접목한 것에 불과하다.

물론 탄수화물을 끊지 않고도 살을 빼고 건강 체중을 유지하는 방법, 상대를 정면으로 공략하기보다는 허를 찌르는 방법이 있을지도 모른다. 근본 원인을 직시하고 바로잡아 문제를 해결하지 않고 편법을 쓸 수도 있다.

한 가지 방법은 지방 함량이 극히 낮은 식품을 섭취하는 것이다. 1970년대 네이선 프리티킨Nathan Pritikin으로부터 딘 오니시, 최근 존 맥두걸John A. McDougall(녹말 다이어트)에 이르기까지 의사 출신 다이어트 책 저자들은 (주로 심장병을 예방하기 위해) 초저지방 식단을 옹호했다. 이 식단들은 지방으로부터 얻는 열량이 하도 적어서—대략 10퍼센트로, 일반인이 섭취하는 양의 3분의 1 미만—사실상 모든 동물성 식품을 금하는 셈이다. 기름기가 가장 적은 닭 가슴살을 비롯하여 모든 육류에는 어느 정도의 지방이 들어 있기 때문이다. 육류를 한 끼만 먹어도 이 식단 지침에서 권장하는 일일 지방 섭취량 한도를 넘을 수 있다. 초저지방 식단이 대부분의 지방을 탄수화물로 대체하는 고탄수화물 식단이기는 하지만, 일부 사람들은 이 식사법으로 유의미한 체중 감량을 달성하고 유지했다. 그러니 이 책의 저자들이 내세우는 논리가 솔깃하거나 다른 방법이 전혀 통하지 않는다면 시도해볼 만한 가치는 있을 것이다.

한 가지 가능성은 이런 식단으로 살이 빠지고 감량된 체중을 유지

하는 사람들이 몸에 지방이 부족한 상태를 감당할 수 있는 체질이라는
것이다. 우리가 저장하는 지방은 주로 먹는 지방이기 때문에, 일부 사
람들의 경우 (정상적인 상황에서는) 지방을 연료로 돌아가는 지방 조직
및 장기(특히 심장)에 충분한 지방을 공급할 만큼 지방을 섭취하지 않
음으로써 이 대사 체계를 해킹할 수 있다고 생각할 수도 있다. 하지만
지방 기아가 결국 지방에 대한 지속적인 허기를 불러일으키지 않는다
면 그야말로 놀라운 일이다. 이 식단은 앤설 키스가 기아 실험에서 양
심적 병역 거부자들에게 공급한 식단보다 지방 함량이 낮으며, 열량은
높을 수도 있고 낮을 수도 있다. 그러니 최종적으로 굶주림을 느끼거
나 체중이 다시 늘어날 가능성은 피할 수 있을지도 모른다. 체중 조절
분야의 여러 의문과 마찬가지로 이 상황을 밝혀줄 만큼 유의미한 연구
는 거의 없다. 나의 추측이긴 하지만, 몸에서 지방을 박탈하는 것은 여
전히 가능성으로 받아들일 법하다. 극적인 체중 감량을 경험하고 존
맥두걸의 웹사이트에서 성공 사례로 소개되는 "스타 맥두걸러"들이
그 증거인지도 모르겠다.

　하지만 또 다른 가능성은 이 식단들이 효과를 발휘한 이유가 실은
탄수화물을 제한했기 때문이라는 것이다. 그들이 주로 제한한 것은 양
이 아니라 질이다. 지방을 거의 배제하고 고탄수화물 식품을 먹으라
는 조언을 따르더라도 이 식단에서는 섭취하는 탄수화물의 질이 향상
된다. 그들이 먹는 탄수화물은 최소한으로 가공되고 섬유질이 꽤 많이
함유되어서 혈당 및 인슐린 반응이 일어나지 않는다. 전문 용어로 표
현하자면 혈당지수가 낮은 탄수화물이라고 할 수 있겠다. (팀 페리스는
이런 식품에 "느린 탄수화물"이라는 이름을 붙였는데, 이런 식품의 포도당이 느리
게 소화되고 흡수되기 때문이다.) 그들은 설탕을 먹거나 맥주와 우유 같은

가당 음료나 고탄수화물 음료를 마시지 않는다. 식후에 디저트를 먹거나 식간에 간식을 먹지도 않는다. 지방을 먹지 않으려다가 결과적으로 당과 정제 곡물을 먹지 않게 된 셈이다. 이런 이유로, 고탄수화물 식단을 실천하면서도 평상시 식단에 비해 인슐린 민감성이 개선되고 지방을 태워 날씬해질 수 있는 것이다. 최근 딘 오니시는 혈당 및 인슐린 반응을 이유로 들며 이렇게 말했다. "사람들이 정제 탄수화물을 제한해야 한다는 데 동의한다. 차이를 만들어내는 것은 정제 탄수화물을 무엇으로 대체하느냐다." 즉, 문제는 지방과 탄수화물의 종류다.

이 점에서는 오니시가 옳다. 초저지방(오니시, 프리티킨), 초고지방(앳킨스), 글루텐 프리(《밀가루 똥배》와 《그레인 브레인》), 렉틴 프리(《플랜트 패러독스》), 식물성 위주(《마이클 폴란의 행복한 밥상》과 《TB12 식사법The TB12 Method》), 거의 채식(《어느 채식 의사의 고백》과 《무엇을 먹을 것인가》) 등 지난 반세기 동안 사실상 모든 베스트셀러 다이어트 책을 들여다보라. 이 식단들은 명시적으로든 암묵적으로든 모두 당과 가당 음료를 금하며, 종류를 불문하고 고도로 가공된 식품(고도로 가공된 탄수화물과 당의 조합)을 삼가라고 조언한다. 그들은 현대 서구식 식단의 문제를 전혀 다른 측면에서―가공식품 일반(예: 폴란의 "음식을 가장한 물질"), 초가공식품(신조어), 건강에 나쁜 지방(어떤 정의에 의한 것인지는 몰라도), 탄수화물의 일부 성분, 구체적으로 밀과 곡물, 탄수화물을 가공할 때 첨가되는 지방과 기름과 염분, 적색육, 모든 육류, 모든 동물성 식품 등의 관점에서 비판하는 듯한데, 이렇게 본다면 그들의 식단이 더 날씬하게 만들어주는 이유는 살찌는 원인으로 지목되는 요인이 무엇이든 그것을 없애기 때문이다.

하지만 그들이 명시적으로 표현하든 하지 않든 모두 동의하는 것

은 고도로 가공된 곡물과 당과 가당 음료(여기에는 맥주 같은 알코올 음료
도 암묵적으로 포함된다)를 피해야 한다는 것으로, 이 식품들은 작용에 대
한 지식에 비추어 보건대 가장 많이 살을 찌우는 탄수화물이다. 심지
어 식이성 만성병의 원인을 육류와 동물성 식품 탓으로 돌리는 비건
과 채식주의 식단 옹호자들조차 그들이 권장하는 '건강식'에는 해로운
탄수화물이 결코 포함되지 않는다. 물론 동물성 식품이 포함되는 일도
전혀 없지만.

그렇다면 이 식단들이 효과를 발휘하는 것은, 즉 이 식단을 실천
하여 더 건강해지고 날씬해지는 것은 섭취하는 탄수화물의 질을 개선
하여 인슐린 민감성을 키워 밤낮의 혈중 인슐린 수치를 낮추고, 인슐
린 문턱값 아래 머무는 시간을 늘리고, 지방을 저장하기보다는 태우기
때문일 가능성을 배제할 수 없다. 이런 식단은 탄수화물 제한이라는
주제와 스펙트럼의 변종으로 생각할 수 있으며, 이 모든 방법의 효과
는 인슐린을 낮추는 데서 비롯한다.

이 식단들 중에서 더욱 주류에 속하는 것은 지중해 식단 같은 균
형 식단이다. 이런 식단은 고도로 정제된 탄수화물(밀가루)과 당은 금
지하지만 일부 녹말과 잡곡은 허용하며 콩(느린 탄수화물)은 장려한다.
더 극단적으로는 케토제닉 식단이 있다. 하지만 앞에서 설명했듯 탄수
화물과 지방의 일부 조합이 아니라 사실상 모든 탄수화물을 더 극단적
이고 극적으로 배제할수록 인슐린이 더 낮아지고 허기 없이 체중을 감
량하고 건강 체중을 유지할 가능성이 높아진다.

단식은 자발적으로 내리 며칠이나 몇 주간 식사를 중단하는 행위
로 정의되는데 ― 간헐적 단식(기간이 짧다)과 이른바 시간 제한 식사(모
든 끼니를 하루 중 6~7시간 안에 해결한다) ― 인슐린 문턱값 아래 머무르며

지방을 동원하여 연료로 태우는 시간을 늘려준다. 단식에는 이것 말고도 여러 이점이 있다. 단식의 모든 이점은 사실상 저탄고지/케토제닉 식이의 부산물인 듯하며, 일부는 적정 체중으로 감량하고 건강을 유지하는 데 그 자체로 유익해 보인다(정제 곡물과 당도 제한할 경우). 내가 이 책을 위해 인터뷰한 의사들은 대부분 저탄고지/케토제닉 식이와 더불어 간헐적 단식이나 시간 제한 식사를 권장했다.

나는 이 책에서 운동을 언급하지 않았는데, 그 이유 중 하나는 운동이나 신체 활동으로 소비하는 에너지 양을 늘리는 것만으로는 유의미한 양의 지방을 감량하고 그 상태를 유지할 수 있다는 증거가 거의 없기 때문이다. 하지만 운동량을 늘리거나 오랜 휴식 뒤에 운동을 다시 시작하기만 했는데도 살이 빠졌다고 장담하는 사람은 쉽게 볼 수 있다. 그게 사실이라면 신체 활동은 인슐린 수치가 지방 동원의 문턱값 아래에 머무르는 시간을 늘리는 것이 틀림없다.

한 가지 설명은, 운동이 근육세포의 인슐린 민감성을 키운다는 것이다. 이 기전을 설명해준 사람은 세인트루이스 워싱턴 대학교의 전설적 운동생리학자 고故 존 할러지John Holloszy다.[2] 그는 지구력 운동, 즉 유산소 운동을 했을 때 인슐린 민감성이 커지는 이유는 근육에 저장된 글리코겐이 운동으로 고갈되면 세포들이 글리코겐을 다시 채우려 하기 때문이라고 말했다. 이 논리에 따르면 인체가 인슐린에 민감한 것처럼 보이는 것은 인슐린 수치가 높아졌을 때와 마찬가지로 세포들이 탄수화물을 취하려고 더 열심히 애쓰기 때문이다. 이 효과는 격한 운동을 한 지 하루 이틀 뒤까지, 또는 고탄수화물 음식을 먹어서 이 과정

---

2   할러지는 1960년대 초에 관련 대사 연구를 시작했으며, 2018년에 타계했다.

을 조기 종료시킬 때까지 지속된다고 할러지는 설명했다. (당신의 운동 습관이 나의 예전 습관과 같고 운동 후 첫 고탄수화물 식품이 1리터들이 게토레이라면, 인슐린 민감성의 이점은 순식간에 사라질 것이다.) 따라서 운동도 인슐린 수치를 낮추고 지방 이용률을 높여 탄수화물 섭취에 대응하는 효과가 있을지도 모르지만, 그 효과는 일시적인 것에 불과하다. 즉, 애초에 탄수화물을 끊는 것이 더 효율적인 방안이라는 뜻이다.

가설과 경험 중 하나를 선택해야 한다면, 경험 편에 서라

요전 날 누가 내게 어떻게 살을 빼냐고 묻더군. 탄수화물을 하루에 20그램 미만으로 먹는다고 답해줬지. 그랬더니 기겁하는 거야. 그게 얼마나 위험한지 아느냐면서 말이야. (그럴 리가.) 내 담당 의사도 아느냐고 묻더라. (그렇고말고.) 탄수화물이 인간의 생존에 필수적이래. …… 그래서 이렇게 내뱉고 말았어. 이봐요, 정말로 제가 지금보다 40킬로그램 더 나갔을 때 더 건강했다고 믿고 있는 거예요? 틀림없이 그렇다고 말하고 싶었을 테지만, 내게 얻어터질까 봐 두려웠나 봐. 하긴, 정말 주먹을 날렸을지도 모르겠어.

—레이철 플러츠RACHELLE PLOETZ, 인스타그램 계정 #eatbaconloseweight에서

레이철 플러츠가 던진 질문("이봐요, 정말로 제가 지금보다 40킬로그램 더 나갔을 때 더 건강했다고 믿고 있는 거예요?")은 끝없는 논쟁거리인 이 주제의 핵심을 파고든다. 궁극적인 목표는 건강이어야 한다. 40킬로그램이 빠졌든 5킬로그램이 빠졌든 지방 손실을 유도하는 식사법이 장기적으로 해로울 가능성은 얼마든지 있다.

레이철의 경험은 좋은 사례다. 레이철은 평생 체중과 씨름했으며 통상적인 기준에 따라 건강하게 먹으려고 노력했다. 저탄고지/케토제닉 프로그램을 시작했을 때 그녀의 몸무게는 170킬로그램이었다. 그녀는 최종적으로 70킬로그램을 감량했으며, 자신이 100킬로그램에

안착하는 과정을 하나하나 인스타그램에 기록했다. 그녀의 남편은 같은 식사법으로 35킬로그램을 감량했다. 10대 딸은 20킬로그램을 뺐다. 나와 마찬가지로 그들 또한 자신이 지금의 식사법을 바꾸면, 설령 '건강한' 탄수화물 — 이를테면 통곡물이나 콩(물론 버터와 베이컨은 빼고) — 로 돌아가더라도, 원래 체중으로 돌아갈 거라 믿었다. 그들은 저탄고지/케토제닉을 생존에 꼭 필요한 식사법으로 여긴다. 그들은 과연 더 건강해졌을까?

나는 2002년 7월 〈뉴욕타임스 매거진〉 커버스토리에서 저탄고지/케토제닉 식이가 의료계에 던지는 (아직도 좀처럼 이해되지 못하는) 역설에 대해 처음 쓰면서 앳킨스 식단을 하나의 실험으로서, 또한 힘들이지 않고 10킬로그램을 감량하는 방법으로서 시도하고 있다고 털어놓았다. 그 10킬로그램은 내가 30대에 접어든 뒤로 매일 빼려고 노력했지만 빼지 못한 살이었다. 운동 중독에다 1990년대에는 채식 위주의 저지방 '건강식'을 오랫동안 먹었는데도 소용없었다. 아보카도와 땅콩버터를 멀리한 이유는 지방 함량이 높아서였으며, 적색육, 특히 스테이크와 베이컨은 조기 사망의 원인이라고 생각했다. 달걀은 흰자만 먹었다. 그래도 눈에 띄는 성과를 거두지 못하자, 그 여분의 살을 인생의 불가피한 현실로 받아들였다. 그런데 식사법을 바꾸자 — 분명히 말하지만 식사량은 그대로였다 — 그 살들이 사라졌다.

당시에 나는 이 경험에 단연코 매료되었으며, 마치 스위치가 눌린 듯한 느낌을 받았다(나중에 안 사실이지만 그때 정말로 스위치가 눌렸다). 하지만 기사에서는 그 뒤로도 몇 년간 남아 있던 불안감 또한 인정했다. 매일 아침 달걀(흰자와 노른자)에다 소시지나 베이컨을 곁들인 밥상 앞에 앉을 때마다 이 식사가 나를 죽일지, 죽인다면 언제, 어떻게 죽일지

궁금했다. 식단에 녹색 채소가 부족할까 봐 걱정하지는 않았다. 어느 때보다 많이 먹고 있었기 때문이다. 나의 걱정거리는 지방(적색육과 가공육)이었다. 수많은 기사를 쓰고 기자로서 회의적인 시각을 갈고닦았는데도 건강한 식단에 대한 나의 생각은 성인이 되면서 확립된 영양학적 신념 체계와 건강식 이론(엄밀히 말하자면 가설)의 산물이었다. 베이컨, 소시지, 달걀(노른자), 적색육, 다량의 버터는 건강한 식단에 포함되지 않았다.

나는 2002년 기사에서 이렇게 썼다.

20년간 저지방 패러다임에 사로잡혀 있다 보니 영양 분야를 다른 관점에서 보기 힘들다. 나는 저지방 식단이 임상 시험에서나 실생활에서나 실패했음을 알게 되었으며, 적어도 내 삶에서 실패한 것은 분명했다. 20년에 걸친 저지방 권고가 이 나라에서 심장병 발병률을 낮추지 못했고, 오히려 비만과 2형 당뇨병의 급증으로 이어졌을지도 모른다는 논문을 읽었다. 내가 인터뷰한 연구자들의 컴퓨터 모형에서는 식단의 포화지방을 미국심장협회에서 권장하는 수준으로 줄여도 나의 수명이 몇 달밖에 늘지 않으리라는 계산 결과가 나왔다. 나는 시험적인 식단에서 탄수화물을 배제하여 비교적 수월하게 꽤 많은 체중을 감량했지만, 아직도 달걀과 소시지를 바라보면 심장병과 비만의 발병이 임박했다는 느낌이 든다(후자는 아직 학계에서 탐구를 시작하지도 않은 기이한 요요 현상 때문일 것 같았다).

앞에서 언급했듯, 이 불안감을 가라앉혀줄 유의미한 증거가 당시에는 거의 없었다. 사실 이 논쟁에서 결정적인 사실—아직까지 논란이 계속되는 이유—은 지금까지도 증거가 거의 없다는 것이다. 결국 알고 싶은 것은 저탄고지/케토제닉 식이 ― 이를테면 지중해 식단이나 초저지방 식단이나 채식주의 식단이 아닌 것 ― 가 체중 감량에 머무르지 않고 우리를 요절하게 만들 것인가의 여부다.

이 궁금증을 신뢰할 만한 방법으로 해소하려면 실험을 해야 하는데, 의학 분야에서 가장 정교한 실험은 무작위 대조군 임상 시험이다. 개념은 간단하다. 두 집단을 무작위로 선발하여 이 집단에는 이 식단을 공급하고 저 집단에는 저 식단을 공급하면서 어느 쪽이 더 오래 살고 어느 쪽이 질병에 더 많이 걸리는지 관찰하는 것이다. 문제는 만성병이 발병하기까지 수십 년이 걸리며, 두 집단의 이환(병에 걸림) 및 사망 연령이 얼마나 다른지 밝혀내기가 까다로울 수 있다는 것이다. 이런 까닭에 어느 식사법이 (인구 집단 전체 또는 일부에 대해) 건강에 가장 좋은지 가리는 실험에는 적어도 수만 명의 피험자가 필요하며, 각 집단이 심장병에 더 걸리거나 덜 걸리는지, 일찍 죽거나 늦게 죽는지 제대로 판단하려면 오랜 기간(줄잡아 수십 년)이 걸릴 수밖에 없다.

의학은 과학이므로, 가설과 검증의 개념은 여전히 유효하며 이 임상 시험들은 식단과 건강에 대한 가설을 검증하기 위한 것이다. 하지만 시험을 제대로 실시하려면 막대한 비용이 든다. 시험이 많이 실시되어야 할 뿐 아니라, 올바르게 실시되었는지 확인하기 위한 시험도 실시되어야 한다. 이것은 불가능에 가까운 과업이다. 개념은 간단하지만 현실은 결코 간단하지 않다. 임상 시험이 잘못될 여지가 하도 많아서 일부 저명한 공중 보건 권위자들은 최근 임상 시험을 해서는 안 된다고 주장하기에 이르렀다. 그들은 건강한 식단에 대해 자신들이 안다고 생각하는 것을 우리가 신뢰해야 하며, 살찌는 체질이든 아니든 자신들의 지식이 모두에게 적용되어야 한다고 주장한다. 나는 그들의 주장에 정중하게 반대한다.

신뢰할 만한 증거가 없는 상황에서 어떤 식단이 조기 사망을 일으킬 것인지, 다른 식단보다 건강에 좋은지(즉, 더 오래 살고 건강을 유지할 것인지)에 대해 일정한 규칙을 적용하여 추측할 수는 있지만, 이것이 추측이라는 사실은 반드시 인정해야 한다. 이를테면 인류가 수천 년이나 수십만 년 동안 먹어온 음식을 원래 먹던 방식으로 먹는 것은 인류의 식단에 새로 등장했거나 새로운 방식으로 가공되는 음식을 먹는 것보다 위험이 적고 무해할 가능성이 크다. 이 논증은 1981년 공중 보건 지침의 논의 과정에서 영국의 내분비학자 제프리 로즈Geoffrey Rose에 의해 유명해졌다. 로즈의 주장에 따르면, 목표가 질병 예방일 경우—공중 보건 지침과 권고의 취지가 이것이었다—유일하게 받아들일 수 있는 예방 조치는 "자연적이지 않은 요인"을 제거하고 "'생물학적 정상성'—즉, 우리가 유전적으로 적응했으리라 추정되는 조건"을 회복하는 것이다.

제거와 자연적이지 않은은 변경을 함축하는 단어다. 자연적이지 않은 것을 제거하는 것은 해로울 수도 있는 무언가를 없앤다는 의미를 함축한다. 이를테면 담배를 피우지 말라는 조언을 생각해보자. 일상에서 담배를 없앤다고 해서 신체적 해를 일으킬 거라 생각할 이유는 없다. 흡연에는 '자연스러운' 것이 전혀 없기 때문이다. 담배는 인류가 새로 접한 문물이다.

새로운 것, 즉 "자연적이지 않은" 것을 식단에 도입하면서 이것이 건강에 더 이롭다고 생각하는 것은 득이 실을 넘어설 거라 추측하는 셈이다. 득과 실이 모두 발생할 수 있다. 그렇다면 (우리가 생각하기에) 우리에게 이로우며 목숨을 구하기 위해 먹어야 하는 약(이를테면 콜레스테롤 수치나 혈압을 낮춰주는 약) 같은 새로운 것은 어떨까? 이런 약이 단기적으로는 유익해 보이더라도 장기적으로도 안전할지는 어떻게 알 수 있을까?

이 모든 것은 판단의 영역에 놓여 있으며, 관점에 따라 좌우된다. 모든 식단 권위자가 고도로 가공된 곡물(밀가루)과 당(자당과 액상과당)의 섭취를 줄여야 한다는 데 대체로 동의하는 이유는 정제 곡물과 정제당이 인류의 식단에 비교적 새로 등장한 식품이기 때문이다. 이런 식품을 먹지 않아도 피해가 초래되지 않으며 오히려 꽤 많은 유익이 따를 것이라 가정한다. 이를테면 당을 먹거나 마시는 것은 단기적으로 유익할 수 있으며—에너지를 급속히 충전하면 운동 능력을 향상시킬 수도 있고 학교 시험에서 더 좋은 성적을 거둘 수도 있다—장기적으로 섭취했을 때 반드시 해로울 것인지는 알 수 없지만, 보건 권위자들은 대부분 장기적 피해가 있으리라 생각하고 있다.

구석기 식단 옹호자들이 주장하듯 고구마 같은 뿌리 식물을 먹어야 한다는 논리는 수렵채집인 조상들이 200만 년 동안 먹어왔으니 안전하리라는 가정을 기반으로 한다. 일부 구석기 식단 옹호자들은 이 가정에서 한발 더 나아가 뿌리 식물을 먹으면 먹지 않을 때보다 더 건강해질 거라 주장한다. 하지만 그것은 추측일 뿐이다. 사실일 수도 있지만, 어떤 사람들에게만 사실이고 다른 사람들에게는 그렇지 않을 수도 있다. 사실 여부를 알아내는 방법은 어마어마한 비용이 들고 상상할 수 없을 만큼 까다로운 임상 시험뿐이다.

오메가 3 지방산(생선 기름과 아마 기름 등에 함유된 고도불포화 지방) 섭취를 늘리고 오메가 6 지방산(또 다른 종류의 지방) 섭취를 줄여야 한다는 조언은 지방 섭취의 균형을 이렇게 바꿨을 때 더 건강해지고 오

래 살 것이라는 가정에 바탕을 둔다. 이 경우는 연구자들이 가정을 검
증하려고 오랫동안 임상 시험을 했는데, 결과는 엇갈렸다. 유익할 수
도 있고 유익하지 않을 수도 있다는 것이다. 그런데도 오메가 3 섭취를
늘리고 오메가 6 섭취를 줄이라는 말을 계속 듣는 이유는 현재 대량으
로 섭취하고 있는 오메가 6(대표적으로는 옥수수와 콩기름, 또한 옥수수와 콩
으로 키운 가축)가 자연적이지 않다고 간주되기 때문이다. 이 논리에서
는 지방의 오메가 6 비중이 이렇게 높은 식단에 인간이 유전적으로 적
응하지 못했다고 가정한다. 이것이 옳은 가정인지도 모르지만, 우리는
알 수 없다.

　나를 비롯한 많은 사람들이, 동물성 식품의 포화지방을 먹어도 대
체로 무해하다고 주장하는 한 가지 이유는 인류가 종으로서 존속하는
동안 이 지방을 섭취했기 때문이다. 반대 증거는 이 가정이 틀렸을지
도 모른다고 우리를 설득하기에는 역부족이다. 우리는 포화지방을 대
량으로 섭취했을 수도 있고 그러지 않았을 수도 있지만, 포화지방에
유전적으로 적응했다고 추정할 수는 있다. 동물성 포화지방은 (내가 제
니퍼 캘리핸Jennifer Calihan과 간호사 아델 하이트Adele Hite의《저녁 계획: 쉽게
만들 수 있는 빈티지 음식들Dinner Plans: Easy Vintage Meals》에서 처음 접한 용어
를 쓰자면) "빈티지 지방"이며, 일부 식물성 기름(올리브, 땅콩, 참깨, 아보
카도, 코코넛)과 모든 동물성 지방이 이 범주에 포함된다. 캘리핸과 하
이트는 이 지방을 "현대 지방"(마가린, 모든 종류의 쇼트닝, 그리고 유채(카
놀라유), 옥수수, 콩, 목화씨, 포도씨, 홍화에서 뽑아 공업적으로 가공한
기름)과 구분한다. 이 사고방식에 따르면 빈티지 지방은 무해하다고
신뢰할 수 있지만, 현대 지방은 썩 믿음이 가지 않는다.

　이것은 방목하여 풀을 먹인 가축의 고기가 공장식으로 곡물을 먹

인 가축의 고기보다 건강에 좋다고 믿는 이유이기도 하다. 방목한 육류에 함유된 지방은 우리 조상들이 지난 수백만 년 동안 먹은 것과 더 비슷할 것이기 때문이다. 즉, 더 자연적일 것이다. (아마도 더 중요한 사실은 공장식 축산에 일상화된 잔혹하고 비인간적인 사육에 동참하지 않는 식사법이라는 것이다.) 새로운 식품이나 자연적이지 않은 형태의 옛 식품은 우리가 유전적으로 적응했으리라 추정되는 식품보다 해로울 가능성이 크다.

또한 궁극적으로 보자면 이 믿음은 백미와 밀가루처럼 고도로 정제된 곡물이 아니라 고대 곡물(이를테면 퀴노아나 쿠스쿠스)이나 현미와 통곡물이 건강한 식단이라는 전통적인 사고방식을 뒷받침한다. 이 사고방식이 사실일 수도 있는 기전—글루텐 함량이나 혈당지수(포도당이 혈류에 얼마나 빠르게, 또는 느리게 흡수되는지 나타내는 수치)—에 대해 아무것도 모르고, 다시 말하지만 유의미한 실험 증거가 없어도 조상들이 수천 년간 이 곡물들을 지금 먹고 있는 방식으로 먹었으리라 가정할 수는 있다. 그러므로 이 곡물들은, 적어도 체질적으로 날씬하고 탄수화물 비중이 커도 감당할 수 있는 사람들에게는 무해할 가능성이 있다.

물론 여기에는 자연적인 것과 자연적이지 않은 것의 정의가 영양학 권위자의 관점에 따라 달라질 수 있다는 단서를 달아야 한다. 최신 식단에 대한 조언을 분석할 때는 조언을 내놓는 사람들이 자연적인 것과 자연적이지 않은 것을 어떻게 정의하는지 판단해야 한다. 고대 곡물은 농업의 발명 이후로 일부(하지만 전부는 아닌) 인구가 수천 년간 먹어왔기 때문에 자연적일까? 아니면 모든 곡물은 농업의 발명 이후로 수천 년밖에 먹지 않았기 때문에 자연적이지 않을까? 자연적이라고 추정되

는 것(고대 곡물이나 뿌리 식물이나 오메가 3 지방산)을 식단에 추가하는 것
은 안전할까, 아니면 자연적이지 않은 성분(정제 곡물, 당, 일부 오메가 6 지
방산)만 제거하는 것이 나을까? 내 생각엔 후자가 더 확실한 방안일 것
같다. 하지만 어떤 에너지원을 식단에서 빼려면 딴 것으로 대체해야
한다는 점에서 이 또한 간단한 문제가 아니다.

식사법에 대한 논의를 가장 복잡하게 만드는 요인은 최신 뉴스의
영향, 뉴스거리가 될 만큼 흥미롭다고 주장되는 최신 연구에 대한 언
론 보도의 영향이다. 뉴스는 정의상 새로운 것이다. 즉, 통념에 부합하
든 어긋나든 최신 유행 식단에 치우친다는 뜻이다.[1]

이렇게 먹어야 한다, 저렇게 먹어야 한다고 주장하는 최신 연구
결과와 언론 보도를 무시해야 하는 가장 타당한 이유는 최신 연구들에
대한 해석이 틀렸을 가능성이 무척 높기 때문이다. 요사이 언론에서
주목받는 논의는 과학 기자들이 "재현성 위기"라고 부르는 것으로, 발
표된 연구 중 상당수가 잘못된 결과를 얻었거나, 부정확하게 해석되었
거나, 어쩌면 둘 다라는 것이다. 이런 무의미한 연구를 포함한다면, 언
론에 보도되거나 스마트폰 뉴스 화면에 뜨는 연구들 중에서 주목할 만
한 것은 열에 하나 또는 스물에 하나가 고작이다. 영양 및 생활 습관 연
구에서는 연구자들이 제대로 훈련받지 못했고 연구 자체가 까다롭기
에 비율이 훨씬 낮을지도 모른다. 노벨상을 결정하는 위원회들이 수상

---

1   앳킨스가 전체적으로 옳았다고 주장하는 2002년의 기사 이후로, 나는 이 주장이 근거에
의해 뒷받침된다고 생각해서가 아니라 솔깃한 뉴스거리이고 거액의 책 계약을 가져다줄 것이어
서 일부러 이단적 입장에 섰다는 비난을 들었다. 통념이 옳다는 기사를 썼으면 그런 일을 당하지
않았을 것이다. 물론 〈뉴욕타임스 매거진〉 편집진은 그런 기사를 내보내지 않았을지도 모른다.
뉴스거리가 아니었을 테니 말이다.

자격을 판정하기 전에 수십 년을 기다리는 데는 이런 이유도 있다. 오랫동안 기다려보면 오늘 읽고 있는 기사와 정반대의 주장을 하는 연구가 발표되는 것을 볼 가능성이 크다. 어느 쪽이 옳은지는 연구 발표 이후로도 오래도록 알 수 없다. 영영 알지 못할 수도 있다.

똑똑하기로 이름난 시나리오 작가 겸 감독 겸 언론인 벤 헥트Ben Hecht는 이렇게 썼다. "세상에서 무슨 일이 벌어지는지 파악하려고 신문을 읽는 것은 지금이 몇 시인지 알려고 시계의 초침을 보는 것과 같다." 이 말은 연구와 과학에도 적용된다. 학술지에ㅡ특히 영양학 분야에서ㅡ발표되는 최신 논문들을 살펴보면서 무엇이 옳은지 알아내려 하는 것은 또 다른 바보짓이다. 최선의 방책은 최신 연구로 눈길 돌리지 말고 장기적 추세와 축적된 연구(편견 없이 해석된 것)에 집중하는 것이다. 물론 장기적 추세가 뉴스에 등장하는 경우는 거의 없다.

◆　◆　◆

1970년대 앳킨스 식단의 전성기 이후, 권위자들은 저탄고지/케토제닉 식이의 안전성에 줄곧 의문을 제기했다. (저탄고지/케토제닉 식이의 안정성을 받아들였다가는 금세 권위자로서의 지위를 잃는다.) 그들은 정제 탄수화물과 당 대신 먹어야 한다는 식품의 지방 함량이 너무 높으며, 따라서 (논란의 여지가 있지만) 자연적이지 않다고 믿는다. 저탄고지/케토제닉 식이를 주창하는 사람들은 많은 수렵채집인 집단이 막연하게나마 비슷한 식단으로 생활했고 심지어 케토시스 상태였다고ㅡ이누이트, 케냐의 마사이족 전사들 같은 유목민, 겨울철 아메리카 원주민의 경우ㅡ추정하지만, 이것은 추정일 뿐이다. 이 식단들의 유별난 성격은 위험이 유익보다 크지 않겠느냐는 타당한 의문으로 이어진다. 이것은 정당한 문제 제기다.

사람들이 아무리 많은 체중을 감량하고 쉽게 살이 빠지더라도 의료계의 정통적인 견해는 이 식단들이 조기 사망을 유발한다는 것이다. 여러 세대의 의사, 의학 연구자, 영양사는 자신이 건강한 식단에 대해 안다고 믿도록 교육받았다(나도 그렇고, 당신도 마찬가지일 것이다). 그 식단이 건강한 이유는 건강한 사람들이 그런 식단을 먹기 때문이라는 것이다. 그들은 과일, 채소, 통곡물, 그리고 렌틸콩, 완두콩 같은 콩류를 먹는다(대부분 식물성이고 탄수화물이 풍부하다). 적색육과 가공육을 삼가며, 지방은 대체로 동물성보다는 식물성 불포화 지방이다. 여기에서 극단적으로 벗어난 식사법은 체중 감량과 무관하게 지속 불가능하고 결과적으로 해롭다는 것이 의학계의 통설이다.

이것은 〈US 뉴스 앤드 월드 리포트〉의 의뢰로 해마다 식단을 평가하여 무엇을 먹어야 하는지 알려주는 권위자들이 저탄고지/케토제닉 식단을 건강에 가장 덜 유익하다고 판정하는 이유다. 오히려 그 반대임을 보여주는 연구와 임상 경험이 차고 넘치는데도 말이다. 이런 까닭에 전통적 건강식을 옹호하는 언론 친화적인 두 사람—예일 대학교에 몸담았던 의사 데이비드 캐츠David Katz와 전직 〈뉴욕타임스〉 칼럼니스트이자 베스트셀러 요리책 저자 마크 비트먼 Mark Bittman—은 최근 〈뉴욕〉 잡지에서 저탄고지/케토제닉 식이로 체중을 감량하는 것이 (체중을 평생 유지하는 것은 어림도 없고) 치명적이고 전염되는 설사병인 콜레라에 걸리는 것과 비슷하다고 주장하기까지 했다. 두 사람은 이렇게 썼다. "단기적으로 체중 감량이나 표면적인 대사 개선을 가져다준다고 해서 전부 좋은 아이디어는 아니다. 이를테면 콜레라에 걸리면 체중, 혈당, 혈중 지질이 감소하지만, 그러길 바라는 사람은 아무도 없을 것이다!"

과장법을 쓰긴 했지만 캐츠와 비트먼의 관심사는 무엇이 우리에게 최선의 이익을 가져다주는가 하는 것이다. 그들의 우려는 타당하다. 세상은 단기적으로 불건강한 일부 증상을 완화하거나 고칠지언정 몇 년이나 몇십 년간 계속 복용하면 수명을 단축하거나 건강을 해칠지도 모르는 것(의약품이나 경기력 향상 약물)으로 가득하다. 의료의 으뜸가는 규칙은 환자를 이롭게 하라는 것이 아니라 해롭게 하지 말라는 것이다. 바로 히포크라테스 선서의 구절이다. 최근 〈뉴욕타임스〉의 기명 논평에서는 자살 충동을 일으키는 심각한 우울증을 빠르게 완화한다는 경이로운 약물에 대해 이렇게 논평했다. "장기 복용의 안전성에 대한 의문 또한 여전히 남아 있다."

하지만 장기 복용의 안정성에 대한 우려는…… 무엇에 대해서든 제기할 수 있다. 노화에 대비하여 달리기를 시작하려 한다고 해보자. 구체적으로 어떤 생각을 하든, 지금 달리기의 위험과 유익에 대해 머릿속에서 판단을 내리고 있다. 관절 통증이 심해질까, 괜찮아질까? 몸에 자극을 주어 수명이 늘어날까, 몸에 무리가 가서 일찍 죽게 될까? 마라톤 선수들도 심장 발작으로 죽을 수 있으며, 젊은 나이에 죽는 사람도 있다. 1977년에 베스트셀러가 된 《달리기의 모든 것The Complete Book of Running》의 저자 짐 픽스Jim Fixx는 달리기하러 나갔다가 심장 발작으로 안타깝게 목숨을 잃었다. 그의 나이 52세 때였다. 우리가 할 수 있는 일 중에서 유익한 것이 별로 없으리라는 사실은 상식이지만, 무엇이 유익한지 정확히 알 방법은 전혀 없다. 장거리 달리기 선수가 매우 건강하다는 것은 상식이지만, 우리에게는 해당하지 않을지도 모른다.

영양과 현대 의학 분야를 다루는 권위자, 의사, 기자는 임상 시험을 판단 근거로 삼아야 할 때가 언제이고 그렇지 않을 때가 언제인지 오해하곤 한다. 저탄고지/케토제닉 식이, 또는 비건에서 완전 육식에 이르는 식습관들 중에서 무엇이 허기 없이 쉽게, 유의미한 체중 감량을 달성하고 더 건강하다고 느끼게 해주는지는 (수천만 달러의 비용과 수만 명의 피험자가 필요한) 임상 시험 없이도 알 수 있다. 직접 시도해보면 된다. 임상 시험의 결론은 중요하지 않다. 중요한 것은 자신에게 어떤 일이 일어나느냐다. 새 처방약을 복용하고서 몸이 나아지는지 확인하는 것과 마찬가지로, 식단을 바꿔보고서 효과를 확인하면 된다. 임상 시험이 필요한 것은 두 식사법(이를테면 양극단인 비건 대 완전 육식)의 위험과 유익을 단기가 아니라 장기적으로 비교하고 싶을 때다. 단기적 위험과 유익은 우리가 직접 알아보는 것으로도 충분하다.

식단이나 생활 습관의 변화를 고려할 때, 특히 만성병 예방이 목표일 때 반드시 묻는 두 가지 궁극적인 질문 중 하나는 '안전한가?'이며 다른 하나는 '병의 원인을 다스리는가?'다. 두 질문은 하도 밀접하게 연관되어 있어서 하나를 논하지 않고서는 다른 하나를 논할 수 없다.

이것은 저탄고지/케토제닉 식이가 (단기적으로는 아니더라도) 장기적으로 너무 위험하다는 주장에서 눈에 띄는 여러 논거들 중 하나다. 이렇게 주장하는 권위자들은, 앞에서 설명했듯 현실적 대안이 있으며 (자신들이 안전하다고 여기는) 지중해 식단을 비롯하여 어떤 식단을 통해서든 (적게 먹기만 하면) 건강 체중을 달성하고 유지할 수 있다고 가정한다. 그들은 날씬하고 건강한 사람들이 이렇게 먹는다는 사실을—물론 전부가 그런 것은 아니지만—확실한 근거로 여긴다. 이것이 모두에게 적용된다고 믿으려면 (내가 앞에서 설명했고 단호하게 반박했듯) 쉽게 살찌는 사람들이 날씬한 사람들과 생리적으로, 또한 호르몬 측면에서도 전혀 다르지 않다고 믿어야 한다.

이 통념에 따르면 저탄고지/케토제닉 식이는 원하는 목적(열량을 제한하고 덜 먹는 것)을 이루기 위한 여러 수단 중 하나에 불과하다. 게다가 그중에서도 유난히 극단적인 방법으로 보이는데, 극단적인 방법은 자연적이지 않으며 정의상 상당한 위험이 따르므로 피해를 일으킬 가능성이 상대적으로 높다는 것이다. 통념에서는 날씬하고 건강한 사람들이 먹는 것과 같은 전통적 건강식을 먹되, 적게 먹는 것이야말로 뚱뚱한 사람들이 택해야 하며 안전하다고 보이는 대안이라고 말한다. 이 권위자들은 전통적인 건강식을 적게 먹거나 너무 많이 먹지 않는 것으로 문제가 해결되지 않는 사람이 많을 가능성을 받아들이지 않는다. 전통적인 건강식을 먹되 적게 먹고 그렇게 해서 건강 체중을 달성하고 유지하는 것이 우리에게는 현실적인 대안이 아니라면, 그들의 논리는 여지없이 무너진다.

이 논리를 떠받치는 신념의 토대를 이해하는 것 또한 무척 중요한 일이다. 〈US 뉴스 앤드 월드 리포트〉나 미국 농무부 식단 지침에 참여하는 전문가들이든, 캐츠와 비트먼 같은 전 세계 인사들이든, 우리에게 베이컨을 끊으라고 충고하는 선의의 친구들이든("그거 먹으면 안 돼!"), 이 권위자들이 자신의 견해를 이끌어내는 원천은 경험이 아니라 건강한 식단에 대한 이론이다. 그들은 건강한 식단에 대한 기존 가설을 (우리가 한때 그랬듯) 무턱대고 받아들였을 뿐이다. 이런 사고방식은 직관적으로 명백해 보이며 그들에게는 효과가 있는 것으로 보인다. 이런 의미에서 건강한 식단의 성격을 놓고 가설과 경험이 대립한 반세기

의 논쟁을 들여다보면 유익할 것이다.[2]

한편에는 건강하려면 어떻게 먹는 것이 최선인가에 대한 개념(우리가 옳다고 생각하거나 우리 눈에 옳아 보이는 개념)들이 있고, 다른 한편에는 의사들이 병원에서 관찰하는 것, 우리가 다른 식단을 시도할 때 일어나고 경험하는 것이 있다. 영양에 대한 통념을 지배하는 것은 포화지방이 콜레스테롤 수치, 구체적으로 저밀도지단백질LDL이라는 '나쁜 콜레스테롤' 수치를 높여 심장 발작을 일으킨다는 가설이다. 이 가설은 J. R. R. 톨킨의 소설《반지의 제왕》에서 반지 하나가 "나머지 모두를 다스리"듯 식단과 건강에 대한 통념을 지배했다. 그리하여 포화지방이 아니라 옥수수유, 대두유, 카놀라유의 고도불포화 지방을 먹어야 더 오래 살 수 있다는 논리가 등장했다. 동물성 식품(특히 적색육, 달걀, 유제품)을 멀리해야 하고, 이것이 해로우며, 채식 위주이거나 완전 채식인 식단을 섭취하면 더 오래, 건강하게 살 수 있다는 개념의 또 다른 토대는 포화지방에 대한 두려움이다.

의사와 영양사는 이 가설을 근거로 식단과 생활 습관에 대해 조언하지만, 자신의 조언이 효과가 있는지 알 방법은 전혀 없다. 환자가 나이나 사망 원인, 콜레스테롤 수치 변화와 무관하게 사망하면 — 누구나 언젠가는 죽기 마련이니까 — 의사는 저지방 식단이 어떤 역할을 했는지 알아낼 도리가 없다. 같은 맥락에서, 내가 내일 죽든 100세에 죽든, 친척들은 나의 특이한 고지방 식이가 수명을 단축했는지, 연장했는지 알 수 없다. (나의 영양학 관점을 비판하는 사람들은 지방이 나를 일찍 죽게 했다

---

2   내가 식단과 건강의 갈등에 대해 이런 식으로 생각하게 된 것은 브리티시컬럼비아의 의사 마틴 안드레아Martin Andreae 덕분이다. 그는 2017년 가을에 나와 한 인터뷰에서 이 주장을 펼쳤다.

고 주장할 테지만, 이는 추측에 불과하다.) 짐 픽스가 달리기를 하지 않았다면 그보다 10년 전에 비극적이고 치명적인 심장 발작을 겪었을지도 모를 일이다. 아니면 어떻게 했더라도 50대 초반에 죽었을지도 모른다. 우리는 결코 알 수 없다.

만에 하나 이 가설을 뒷받침하는 확고한 임상 시험 근거가 있더라도 이 질문들에 대한 답을 알 수 없을 것이다. 권위자들이 이 결론에 도달하게 된, 즉 이 가정들을 받아들이게 된 가설과 근거로부터 알 수 있는 것은 전통적인 건강식을 먹고 운동하면 오래 살 가능성이 커진다는 것일 뿐, 반드시 그러리라는 것은 아니다. 따라서 더 오래 살 가능성을 위해 나머지 삶 동안 그런 행동을 계속할 가치가 있는지 위험·편익 분석을 해야 할 것이다. 여기서 또 다른 분명한 질문이 제기된다. 권위자들이 옳다고 해도, 이를테면 포화지방을 먹었을 때 수명이 줄어들더라도, 이것을 정량화할 수 있을까? 지방 섭취를 제한하면 기대 수명이 얼마나 늘어날까?

권위자들은 이 질문도 회피하는 것처럼 보인다. 그 이유는 자신들이 원하는 답이 아니기 때문일 것이다. 통념이 옳고 포화지방 섭취가 LDL 콜레스테롤 수치를 높여서(이 현상은 많은 사람들에게서 일어날 것이다) 심장 발작과 조기 사망을 일으키는 것이 사실이라면, 심장 건강을 우려하는 권위자들이 조언하듯 고지방 식품, 특히 포화지방이 풍부한 식품을 멀리하거나 (동물성) 포화지방의 일부를 씨앗 기름인 고도불포화 지방으로 대체했을 때, 우리는 몇 년을 더 살 수 있을까? 말하자면, 전문가들이 옳다고 가정할 때 포화지방에 대한 두려움을 가라앉히려면 음식을 어느 정도로 희생해야 할까?

내가 2002년 〈뉴욕타임스 매거진〉 기사에서 언급했듯, 오래전 세 연구진이 이 질문의 답을 내놓았는데—하버드(1987년), 몬트리올 맥길 대학교(1994년), 캘리포니아 대학교 샌프란시스코 캠퍼스(1994년)—셋의 답은 일치했다. 세 연구진은 당시의 전형적인 식단에서 지방 섭취를 4분의 1만큼 줄이고 포화지방 섭취를 3분의 1만큼 줄여 콜레스테롤을 현저히 낮추면 장수에 얼마나 유익할지 추정했는데, 심각한 심장병 위험 요인이 따로 없다면 평균 며칠에서 몇 달을 더 오래 살 수 있다는 것이 한결같은 결론이었다.

그중 한 연구자가 나와의 인터뷰에서 지적했듯, 우리에게 더해지는 수명은 전성기의 시간이 아니라 말년의 시간이다. 이것은 당연해 보이지만 꼼꼼히 들여다볼 지점이 있다. 다시 말해, 75세 되는 해 3월에 죽지 않고 4월이나 5월에 죽게 된다는 것이다. 90세에서 몇 달을 벌어봐야 여전히 90세에 죽거나 기껏해야 91세에 죽을 것이다. 당신이 90세라면, 그 당시 삶의 질이 어떠냐에 따라 이것은 좋은 일일 수도 있고 아닐 수도 있다. 당신이 60세라면, 두어 주를 버는 것이 고작이다. 이런 식단 조치로 심장병을 예방할 수 있는지조차 불분명하다. 아무리 완벽한 조건에서도 발병을 몇 주나 몇 달 늦추면 최선일 것이다.

1987년 하버드 대학교의 분석 결과가 〈내과학회 회보〉에 발표된 뒤에 미시간 대학교 공중 보건학과 교수 마셜 베커Marshall Becker는 심장병을 예방하겠다고 지방이나 포화지방을 삼가는 것은 "타이타닉호 승무원들이 갑판 의자를 정돈하는 것과 비슷하"다고 꼬집었다. 하지만 이런 비유조차도 모든 지방 제한 식이가 심장병을 예방하며 해롭지 않다는—이를테면 탄수화물 함량으로 인해 살찌게 하고 당뇨병에 걸리게 하지 않는다는—가정에서 자유롭지 못하다.

이 인구 평균 통계를 분석하는 방법은 또 있는데, 권위자들은 이

쪽을 선호한다. 콜레스테롤 상승으로 인한 직접적인 결과로 우리 중 몇 명은 80세가 아니라 50세에 조기 사망할 가능성이 분명히 존재한다. 이 사람들은 콜레스테롤을 낮추는 식단을 실천할 경우 수명이 부쩍 늘어날 것이다. 하지만 그들은 자신이 여기에 해당하는지 알지 못하므로—누구도 알지 못한다—운 좋은 사람들이 혜택을 누릴 수 있도록 모두 콜레스테롤을 낮추는 식단을 실천해야 한다는 것이다. 나머지 사람들은 유익을 전혀 얻지 못한다. 현재 많은 의사들이 생각하듯 심지어 피해를 입을 수도 있다. 1999년 콜레스테롤 연구의 전설적인 전문가인 텍사스 대학교의 스콧 그런디Scott Grundy는 이 논리를 "앞집 사람이 심장병에 걸리지 않도록 내가 평생 저지방 식단을 먹어야 한다는 시나리오"라고 표현했다. 설령 포화지방에 대한 통념이 옳더라도, 평생 버터와 베이컨을 먹지 않는 사람 중 백에 아흔아홉은 건강상의 유익을 전혀 얻지 못할 것이다.

저탄고지/케토제닉 식이를 받아들이고 처방하는 의사들은 이런 전통적인 건강식 가설이 자신들의 삶과 진료에서 매일같이 반박된다고 믿는다. 어쨌거나 그들과 환자들 중 상당수는 전통적인 지침을 따라 생활하고 먹다가 점점 살이 찌고 병들었으니 말이다(나도 그중 하나다). 몇몇은 채식주의자였고 심지어 비건도 있었지만, 저탄고지/케토제닉 식이 덕분에 그들은 마침내 잉여 지방을 쉽게 덜어내고 고혈압이나 당뇨병 진행을 돌이킬 수 있었다. 이것은 그들이 직접 관찰한 것이며, 환자들이 경험한 것이다. 이런 유익을 관찰하거나 경험하는 데는 어떤 신념도 필요 없다.

100여 명의 캐나다 의사들이 자신의 환자가 저탄고지/케토제닉 식이를 받아들였을 때 일어난 일을 관찰하고 그 경험을 기록한 〈허프

포스트〉기사를 떠올려보라. "병원에서 혈당 수치가 내려가고, 혈압이
떨어지고, 만성 통증이 줄어들거나 없어지고, 지질 수치가 개선되고,
염증 지표가 개선되고, 활력이 증가하고, 체중이 감소하고, 수면이 개
선되고 IBS과민대장증후군 증상이 경감되는 것 등을 목격합니다. 투약이
하향 조정되거나 아예 중단되어 환자의 부작용과 사회적 비용이 감소
하고 있습니다. 환자들이 얻는 결과는 인상적이고 지속적입니다." 현
재 이 식단을 처방하는 의사들은 환자들에게 혈당 조절이나 고혈압을
위해 약을 처방하는 일이 거의 없어졌다고 한결같이 말한다. 오히려
기존 처방도 끊고 있다. 이것은 설득력 있는 증언이다.

한 의사는 나와의 인터뷰에서 이 상충 관계를 가장 극명하게 표현
했다. 캐럴라인 리처드슨Caroline Richardson은 미시간 대학교 가정의학
과 의사이자 동 대학교 의료정책혁신연구소에서 일하는 공중 보건 연
구자다. 그녀는 신체 활동 연구로 경력을 쌓은 뒤에 당뇨병 예방 쪽으
로 점차 선회했다. 그녀는 자신이 몇 년간 저지방, 열량 제한에 운동을
추가한 당뇨병 예방 프로그램을 환자들에게 조언했다고 말했다. 하지
만 대부분의 환자는 고도 비만이었으며 절반은 당뇨병을 앓았다. 그녀
는 서서히 저탄고지/케토제닉 식이를 연구하고 처방하는 쪽으로 돌아
섰다. 자신도 가벼운 저탄고지 식단으로 대단한 효과를 거둔 뒤였다.

이제 리처드슨은 환자들에게 의사이자 하버드 대학교 영양학과
교수 데이비드 루드위그의《늘 배가 고픈가요? 허기를 정복하고 지
방세포를 재교육하고 영구적으로 체중을 감량하는 법Always Hungry?:
Conquer Cravings, Retrain Your Fat Cells, and Lose Weight Permanently》을 읽고 저
탄수화물 요리법을 공부하라고 말한다. "저탄수화물 고지방 식단에
서 마음에 드는 것 하나는—제가 환자들에게 거듭 이야기하는 것이기

도 한데요—기분이 좋아진다는 거예요." 그녀는 운동도 비슷하다고
말한다. 환자들에게 운동을 권하면서 내세우는 논리는 앞으로 5년 뒤
에 더 건강해진다는 것이 아니라, 지금 당장 기분이 좋아진다는 것이
다. "환자들은 탄수화물을 끊으면 한 명도 빼놓지 않고 이렇게 말해요.
'와, 다시 태어난 것 같아요.' 늘 이렇게 말하죠. '10년 뒤에 죽는 건 상
관없어요. 기분이 비참한 게 괴롭죠. 오늘 기분이 비참하지 않았으면
좋겠어요.'"

　이 상충 관계에 대한 대니얼 머태그Daniel Murtagh의 견해도 들어
볼 만하다. 머태그는 북아일랜드에서 중산층과 노동자 계층 환자를 주
로 진료하는 일반의다. 그는 의과대학에 다닐 때—2002년에 졸업했
다—비만이나 당뇨병 유행에 대한 논의는 들어보지 못했다고 말했다.
우리가 대화를 나눈 것은 그로부터 15년 뒤였는데, 그의 병원에서는
일주일이 멀다 하고 2형 당뇨병 환자가 새로 진단받고 있었다. 그가 식
단과 영양에 관심을 가지게 된 계기는 2009년에 한 환자에게서 구석
기 식단의 안전성과 효과에 대해 질문받은 것이었다.

　머태그는 질문에 답하려고 공부하다가 새로운 세상에 눈을 떴다.
처음에는 구석기 식단의 기반을 닦은 콜로라도 주립대학교 운동생리
학자 로렌 코데인Loren Cordain의 《구석기 다이어트》를 읽었다. 그러다
저탄고지/케토제닉 식이에 대한 책으로 눈을 돌렸다. 그는 이 책들(내
책도 포함된다)의 논증이 말이 된다고 여기고 자신에게 실험한 다음 환
자들에게도 시도했다고 말한다. "이 식단의 효과를 다들 그럴듯하게
묘사하더군요. 그래도 결국은 소매를 걷어붙이고 직접 확인하는 수밖
에 없습니다."

　내가 머태그를 인터뷰했을 때, 그는 환자 여러 명에게 탄수화물

을 피하고 천연(빈티지) 지방으로 대체하라고 조언했다고 말했다. "딱히 뚱뚱하지 않은" 한 당뇨병 환자에 대해서는 이렇게 말했다. "그의 당뇨병에 일어난 일은 완화라는 단어로는 모자라다는 생각이 듭니다." 그는 "교과서적 비만"인 50대 초반의 환자에 대해서도 들려주었다. 키 185센티미터에 몸무게 145킬로그램이던 이 환자는 아직 당뇨병이 발병하지는 않았지만 이미 지방간, 통풍, 고혈압을 앓고 있었다. 식사법을 바꾸기 전까지만 해도 혈압약 두 종류, 통풍약, 만성 소화 불량과 속 쓰림 약을 매일 복용하고 있었다. 하지만 저탄고지/케토제닉 식이를 시작한 지 1년 만에 50킬로그램을 감량하고 약을 끊었다.

그가 더 건강해진 것은 분명했지만, 여전히 통념에 사로잡힌 머태그의 의료계 동료들은 반신반의했다. 그는 반발이 있다고 말한다. "선생님께 말씀드린 바로 그 환자들을 놓고 그들과 논쟁을 벌입니다. 그러다 보면 이런 생각이 들죠, '이봐, 자네 말은 50킬로그램을 빼고 약을 모조리 끊은 환자에게 다시 빵을 먹고 베이컨에서 지방을 떼라고 조언하라는 얘기잖아.'"

저탄고지/케토제닉 식이가 임상에서 그토록 놀라운 결과를 낳는다는 사실은 영양에 대한 기존 사고방식에 본질적 의문을 제기했다. '건강하게 먹는다'의 의미에 대한 상호 배타적인 두 정의 사이에서 본질적 갈등과 인지 부조화가 벌어지는 것이다. 지난 50년간 건강한 식이는 대체로 과일, 채소, 통곡물, 콩을 실컷 먹고 탄수화물(대부분 식물)을 많이 먹으면서 동물성 지방을 최소화하고 적색육과 가공육을 거의, 또는 완전히 배제하는 식이로 정의되었고 그렇게 제도화되었다. 또 다른 정의는 '건강' 체중의 유지를 위해 과일을 거의, 또는 전혀 먹지 말고 통곡물, 콩을 전혀 먹지 말고 탄수화물을 아주 조금만 먹으면서 지방(주로 적색육이며 심지어 가공육)을 듬뿍 먹으라는 것이다. 이 견해차를 어떻게 해소할 수 있을까? '건강' 체중을 달성하고 유지하기 위해 '건 강하지 않은' 식단을 실천해야 한다면, 우리는 더 건강해지는 것일까, 아닐까?

◆   ◆   ◆

이 시도들에 대한 임상 경험이 쌓이면서 마침내 임상 시험 증거도 누적되고 있다. 내가 2002년 〈뉴욕타임스 매거진〉에서 이 주제를 처음 보도했을 때만 해도 이런 식사법의 유익과 위험을 평가하는 임상 시 험은 막 시작되는 단계였다. 이 시험들은 내가 기사에서 취한 비정통 적인 입장의 근거가 되었다. 1960년대 연구자와 권위자는 모든 비만 의 원인이 과식이라고 믿었고 포화지방이 심장병의 주원인이라는 개 념을 받아들이고 나서, 심장병을 예방한다고 추정되는 식단을 온 나라 에, 더 나아가 온 세상에 전파하려고 애썼다. 저탄고지/케토제닉 식이 와 관련해서는 단기적 효과에 대한 유의미한 연구조차 찾아볼 수 없었 다. 20세기 말까지도 상황은 달라지지 않았다. (조사 과정에서 인터뷰한 독일 연구자들은 1980년대 중엽까지 저탄고지/케토제닉 식단에 대해 임상 시험을 실시하다가 지방의 위험성에 대한 합의가 옳다고 판단하여 중단했다고 말했다. 자 신들의 연구 결과와 정반대였는데도 말이다.)

21세기에 접어들어서야 비만 유행을 자각하고 무엇보다 개인적 으로 개종 경험을 겪은 의사들이 다시 한번 저탄고지/케토제닉 식이 임상 시험을 실시하기 시작했다. 나는 기사에서 저탄고지/케토제닉 앳킨스 식단을 미국심장협회에서 예나 지금이나 권장하는 저지방 열량 제한(반기아) 식단과 비교하는 다섯 건의 임상 시험이 최근 종료되었다고 언급했다(발표되지는 않았지만). 시험 참가자들은 12주 동안 식단을 실천한 롱아일랜드 과체중 청소년들로부터 6개월 동안 이 식단을 실천한 평균 체중 134킬로그램의 필라델피아 성인들까지 다양했다.

다섯 건의 임상 시험에서는 일관된 결과가 나왔다. 저탄고지/케토제닉 고지방 식단을 따른 참가자들은 배부를 때까지 먹고도 미국심장협회에서 권장하는 저지방, 저포화지방 식단을 따른 사람들보다 더 많은 체중을 감량했다. 게다가 심장병 위험 인자도 부적 개선되었다. 말하자면 이 시험들의 결과는 의사와 의학 연구자의 예측과 정반대였다. 이것이 내가 보도한 내용이었다.

그 뒤로 2019년 봄인 현재까지 100건에 가까운 임상 시험의 결과가 발표되었는데, 이 결과들은 이 주장을 놀랍도록 일관되게 뒷받침한다. 저탄고지/케토제닉 식이를 채택했을 때 수명이 (권위자들이 권장하는 다른 식사법들에 비해) 늘어나는지에 대해서는 여전히 답을 내놓지 못하지만, 고지방 식단의 위험에 대한 통념에 가차 없이 도전하고 있으며 고지방 식이가 단기적으로는 안전하고 유익하다고 말한다.

임상 시험 기간(최대 2년) 동안 저탄고지/케토제닉 식이를 따랐거나 적어도 그렇게 먹으라는 지침을 받았을 때 감량된 체중은 비교 대상인 식단과 같거나 뛰어났으며, 시험 참가자들은 열량을 계산하거나 억지로 제한할 필요도 없었다. 건강에 유익하다는 것은 분명하다. 최초의 임상 시험 다섯 건과 임상 경험에서 보듯, 대사 측면에서의 사실상 모든 건강 지표, 심장병과 당뇨병의 모든 위험 인자가 개선된다. 시험 참가자들은 더 건강한 체중을 달성한 것과 더불어, 전통적인 '건강한' 식단, 심지어 열량 조절 식단을 권고받은 참가자에 비해 전반적으로 더 건강해졌으며, 지금도 더욱 건강해지고 있다.

특히 인상적인 것은 인디애나 대학교에서 세라 홀버그Sarah Hallberg 박사의 주도하에 최근에 종료된 임상 시험이다. 시험은 스티브 피니와 제프 볼렉이 설립한 샌프란시스코 기반 스타트업 버타헬스Virta Health와 공동으로 진행되었다. 홀버그와 동료들은 2형 당뇨병 환자들에게 저탄고지/케토제닉 식이를 권고했다. 그리고 시험 과정에서 생길 수 있는 모든 문제에 대응하고 참가자들이 식단을 유지할 수 있도록 헬스 코치와 의사에게서 24시간 식이 지도를 받게 했다. 2형 당뇨병이 있는 참가자도 저탄고지/케토제닉 식이를 통해 우리가 기대하는 결과를 일관되게 보였다. 참가자들은 식사량을 줄이라는 권고를 받지 않았지만 체중이 현저히 감량되었다. 심혈관 위험 인자도 부쩍 개선되었다. 가장 중요한 변화는 인디애나 대학교/버타헬스 임상 시험에서 저탄고지/케토제닉 식이를 배정받은 참가자 262명 중 상당수가 당뇨병이 사실상 완화되었다는 것이다. 그들은 인슐린을 비롯한 혈당약을 끊었는데도 혈당 조절 능력이 향상되었다. (버타헬스 연구진은 이렇게 보고했다. "이용자의 94퍼센트가 인슐린 투여량이 감소하거나 투약을 중단했다.") 혈압도 개선되어 혈압약 투약 또한 중단되었다.

2019년 6월 홀버그와 버타헬스는 2년간의 저탄고지/케토제닉 식이가 피험자들의 심장병 위험 인자에 영향을 미쳤다는 논문을 발표했다. 확실한 것은 지금껏 알려진 위험 인자 26개 중 22개가 (이른바 '일반 치료군'에 비해) 개선되었고, 3개는 변화가 없었으며 1개(LDL 콜레스테롤)만이 평균적으로 악화했다는 것이다. 버타헬스 연구자들이 "총 죽상경화 심혈관 질병 위험 점수"(미국심장학회와 미국심장협회에서 개발한 향후 10년간의 심장 발작 위험 수치)를 측정했더니 버타헬스 환자들의 심장병 발병 위험은 일반적인 당뇨병 치료 프로그램 및 통상적으로 처방되는 모든 약물 요법에 비해 20퍼센트 이상 감소했다. LDL 콜레스테롤이 상승하고도 이 환자들은 훨씬 건강해졌으며, 심장도 마찬가지였다.

따라서 이런 식으로 결정적인 질문을 던질 수도 있다. 유익한 효과가 수없이 많은 식사법이 상당량의 포화지방을 포함하거나 베이컨 같은 가공육을 다량 섭취하도록 허용한다는 이유만으로 건강에 해로울 수 있을까?[3] 내가 즐겨 보는 레이철 플러츠의 인스타그램에서 그녀는 170킬로그램이 나갈 때는 친구들이 식단에 대해 한 번도 왈가왈부하지 않다가 저탄고지/케토제닉 식이로 전환하여 50킬로그램을 감량하자 베이컨을 너무 많이 먹는다며 우려를 표하더라고 말했다. 마치 베이컨을 규칙적으로 먹었을 때의 위험성이 비교적 쉽게 50킬로그램을 감량하는 유익보다 크다는 투였다.

이 질문에 답할 만한 확고한 증거는 아직 존재하지 않는다. 결코 존재하지 않을지도 모른다. 하지만 단기간에 사람들을 훨씬 건강하게 만들어주고 (시간이 갈수록 악화하기에 진행성 만성병으로 간주되는) 당뇨병을 완치할 수 있는 식사법이 장기적으로 해로울 거라 상상하긴 힘들다. 권위자들은 가설적인 사고에 사로잡혀 있으며 자신들이 애지중지하는 신념을 고집한다. 그 신념들은 이미 우리를 실망시켰다. 그러므로 낡은 신념을 버리는 쪽에 내기를 걸어야 한다.

3　저탄고지/케토제닉 식단에서 베이컨이나 육류를 반드시 먹어야 한다는 말이 아니라, (기본적으로) 단백질과 지방만 들어 있는 식품이기에 마음껏 먹어도 무방하다는 뜻이다. 아보카도, 올리브, 식물성 기름을 제외한 식물성 식품은 가용 에너지원의 상당 부분이 탄수화물이다. 채식 기반의 저탄수화물 고지방 식단도 가능하긴 하지만, 훨씬 많은 고민과 노력을 해야 하며 효과도 장담할 수 없다. 이 문제는 16장에서 설명한다.

식이 지방에 대한 제도화된 비난과 기존의 가설에 따른 처방 이면
의 통념을 더 잘 이해하려면, 이 가설들을 떠받치는 근거에 정말로 설
득력이 있는지 따져보아야 한다. 나는 설득력이 있다고 보지 않는다.
저탄고지/케토제닉 식이가 우리를 더 건강하게 해준다는 주장을 뒷받
침하는 근거가 차곡차곡 쌓인 것과 때를 같이하여, 포화지방이 건강에
치명적이고 모든 사람이 저지방 식단을 섭취해야 한다는 개념을 뒷받
침하는 근거는, 정통파가 아무리 애를 써도 무너져내렸다. 연구가 거
듭될수록 설득력은 약해졌다. 이것은 과학에서 언제나 나쁜 징조이자,
이론이나 신념이 완전히 틀렸다고 믿을 만한 설득력 있는 이유다. 수
학을 제외하면, 무언가를 이렇게든 저렇게든 결정적으로 입증하는 것
은 불가능하다. 합리적인 가설을 뒷받침하는 근거는 언제나 존재한다
(심지어 비합리적인 가설에 대해서도). 틀린 답을 얻거나 답을 부정확하게
해석하는 연구는 언제나 있기 마련이다. 내가 추세를 따르라고 권고하
는 것은 이 때문이다.

적어도 프랜시스 베이컨Francis Bacon(베이컨이라는 이름이 공교롭긴 하
지만 단순한 우연의 일치다)이 400년 전에 과학적 방법을 개척한 뒤로, 훌
륭한 과학자와 과학철학자는 우리에게 그의 접근법을 채택하라고 조
언했다. 그것은 가설의 타당성을 판정하려면 근거가 시간이 지남에 따
라 점차 유의미하게 확고해지는지 판단하라는 것이다. 베이컨에 따르
면, 과학에서 옳지 않은 것(환상, 견해, 반대 증거 배척에 의존하는 "희망 과
학")을 가려낼 수 있는 이유는 그런 것들이 "계속 제자리걸음을 하면서
정체된 상태로 이렇다 할 진보 없이 여기까지 오거나, 아니, 처음 등장
했을 때만 잠깐 반짝하고 그 뒤로는 영영 잊히고 마"는 명제이기 때문
이다.

포화지방에 대한 불안의 기반인 식이 지방·심장병 가설은 이 "영영 잊히고 마는 명제"의 전형적인 사례로 손색이 없다. 1952년, 앤설 키스는 자신의 명제를 뒷받침하는 유의미한 증거가 전혀 없음을 인정하면서도 미국인들이 심장병에 걸리지 않으려면 지방 섭취량의 3분의 1을 줄여야 한다고 주장했다. 1970년, 미국심장협회는 여전히 확고한 임상 시험 근거가 전혀 없는 채로 유아를 제외한 모든 미국인에게 저지방 식단을 권고했다. 1988년, 1억 달러 이상이 투입된 두 건의 임상 시험이 발표된 뒤—결과는 공교롭게도 모순적이었다—미국 공중 보건국장은 (국립보건원 담당자가 묘사한 바에 따르면) "신념의 도약"을 단행하여, 미국 내 연간 200만 건의 사망 중 3분의 2가 고지방 식품의 과잉 섭취 때문이라며 "과학적 근거의 깊이[가] 담배와 건강의 관계에서보다 더욱 인상적"이라고 주장했다. 그 보고서는 식물성을 제외한 모든 지방을 먹지 못하게 하려고 (물론 선의에서) 안간힘을 쓰던 연방정부의 일사불란한 홍보 캠페인의 일환이었다. 그들의 노력은 효과가 있었다. 포화지방 섭취를 가능한 한 삼가야 한다고 생각하게 된 것은 이 때문이니 말이다. 미국에서는 동물성 지방의 섭취가 감소하고 식물성 기름의 섭취가 증가했다.

30년이 지난 지금, 이 근거에 대한 가장 최근의 **공정한** 평가에서는—이와 같은 불편부당한 평가를 위해 설립된 국제기구 코크런연합에서 실시했다—임상 시험들이 저지방 식단의 유의미한 유익을 입증하는 데 실패했으며 고지방 식단의 해로움을 입증하는 데도 암묵적으로 실패했다고 결론 내렸다. 코크런 검토서에서는 포화지방을 멀리하면 심장 발작을 단 한 건이라도 피할 수 있다는 근거가 기껏해야 "추정적"이며 수명이 연장될 것인지는 더더욱 "불확실"하다고 말했다.

지방 비난을 주도한 미국심장협회는 (한쪽에 치우친 평가에 따른) 저지방 식이가 건강에 좋다는 개념의 근거가 (전부 1960년대와 1970년대로 거슬러 올라가는) 소수의 부실한 임상 시험의 모호한 결과이며, 이 모호한 근거를 받아들이겠다면 어마어마한 규모(참가자 4만 9,000명)와 막대한 비용(최소 50만 달러)이 든 여성 건강 연구 임상 시험을 비롯한 후대의 연구 결과들을 무시하거나 부적절한 것으로 치부할 수밖에 없음을 최근 인정했다. 물론 100여 건의 임상 시험에서 저탄고지/케토제닉 식이가 풍부한 포화지방에도 불구하고 더 건강하게 만들어준다는 결과가 일관되게 도출된다는 사실은 권위자들의 주장을 반박한다. 포화지방이 심장병과 조기 사망의 원인이라는 개념을 뒷받침하는 근거는 지난 반세기에 걸쳐 점차 무너져내렸다.

고지방 식품이 암을 일으킨다는 개념(즉, 가설)도 비슷하게 쇠퇴했다. 1982년에만 해도 이 명제가 어찌나 그럴듯했던지 미국국립과학원에서는 〈식단, 영양, 암〉이라는 보고서에서 암을 예방하려면 당시의 지방 섭취량인 40퍼센트를 30퍼센트로 줄여야 한다고 권고했다. 보고서에서는 근거가 확고하다며 이에 따르면 "지방 섭취량을 그보다 더 줄이는 것도 타당하"다고 주장했다. 건강에 신경 쓰는 사람들 또한 이 주장에 세뇌되었다. 하지만 1990년대 중엽 세계암연구기금과 미국암연구협회에서 발표한 700쪽짜리 보고서 —〈식품, 영양, 암 예방〉— 에서는 고지방 식단이 암을 일으킨다고 믿을 만한 "확고한" 이유나 "타당한" 이유조차 찾아볼 수 없었다. 국립암연구소의 아서 샤츠킨Arthur Schatzkin 영양역학실장은 2003년에 나와의 인터뷰에서 식이 지방·암 가설을 검증하기 위한 임상 시험의 근거가 "대체로 전무"하다고 평했다. 한마디로 지방이 암을 일으킨다는 명제는 연구가 진척될수록 가파

르게 내리막을 걸었다. 그런데도 지방에 대한 두려움은 사그라들지 않았지만 말이다.

건강한 식단이 채식 위주여야 하고 과일, 채소, 통곡물, 콩이 포함되어야 한다는 개념은 1960년대의 모호한 연구들에서조차 근거를 찾을 수 없다. "음식을 먹되, 과식하지 말고, 주로 채식을 하라"라는 금언을 유행시킨 책《마이클 폴란의 행복한 밥상》에서 마이클 폴란이 주장하듯, 이런 개념을 뒷받침하는 유의미한 임상 시험 근거는 하나도 없다. 우리가 가진 근거는 식물성 식품을 많이 먹는 사람들이 전형적인 미국식 식단standard American diet(약어는 공교롭게도 '슬프다'라는 뜻의 'SAD'다)을 따르는 사람들, 즉 패스트푸드 식당에 가고 고도로 가공되어 포장된 가당 식품(폴란이 "음식을 가장한 물질"이라고 적절하게 표현한 식품이자 건강에 신경 쓰는 사람들이 자연스럽게 멀리하는 식품)을 슈퍼마켓에서 사 먹는 사람들보다 대체로 건강하다는 것뿐이다. 무엇보다 중요한 것은 사실상 모든 영양학자들이 채식 위주의 식사가 몸에 좋다고 믿는다는 엄연한 사실이라고 폴란은 말한다. 영양학적 신념들이 경합을 벌이는 세상에서 이것 하나만은 모두 동의할 수 있다는 것이다.

하지만 그들이 그렇게 믿고 폴란이 동조하는 이유는 확고한 실험 증거(임상 시험 결과)가 있어서가 아니고, 비만 환자와 당뇨병 환자가 잡식이나 육류 위주 식단(당과 '음식을 가장한 물질'이 없는 식단)에서 채식 위주의 식단(당과 '음식을 가장한 물질'이 없는 식단)으로 전환하여 더 건강해지는 것을 봐서도 아니고, 다들 그렇게 믿는 것처럼 보이기 때문이다. 이것은 인지과학자들이 '파급 효과'나 '집단 사고'라고 부르는 것으로, 소프트 사이언스(인간과 사회 현상을 포함한 폭넓은 대상을 연구하여 현대 사회의 복잡한 문제를 해결하려는 종합적 과학 기술―옮긴이)에서는 무척 흔하다. 심지어 하드 사이언스에서도 찾아볼 수 있는데, 이를테면 물리학 분야에서는 노벨상 수상자 루이스 앨버레즈Luis Alvarez가 이 행태에 "지적 위상 동기화"라는 이름을 붙이기도 했다. 사람들이 무언가를 믿는 것은 존경하는 사람이 믿기 때문이고, 연구에서 발견하는 것은 자신이 발견하기로 되어 있는 것이며, 그들이 보는 것은 실제로 있든 없든 보기를 기대하는 것이다.

　말하자면 채식 위주의 식사는 그것을 권장하는 사람들 눈에 **옳아** 보이는 것일 뿐이다. 그것이 옳아 보이는 데는 평생 그렇게 들어온 탓도 있다. 1960년대에 건강에 신경 쓰던 어머니가 채소를 먹어야 하고 (어머니의 세계관에서는 녹색 채소나 콜리플라워가 아닌 것은 채소가 아니었다) 적색육을 너무 많이 먹으면 대장암에 걸릴 거라며 내게 충고한 것도 그래서다. 이제는 내가 아이들에게 녹색 채소를 먹으라고 닦달한다. 그렇게 믿는 이유는 단지 어머니에게 그렇게 배웠기 때문인데도 말이다. 물론 채식 위주로 먹는 것은 환경에 유익할 수도 있고, 우리의 미각을 위해 일찍 도살당하지 않을 동물에게도 유익할 수 있다.[4] 건강하고 건강에 신경 쓰는 사람들이 무엇을 먹는지 통계적으로 조사했을 때 채소 위주의 식단이 우세한 것은 놀라운 일이 아니다. 건강에 신경 쓰는 사람들이 아침마다 달걀과 베이컨을 먹지 않는 것은 달걀과 베이컨을 먹으면 죽는다는 말을 들었기 때문이다. 그들이 케일·아몬드 스무디를 마시고 저설탕 그래놀라를 먹는 것은, 근거가 희박하더라도 그렇게 먹으라고 조언받았기 때문이다. 그렇다면 모두가 그렇게 먹어야 하는

4　소포클레스는 《오이디푸스 왕》의 결말 부분에서 마지막 날까지 아무 고통도 겪지 않고서 살아가기 전에는 누구도 행복하다고 자부할 수 없다고 일갈한다. 이것이 동물에게도 마찬가지라면 이 가성 또한 의문의 여지가 있다.

것 아닐까?

다시 말하자면 그렇지 않을 수도 있다. 지난 30년간의 의학 연구를 통해, 심장병 위험 인자와 이것이 비만, 당뇨병, 그리고 앞에서 설명한 인슐린 저항성이라는 상태와 어떤 관계인지 이해하는 데 상전벽해의 변화가 일어났다. 저탄고지/케토제닉 식이에 대한 반발의 결정적 요인은 늘 그렇듯 동물성 지방이 조기 심장병을 일으킨다는 믿음(포화지방이 "동맥을 막는"다는 논리)이었다. 대부분의 사람들이 버터와 베이컨과 전지全脂 유제품을 치명적인 식품이라고 믿는 이유는 포화지방 함량이 높은 이 식품들이 콜레스테롤 수치, 특히 '나쁜' 콜레스테롤로 알려진 LDL 입자 속 콜레스테롤 수치를 높여 심장 발작으로 인한 조기 사망을 일으킨다고 배웠기 때문이다.

이 사고방식에는 여러 가지 문제가 있지만, 그중 하나는 식이와 관련한 모든 관심을 심장병이라는 질병 하나와 LDL 콜레스테롤이라는 생물학적 요인 하나에 집중시켰다는 것이다. 이것은 (좋게 봐주려 해도) 오도된 1970년대 의학이라고 말할 수밖에 없다. 의사들은 이것을 교조적으로 철석같이 믿도록 교육받았고 상당수는 여전히 그렇게 믿고 있지만, 늘 그렇듯 과학적인 이해는 시간이 지나면서 진화했다.

LDL이 죽상경화 과정에 관여하는 것처럼 보이기는 하지만, 실제로 역할을 하는 것은 LDL 입자 속의 콜레스테롤이 아니라 LDL 입자 자체, 구체적으로는 혈액 내 LDL 입자의 개수와 (어쩌면) 크기다. 공중보건 및 의료 권위자들은 인습에 도전하는 연구자와 의사가 1960년대부터 주장한 사실, 즉 심장병이 복잡한 질병이며 인체 전반에 발현하는 대사 교란의 최종 결과라는 사실을 굼뜨게나마 받아들이기에 이르렀다. 하나의 숫자와 하나의 생물학적 요인만 가지고는 오래 건강하게

살 것인지 확신할 수 없다. (어쨌거나 그것을 제일 정확히 알려주는 수치야말
로 LDL 콜레스테롤보다 훨씬 나은 지표다.) 대부분의 사람들에게, 심장병에
걸리거나 암 같은 만성병으로 조기 사망할 위험이 높다는 1차적인 징
후는 LDL 콜레스테롤이 높은지 여부가 아니라 현재 대사증후군으로
알려진 대사 장애군을 앓고 있는가다(이것은 그 자체로 인슐린 저항성의 결
과이거나 증상인 듯하다).

  의사들은 환자에게서 다섯 가지 특징적 징후 중 세 개 이상이 관
찰되면 대사증후군으로 진단하라고 교육받는다. 가장 중요한 사실은
의사들이 가장 먼저 살펴보라고 교육받는 것이 환자가 살쪘는가, 구
체적으로는 허리 위에 살이 쪘는가라는 것이다. 이 점에서 대사증후군
개념은, 얄궂게도 앤설 키스의 사고방식과 1960년대의 주장에서 비롯
된 직계 후손이다. 그는 심장 발작에 걸려 조기 사망할 가능성이 가장
큰 사람은 뚱뚱한 중년 남성이라고, 즉 자신이 "생각 좀 하라"며 그토
록 매섭게 질타한 그 뚱뚱한 남성들이라고 말한 바 있다. 심지어 한 세
기 전에도 일부 심장 전문의들은 이 남성들을 "살찐 심장"이라고 불렀
다. 키스와 의료계는 식이 지방과 콜레스테롤을 뚱뚱한 남성과 심장
발작의 연관성을 해결하는 열쇠로 여겨 강박적으로 매달렸으며, 그런
이유로 LDL 콜레스테롤과 식이 지방에 집착했다. 하지만 다른 연구자
들—이를테면 미국의 스탠퍼드 대학교, 예일 대학교, 록펠러 대학교,
영국의 퀸 엘리자베스 칼리지, 벨파스트 퀸스 대학교—은 탄수화물이
인슐린과 혈당 상승뿐 아니라 혈압과 '혈중 지질', 특히 HDL 콜레스
테롤('좋은 콜레스테롤')과 중성지방(지방이 혈류에서 취하는 형태 중 하나)에
미치는 영향에 주목했다. 에드윈 애스트우드는 1962년의 강연에서 비
만 관련 장애들("특히 동맥과 관계된 질병")이 2형 당뇨병 합병증과 매우

닮았으며 이는 "두 질병이 공통의 결함에서 비롯했"음을 의미한다고 말했다.

1980년대 후반에 국립보건원, 공중 보건국, 심지어 미국국립과학원이—영국 국민보건서비스는 말할 것도 없고—지방을 삼가고 탄수화물을 먹으라고 권고하고 있을 때 스탠퍼드 대학교 내분비학자 제럴드 리븐을 위시한 연구자들은 (처음에는 당뇨병 전문의들에게, 다음에는 심장병 전문의들에게) 환자들이 걱정해야 할 것은 LDL 콜레스테롤이 아니라 대사증후군이라고 설득하기 시작했다. 환자들(그리고 우리)을 죽이는 것은 근본적인 생리적 교란의 증상인 대사증후군이라고 이 의사 연구자들은 주장했다. 기자들도 같은 내용을 언급하고 있다. NBC 기자인 트리메인 리Trymaine Lee는 최근 "비만과 고혈압은 심장병의 핵심 요인"이라고 말했다. 리의 기사는 38세의 나이에 심장 발작으로 목숨을 잃을 뻔한 사연에 대한 것이었다. 비만과 고혈압은 대사증후군의 증상이며, 둘은 나란히 나타난다.

대사증후군에 대해 밝혀진 사실을 이해하려면 비만, 당뇨병, 심장병, 고혈압, 뇌졸중을 전부 동일한 교란력擾亂力(인슐린 신호 체계 장애, 혈당 조절 장애, 전신 염증을 비롯하여 그 뒤에 일어나는 모든 대사적·생리적 교란)의 결과로 여겨야 한다. 이 모든 장애들은 긴밀히 연관되어 있다. 비만한 사람들은 2형 당뇨병 위험이 매우 크며, 당뇨병에 걸린 사람들은 대부분 과체중이거나 비만이다. 그들은 (애스트우드가 언급했듯) 심장병에 걸리기 쉽지만, 그중에서도 당뇨병에 걸린 사람의 위험이 더 크며 전부 고혈압을 앓는 경향이 있다. 의학 교과서에서는 비만, 당뇨병, 심장병, 통풍, 뇌졸중(뇌혈관 질환)을 '고혈압 장애'라고 부르는데, 이것은 고혈압이 이 모든 장애에 공통된다는 뜻이다. 이와 더불어 이 모든 장애

는 혈중 지질, 구체적으로는 낮은 HDL 콜레스테롤 및 높은 중성지방
과 연관성이 있다(많은 LDL 입자 개수도 관계가 있지만 높은 LDL 콜레스테롤
수치는 해당하지 않는다).

이 위험 인자들은 대사증후군의 진단 기준이다. 개별적으로 보자
면 각 인자는 심장병의 발병 가능성이 높아지는 것과 연관되어 있다. 허
리둘레가 늘면 심장병 위험이 커진다. 혈압이 상승하면 심장병과 뇌졸
중의 위험도 상승한다. 혈당 조절에 문제가 생기면(포도당 불내성) 당뇨
병에 걸릴 가능성이 크며, 동맥에 판이 침착할 가능성이 크다. 1930년,
미국에서 손꼽히는 당뇨병 권위자 엘리엇 조슬린Elliott Joslin은 "당뇨병
환자 두 명 중 한 명은 동맥경화증으로 죽는"다고 말했는데, 그 뒤로도
상황은 그다지 달라지지 않았다. 당뇨병을 방치한 60세 환자의 동맥
은 당뇨병이 없는 90세 노인의 동맥처럼 보일 것이다. 마지막으로, 의
료계는 낮은 HDL 콜레스테롤이 높은 LDL 콜레스테롤보다 몇 배나 더
정확한 심장병 예측 인자이며, 높은 중성지방의 예측 능력 또한 높은
LDL 콜레스테롤 못지않음을 1977년부터(어쩌면 그보다 20년 전부터) 알
고 있었다. 즉, 심장 발작이 일어났다면 원인은 높은 LDL 콜레스테롤
이 아니라 대사증후군일 가능성이 크다.

대사증후군을 앓는다는 것은 건강에서 만성병으로 미끄러져 내
린다는 뜻이며, 최초의 뚜렷한 징후는 살찌거나 혈압이 높아지는 것이
다. 질병통제센터의 통계에 따르면 미국인 세 명 중 한 명이 대사증후
군을 앓고 있다. 하지만 이것은 (발병률이 비교적 낮은) 아동을 포함한 비
율이다. 나이를 먹고 살찔수록 대사증후군을 앓고 인슐린 저항성을 나
타내기 쉽다. 50세 이상 성인은 두 명 중 한 명이 이에 해당한다. 체중
조절을 위해 이 책을 읽는 독자라면(특히 남성이라면) 대사증후군이 있

거나 조만간 생기리라는 말이다.

대사증후군에 해당하는 이 모든 생리적 교란, 의사들이 대사증후군을 진단할 때 참조하는 모든 위험 인자는 지방이 아니라 탄수화물과 직접 연관되어 있다. 대사증후군이 있다면, 수명을 서서히 단축하는 것은 당신이 먹는 탄수화물의 양과 질이다. 포화지방 탓이 아니다. 임상 시험 데이터를 보든 임상 경험을 보든, 대사증후군으로 인해 전신에서 일어나는 교란(인슐린 저항성에서 출발하여 인슐린 수치를 높이고 혈당 조절 장애를 일으키는 교란)을 정상화하거나 바로잡으려면 식단에서 탄수화물을 없애고 지방으로 대체해야 한다. 버타헬스 임상 시험에서 위험 인자 26개 중 22개가 개선된 결과가 이를 잘 보여준다.

이 모든 것(혈당과 인슐린이 건강 범위에 들어왔다 나갔다 할 때 인체에 생기는 일)은 교과서 의학으로 설명할 수 있다. 내 말뜻은 환자나 임상 시험 참가자가 탄수화물을 제한하고 지방으로 대체할 때 관찰되는 유익한 효과가 의학 교과서에서 말하는 것과 일치한다는 것이다. 이를테면 탄수화물 섭취를 줄이면 정의에 따라 (적어도 식후에 짧은 시간 동안) 혈당치가 낮아진다. 고혈당이 당뇨병의 여러 해로운 부작용을 일으킨다는 것을 감안하면 이것은 유익하다고 보아야 마땅하다. 적어도 1970년대 이후로 연구자들은 탄수화물을 섭취하면 유익한 HDL 콜레스테롤 수치가 지방을 섭취할 때에 비해 낮아지고 중성지방 수치가 높아진다는 사실을 알고 있었다. 그 이유를 알려면 간이 '지질'과 지단백질을 어떻게 처리하는지 이해해야 한다.

우선 혈압에 대해 설명하자면, 인슐린은 신장이 나트륨을 보유하도록 한다. (소금은 염소와 나트륨의 혼합물인데, 여기서 중요한 것은 나트륨이다.) 이것은 인슐린이 하는 여러 가지 일 중 하나다. 인슐린 수치가 높으면 신장은 나트륨을 소변으로 배출하지 않고 그대로 가지고 있다. 몸은 혈중 나트륨 농도를 일정하게 유지하기 위해 수분을 간직하며 이로 인해 혈압이 상승한다. 의학 권위자들이 너무 짜게 먹으면 고혈압에 걸린다고 말하는 근거도 같은 기전이지만―혈중 나트륨 농도가 높아지면 수분 보유량이 늘고 혈압이 높아진다―대개는 지나치게 단순화된 것이다. 그들은 염분을 너무 많이 섭취하는 것에―행동의 문제나 가공식품을 너무 짜게 만드는 식품업계에―비난의 화살을 돌릴 뿐, 인슐린 수치 상승과 인슐린 저항성으로 인해 염분이 너무 적게 배출되는 것은 문제 삼지 않는다. 탄수화물을 끊고 지방으로 대체하여 인슐린을 낮추면 이러한 나트륨 정체 현상을 해결할 수 있으므로, 저탄고지/케토제닉 식이를 하면 혈압이 낮아진다.

다시 말하지만, 영양학의 역사를 알면 정통 의학에서 이 연관성을 무시했다는 사실이 더욱 심란해진다. 일찍이 1860년대에 영양학을 개척한 독일의 생화학자들은 고탄수화물 식단이 혈압을 높이지만 고지방 식단은 그러지 않는다고 언급했다. 1970년대에 하버드 대학교 연구진은 이 과정에서 인슐린이 어떤 역할을 하는지 밝혀냈다. 하지만 그때까지만 해도 누구나 고혈압의 원인이 지나친 염분 섭취라고 배웠다. 이 추측성 가설을 뒷받침하는 실험 증거와 임상 시험 근거는 여전히 부족한 실정인데도 이 가설은 수용되었다. 옳은 것처럼 들렸기에 권위자들은 사실이라고 믿었다. 우리가 그렇게 믿은 이유는 권위자들이 믿었기 때문이며, 우리는 결코 의심을 품지 않았다.

이와 더불어 혈압약 산업이 번창했으며―전 세계적으로 연간 수백억 달러 규모였다―탄수화물·인슐린·혈압의 연관성은 교과서 속에 저박혔다. 인슐린과 관계된 것이 으레 그렇듯, 이 문제는 당뇨병에 걸린 사람들을 제외하고는 누구에게도 해당하지 않는 것으로 여겨졌다. 1990년대 중엽이 되자 《조슬린 당뇨병Joslin's Diabetes Mellitus》 같은 당뇨병 교과서들은 만성적으로 높은 인슐린 수치가 2형 당뇨병 환자에게서 "고혈압 과정을 시작하는 주요 병적 결손"일 가능성이 있다고 서술했다. 2형 당뇨병 환자들은 대사증후군 스펙트럼에서 일반인보다 낮은 위치에 놓여 있을 뿐이지만, 만성적으로 높은 인슐린 수치가 일반인에게서도 고혈압 과정을 시작하는 병적 결손인지도 모른다는 개념은 진지하게 고려되지 않았다. 하지만 이것은 날씬한 동시에 건강해지고 싶은 사람들에게는 틀림없이 의미가 있다.

◆ ◆ ◆

영양 권위자들(적어도 언론에서 인용되는 사람들)은 자신들이 언제나 옳고 그렇기에 신뢰성에 의문을 제기하면 안 된다며 예의 독선적인 태도로 주장하지만, 영양과 건강한 식단의 성격에 대한 통념은 지난 20년간 적잖이 달라진 것이 분명하다. 내가 이 책에서 주장하는 사실, 수천 명의 의사들이 이제 믿게 된 사실을 뒷받침하는 임상 시험 근거와 임상적 근거가 느리지만 차곡차곡 쌓여 변화를 이끌어냈다. 과학은 이런 식으로 작동해야 한다.

20년 전, 내가 이 주제에 대해 처음 보도할 당시만 해도 체중을 감량하려면 열량을 의식적으로 제한하(고 운동을 늘리)는 수밖에 없다는 것, 심장병을 예방하는 식단은 지방 함량이 반드시 낮아야 한다는 것, 저탄고지/케토제닉 식이가 치명적이라는 것이 통념이었다. 이제 캐츠와 비트먼의 과장된 태도와 〈US 뉴스 앤드 월드 리포트〉(캐츠는 이 잡지에서 권위 있는 위원회의 중책을 맡았다)를 논외로 하면, 언론에서 정통을 옹호하는 사람들은 사뭇 다른 입장을 주장하거나 변호하고 있다. 그것은 열량 제한 및 저지방 식단이 저탄고지/케토제닉 식이만큼 좋거나 건강하다는 것이다. 여기에는 특별한 점이 전혀 없다. 이 전통적 식이 전문가들이 바라는 것은 체중 감량에는 여전히 선택의 여지가 있으며 이 전문가들이 완전히 틀린 게 아니라 부분적으로만 틀렸다고 사람들이 생각하게 만드는 것이다. 이들이 정보에 입각하여 내놓는 주장은 저탄고지/케토제닉 식이가 수명을 단축한다는 것이 아니라 다른 식사법도 그만큼 효과가 있을지도 모른다는 것이다. 여기에는 다른 식사법들이 저탄고지/케토제닉 식이만큼 극단적이지 않아서 지속하기 쉬우며 위험도 크지 않으리라는 속내가 담겨 있다.

몇몇 지명한 의사와 영양학 권위자는 우리 모두에게 가장 건강한 식사법은 동물성 지방과 식품을 최소한으로 줄이는 것이라고 여전히 적극적으로 주장한다(이를테면 넷플릭스 다큐멘터리 〈몸을 죽이는 자본의 밥상〉에서처럼). 단지 채식 위주로 먹는 것이 아니라 식물성 기반이나 채식주의, 심지어 비건으로만 먹으라는 얘기다. 하지만 이 의사나 연구자는 두 가지 접근법을 비교하여 —자신의 병원에서든, 임상 시험에서든— 채식 위주의 식단이 환자들에게 더 효과가 있는지 저탄고지/케토제닉 식이가 해로운지 판단한 것이 아니다. (이런 비교를 신뢰성 있게 해낼 수 있는 관련 임상 시험은 존재하지 않는다.) 의사, 영양학자, 심지어 역학자는 인구 집단에 대한 조사를 근거로 채식 위주 또는 채식 일색의 식단이 유익하다고 확고하게 믿으며, 그 믿음은 타당할 수도 있다. 하지만 이것은 저탄고지/케토제닉 식이의 상대적 유익이나 피해에 대해서는 우리에게 (또한 그들에게) 아무것도 알려주지 않는다. 이 의사들은 환자들이 동물성 식품이 아니라 고탄수화물 식품을 끊었을 때 더 나아질지, 나빠질지 모르는 셈이다. 단지 추측하고 있을 뿐이다. 그들이 저탄고지/케토제닉 식단이 위험하다고 열변을 토하는 이유는 자신의 믿음을 뒷받침하는 임상 경험을 얻었기 때문이 아니고, 임상 연구 문헌에 정통하기 때문도 아니고, 오히려 그러지 못했기 때문이다.

그렇다면 저탄고지/케토제닉 식이는 안전할까? 저탄고지/케토제닉 식사법이 자신을 천천히 죽이고 있다는 두려움 없이 이 식사법을 무한정 계속할 수 있을까? 기존의 근거에 따르면 대사증후군이 있거나, 살찌고 있거나 이미 비만이거나, 당뇨병 전단계이거나 이미 당뇨병에 걸렸다면, 고탄수화물 식품을 피하고 지방으로 대체하는 것은 할 수 있는 한 가장 건강에 좋은 일일 것이다. 그토록 많은 의사들이 저탄고지/케토제닉 전도사가 된 것은 이 때문이다.

장기적으로 무슨 일이 일어날지는 누구도 장담할 수 없다. 앞에서 여러 번 언급했듯, 이와 관련한 근거는 존재하지 않으며 앞으로 영영 존재하지 않을지도 모른다. 내가 동의하는 글래드웰의 주장처럼, 어떤 식사법이 다른 식사법에 비해 수명을 분명히 늘려준다고 장담하는 사람은 아마도 무언가를 팔려는 속셈일 것이다(악의는 없을지 몰라도).

세월이 흐르면서 언론과 학계는 건강한 식단에 대해 논의할 때 개별 성분들이 얼마나 유익한지 따지는 습성에 빠져들었다. 최근 〈뉴욕타임스〉 기사에서는 과일과 채소를 듬뿍 먹으면 "건강을 증진할 수 있"다고 말하는데, 마치 이 음식들에 건강하게 만들어주고 건강을 유지해주는 필수 성분이 들어 있다는 투다. 이 논리대로라면 식단에서 과일과 채소의 비중이 클수록 좋을 것이다. 이것이 사실일지도 모르지만, 신뢰할 만한 정보를 얻을 수 있는 유일한 방법은 식단에 넣거나 빼

면서 어떤 일이 일어나는지 보는 것이다. 더 날씬해질까? 더 건강해질
까? 기분이 좋아질까, 아니면 나빠질까?

이 장 앞부분에서 제프리 로즈가 자연적인 요인과 자연적이지 않
은 요인을 언급하면서 암시했듯, 식단 변화의 장단점을 논의하는 유익
한 방법은 건강에 꼭 필요하다고 알려진 필수 지방, 미네랄, 비타민을
그대로 둔 채 우리를 병들게 하는 성분을 제거했을 때 어떤 효과가 있
는지 보는 것이다. (필수적인 지방, 미네랄, 비타민이 결핍된 식사를 하면 결핍
병에 걸린다.) 이 기준에 비추어 보자면, 탄수화물(과일과 녹말 채소 포함)
을 없애고 지방으로 대체하면 사람들이 더 날씬해지고 건강해진다는
것을 알 수 있다. 즉, 식단에서 필수적이지 않은 성분을 없애는 것만으
로 문제를 바로잡을 수 있다.

그렇다면 저탄고지/케토제닉 식이는 건강을 개선한다기보다는
바로잡는 효과가 있다고 생각할 수 있다. 나는 우리가 이런 관점에서
생각해야 한다고 주장한다.[5] 탄수화물을 제한하고 그 열량을 지방으
로 대체하는 식단은 체중을 감량함으로써 바로잡는다. 높은 혈당을 바
로잡는다. 혈당을 조절하지 못하는 문제를 바로잡는다. 이것은 건강하게
만들어주는 알약을 먹는 것과는 다르다. 오히려 건강하지 않게 만드는
것을 제거하고, 그 열량을 무해한 다량영양소(지방)로 대체함으로써 병
의 원인을 고치는 것이다. 이 교정 효과는 환자가, 의사가, 이 접근법을
실천하는 모든 사람이 시시각각 확인할 수 있다.

5　이것 또한 내가 저작권을 주장할 수 없는 개념이다. 이 개념의 저작권자는 내 친구 밥 캐플
런Bob Kaplan으로, 학계 연구자가 아니라 아마추어다(그 점에서는 나와 같다). 그는 보스턴 지역
에서 헬스클럽 체인을 경영하고, 운동생리학을 정식으로 공부했으며, 관련 학문을 이해하는 것
을 평생의 과업으로 삼았다. 그는 내가 아는 누구보다도 훌륭하게 그 일을 해냈다.

우리가 내기를 걸어야 하는 것은 단기적 건강 증진이 장기적 개선으로 이어질 것인가 하는 문제다. 미래에 무슨 일이 일어난다면, 건강 악화의 증상이 나타난다면, 자신의 식습관을 실험하여 무엇이 원인인지 알아낸 다음 그에 따라 문제를 해결할 수 있다. 우리의 건강은 우리의 손에 달려 있다. 물론 확실한 보장은 없다. 그런 것은 결코 있을 수 없다.

무엇이 안전하고 안전하지 않은가의 문제를 고려할 때는 그보다 더 결정적으로 중요한 측면을 염두에 두어야 한다. 우리의 걱정거리는 이제 우리의 건강이나 자녀의 건강만이 아니다. 바로 지구의 건강이다. 따라서 저탄고지/케토제닉 식이가 다른 식단에 비해 '기후 발자국'을 증가시킬 경우 이를 정당화할 수 있는지 물어야 한다. 인류의 미래와 자신의 건강(또한 자녀의 건강)이 상충한다면, 당신은 어느 쪽을 선택하겠는가?

지난 몇 년간, 동물성 식품이 식물성 식품에 비해 온실가스로 인한 지구 온난화에 더 큰 영향을 미친다는 통념이 자리 잡았다. 지구 온난화가 지구의 건강과 인류의 미래를 심각하게 위협한다고 우려할 만한 타당한 이유가 있으므로 이를 완화하기 위해 개인적으로 할 수 있는 일은 무엇이든 해야 한다고 믿는다. 이런 까닭에 신문들은 〈뉴욕타임스〉 2019년 4월 기사에서처럼 "더워지는 세상에서 장 보고 요리하고 먹는 법"을 소개하면서 동물성 식품(또한 기후 발자국이 가장 큰 것으로 보이는 소고기, 양고기, 유제품)의 섭취를 줄일수록 지구가 더 건강해질 것이라고 주장했다.

이것은 정말로 사실일지 모른다. 비교적 기후 친화적인 방법으로 가축을 사육할 수 있고 실제로도 그렇다는 것은 인정하더라도—이를테면 브라질보다는 미국에서 그렇게 할 수 있는 가능성이 크다―여기에 담긴 의미는 이런 식품을 배제하는 비건 식단이 가장 기후 친화적인 식사법이고 이것이야말로 우리가 실천해야 하는 식사법이라는 것이다. 〈타임〉에서 언급하듯, 비건이 될 엄두가 나지 않는 사람들에게 "또 다른 방법은 육류와 유제품을 덜 먹고 콩, 견과류, 곡물 같은 고단백 식물성 식품의 섭취를 늘리는 것"이다.

물론 문제는 전통적인 건강 식단―또는 제프리 로즈의 논리에 따르면 비건 식단처럼 이례적이고 (보기에 따라서는) 자연적이지 않은 식단―이 모두의 건강에 유익하다는 가정이 이 사고방식에 깔려 있다는 것이다. 이 가정은 지난 50년의 영양학 연구에서 나쁜 과학의 바탕이 되었으며, 가설을 실제로 검증할 수 있는 임상 시험이 없다는 사실을 외면한다. 이것은 날씬한 사람의 관점이기도 하다. 현대의 식품 환경에서 인슐린 저항성, 비만, 당뇨병 체질인 사람들이 콩과 곡물을 먹으면서 살찌거나 살이 빠지지 않는다면, 해소해야 할 갈등이 존재하는 셈이다.

비건이나 채식주의 방식으로 저탄고지/케토제닉 식단을 실천하는 것은 분명히 가능하며, 많은 사람들이 지금도 그렇게 하고 있다. 이 방식이 동물성 식품 위주의 저탄고지/케토제닉 식이보다 (환경에 대해서보다는) 우리에게 장기적으로 더 건강한 방안인가에 대해 아직 해답을 찾지 못했다. 나는 (성격상 으레 그렇듯) 회의적이다. 임상 시험이 없는 상황에서 결론의 토대로 삼을 수 있는 유일한 근거는 체중과 건강 상태가 이 식사법에 반응하는가다. 환경과 지구, 우리의 미래를 위해 할 수 있는 일을 하는 동시에, 건강을 유지하기 위해 무엇을 먹어야 하며 그것이 얼마나 중요한지도 엄두에 두어야 한다. 개인적 차원과 사

회적 차원에서의 상충 관계가 밝혀질 때까지는, 지구의 건강에 이로운
식사법이 자신에게도 이롭다고 가정했다가는 애석하게도 호된 대가
를 치러야 할지도 모른다.

13 _____ 단순함의 의미

모든 것은 최대한 단순해야 하지만, 더 단순해서는 안 된다[1]

메시지는 간단명료해야 한다. 고탄수화물 식품은 살을 찌운다. 태생적으로 날씬한 사람들이 좀 더 이해하기 쉽도록 살짝 살을 붙이자면, 살이 찌는 사람, 특히 쉽게 살찌는 사람에게 원흉은 탄수화물(의 양과 질)이다. 이와 관련한 기전도 명쾌하다. 고탄수화물 식품(곡물, 녹말 채소, 당)은 혈중 인슐린 수치를 높게 유지하며 지방을 지방세포에 가둬두어 연료로 쓰이지 못하게 한다.

이것은 비만 연구 학계가 지난 60년간 해결하거나 반박하려고 안간힘을 쓴 명제다. 내가 이 명제를 참이라고 가정하는 것은 앞에서 설명한 논리와 근거 때문이다. 어떻게 먹어야 할지 생각할 때 이것을 염

---

1   이 생각은 알베르트 아인슈타인에게서 차용했는데(원래는 식사법이 아니라 과학 이론에 대한 것이지만), 직접 인용이 아니라 (아마도) 그가 실제로 한 말을 간결하게 표현한 것이다.

두에 두어야 한다.

탄수화물에 대한 이 단순한 진실을 이해하기가 그토록 힘들어 보이는 이유는 어수룩한 통념(적게 먹거나 너무 많이 먹지 말라, 지방과 포화지방을 멀리하라, 채식 위주로 먹으라)에 사로잡혀 있기 때문이며, 이는 역으로 반짝 유행 다이어트라는 반작용을 낳았다. 비만과 과체중에 대처하는 과제를 현업 의사들에게 떠넘김으로써 영양학 권위자들은 훗날 현실이 똑똑히 보이지 않고 비만 관련 장애의 극복에 필요한 간단한 조치조차 생각해내기 힘들어지는 데 일조했다.

이 의사들이 자신의 개종 경험에서 배운 것을 자기 치료 책(저지방, 소식, 채식 위주의 통념에 어긋나는 책)으로 쓰려면 새로운 무언가, 그들보다 앞선 의사 출신의 저자들과 다른 무언가를 담아야 했다. 그게 출판의 속성이다. 과거에 남들이 조언한 것과 똑같이 먹으라고 조언하면서 다이어트 책을 팔거나 웹사이트를 홍보하기란 쉬운 일이 아니다. 물론 이런 책들의 대부분은 기존 주제를 조금씩 바꾼 것에 불과하지만.

다이어트 책이 새로 나올 때마다 논의의 초점은 기본적인 조언에 무엇이 더해졌는지로 좁혀졌다. 대체로 어떤 음식이 (우리를) 살찌게 하니 먹지 말라는 단순한 메시지가 아니라, 건강 체중을 달성하려면 무엇을 먹어야 하는가였다. 구석기, 케토, 사우스비치, 존Zone, 심지어 웨이트 워처스Weight Watchers와 제니 크레이그Jenny Craig 또는 오프라 윈프리가 최근에 체중을 감량한 다이어트 방법에 대한 논의들은 이 접근법들의 공통된 조언(최소한 정제 곡물과 당을 거의, 또는 아예 먹지 말라는 조언)보다는 각각의 접근법들이 어떻게 미묘하게 다른지에 치중했다. 다이어트 지침서들은 새로운 가치를 더하고 낡은 메시지를 팔기 위해 새로운 방법을 찾으려고 안간힘을 쓰면서 —이 메시지는 여전히 판매할 방도를 필사적으로 모색하면서 건강을 불가능한 경지에 올려주겠다거나 최대한 긴 건강 수명이나 심지어 (치매에 걸리지 않고 예리한 정신력을 간직하는) 정신 수명을 달성하게 해주겠다고 말한다—사변적이고 '아마도 참, 어쩌면 거짓' 식의 연구에 기울고 있으며 신뢰할 만한 지식으로부터 멀어지고 있다.

단순하고 신뢰할 만한 조언은 200년 가까운 기간 동안 결코 달라지지 않았다. 이것은 적어도 1825년 장 앙텔름 브리야사바랭과 《브리야사바랭의 미식 예찬》으로 거슬러 올라간다. 이 책은 한 번도 절판되지 않는데, 200년이 지난 지금까지도 이 위업에 필적할 만한 논픽션은 찾기 힘들다. 브리야사바랭은 누구 못지않게 정곡을 찔렀다. 그는 여느 반짝 유행 다이어트 책의 저자들처럼 개종 경험을 겪었으며, 이것을 책으로 썼다. 그는 30년간 체중 때문에 애를 먹다가—자신의 배를 "두려운 적수"라고 불렀다—마침내 받아들일 만한 균형에 도달했다. 그가 이렇게 할 수 있었던 것은 "비만으로 위협받고 번민했던 사람들과 식사 중에 나누었던 500편 이상의 대화" 덕분이었다. 그들이 갈망한 음식은 어김없이 빵과 녹말과 디저트였다고 한다.

그래서 브리야사바랭은 곡물과 녹말이 비만의 주원인이며[2]—게다가 쉽게 살찌는 유전적 또는 생물학적 기질도 작용했는데, 모든 사람에게 해당하는 것은 아니었다—당이 이를 더욱 부추기는 것이 분명하다고 판단했다. 하지만 그가 살았던 시대에는 설탕은 여전히 부유층의 사치품이었으며 가당 음료는 구하기가 하늘의 별 따기였다(적어도 100년 뒤에 비하면). 그래서 그는 밀가루를 끊으면 자연스럽게 당을 끊게

---

2 여기에서 브리야사바랭은 상관관계를 인과관계와 혼동했다.

되리라 가정하여 녹말과 밀가루에 초점을 맞췄다. 당시에는 주로 빵, 페이스트리, 디저트에 설탕을 첨가했기 때문이다.

브리야사바랭은 체중을 감량하려는 사람에게는 "절제 있게 먹[고] 할 수 있는 만큼의 운동을 하"라는 평범한 조언 이상의 것이 필요하다는 사실을 간파했다. 유일하게 확실한 체계는 식단이어야 하며, 식단으로 잉여 체지방의 원인을 없애야 한다고 말했다.

모든 의료 처방 중 식이요법이 제일이다. 식이요법은 낮과 밤, 깨어 있을 때와 수면 중에 쉬지 않고 효능을 발휘하며, 그 효과는 모든 식사에서 강화되고, 결국 인체의 모든 부분을 지배하는 데 이르기 때문이다. 비만 치료 식이요법은 비만의 가장 일반적이고 직접적인 원인을 해소하기에 적합하다. 지방의 적체는 동물과 마찬가지로 인간의 경우도 밀가루와 전분 때문이라는 것이 증명되었기 때문이다. 이러한 사실의 결과를 매일 두 눈으로 확인할 수 있고, 동물을 살찌워서 매매하는 것도 그래서 가능하다. 그러므로 밀가루와 전분을 함유한 모든 식품을 다소 엄격하게 절식하는 것이 비만을 완화시켜준다는 확실한 결론을 추론해낼 수 있다.

브리야사바랭은 한발 더 나아가, 독자들이 '녹말이나 밀가루를 엄격히 끊으라는 말은 우리가 좋아하는 식품을 더는 먹지 말라는 뜻 아니냐'라고 불평하는 장면을 상상했다. 말하자면 그의 독자들은 지금의 독자들과 별반 다르지 않았을 것이다. "우리가 좋아하는 모든 것들, 리메의 희디흰 빵, 아샤르의 비스킷, 갈레트, …… 그리고 밀가루와 버터로 만든, 밀가루와 설탕으로 만든, 밀가루와 설탕과 달걀로 만든 맛있는 것 전부를 한마디 말로 금지하다니! 그는 감자와 마카로니도 허용하지 않는다! 그처럼 착해 보이는 이 미식가에게서 우리가 기대한 것이 고작 이것이었단 말인가?" 브리야사바랭의 답변은 간단했다(우리가 살아가는 시대의 예민한 감성에 거슬리지 않게 앞부분만 인용했다). "자, 좋습니다. 그러면 드십시오, 그리고 살찌십시오."

우리 중 상당수 또는 대다수에게 이 논리는 빠져나갈 구멍이 거의, 또는 전혀 없다. 브리야사바랭이 말했듯, 결론은 여전히 확실한 추론을 통해 도출될 수 있다. 고탄수화물 식품이 살찌게 한다면 이 운명을 피하거나 역전시키기 위해서는 먹는 즐거움을 포기해야 한다. 하지만 브리야사바랭이 지적했듯, 이렇게 제한해도 먹고 싶은 것을 마음껏 먹을 수 있다. 즉, 입맛을 동하게 하면서도 살은 찌지 않게 하는 음식을 먹을 수 있다는 것이다.

1860년대 초에 윌리엄 밴팅이라는 런던의 (한때) 비만한 장의사가 최초의 국제적인 베스트셀러 다이어트 책을 여러 종 내놓았다. 책들이 하도 잘 팔려서 몇몇 나라에서는 지금까지도 '밴팅'이라는 단어를 '다이어트'라는 의미로 쓰고 있다. 한편 밴팅도 개종 경험을 겪었으며 자신의 경험에 대해 논의한 바 있다. 그도 수십 년간 체중 때문에 애를 먹다가 런던의 한 의사에게 당, 녹말, 곡물을 멀리하라는 조언을 듣고서 수월하게 살을 뺐다. 그 뒤에 쓴 소책자가 어찌나 화제를 불러일으켰던지, 영국의 의학 학술지 〈랜싯〉에서는 그의 방법에 대한 논설을 두 편 실었다. 첫 번째 논설은 밴팅이 의사가 아닌 것을 조롱하며 자기 문제나 신경 쓰라고 비꼬았다. (내게도 남 일 같지 않다.) 다섯 달 뒤에 발표된 두 번째 논설은 더 균형 잡힌 관점에서 "음식의 당과 녹말 성분이 정말로 과도한 비만의 주원인"인지 확인하려면 "공정한 재판"이 필요하다고 지적했다.

그것은 150년 전의 의학 학술지 편집자가 확고하게 정의한 대로, 간단한 문제다. 어떤 식단이 다른 식단보다 더 효과적인지, 열량은 다 똑같은 열량인지(이것은 곧잘 논의되고 논쟁되는 주제다), 어떤 식단이 다른 식단에 비해 "대사적 이점"이 있는지의 문제가 아니다. 문제는 식단의 당과 녹말 성분이 과도한 비만의 주원인인가—왜 우리는 살찌는가—다. 의학 교과서에 50년간 실려 있듯 이게 사실이라면, 그 식품은 우리가 먹을 수 있는 것이 아니다.

여기에 담긴 의미도 비교적 단순하다. 식품의 탄수화물 함량이 높고 그 탄수화물이 소화하기 쉬울수록 혈당과 인슐린 반응이 커지며 살을 찌우기 쉽다. 또한 브리야사바랭의 말마따나 당 함량이 높을수록 살이 많이 찐다.

녹말과 밀가루는 주로 탄수화물 포도당(혈당의 성분)으로서 혈류에 흡수되는 반면에, 식단의 당(엄밀히 말하면 자당이나 액상과당), 즉 단맛을 내는 성분은 화학적 조성이 다르며, 이런 까닭에 다른 기전으로 해를 끼친다. 자당은 포도당 분자 하나에 과당이라는 탄수화물 분자 하나가 결합된 형태다. 과당은 탄수화물 중에서 단맛이 가장 강한데, 설탕이 단 것은 이 때문이며 과일이 익으면 단맛이 나는 것도 자당과 과당이 들어 있기 때문이다.[3] 자당을 섭취하면 포도당이 혈류에 들어가 혈당이 되어 인슐린 반응을 일으키지만, 과당은 대체로 그렇지 않다. 과당은 처음에는 소장에서, 다음에는 간에서 대사된다. 그러면 두 장기, 특히 간이 하루가 멀다 하고 많은 양의 과당을 대사하는 임무를 맡게 되

---

[3]　가장 흔히 섭취하는 형태의 액상과당은 55퍼센트의 과당 분자와 40퍼센트 이상의 포도당, 그 밖에 몇 가지 탄수화물이 혼합된 것이다. 논의를 위해서는 당의 일종이라고만 말해도 무방하다. 그러므로 이 책에서 말하는 당은 자당과 액상과당을 뜻한다.

는데, 문제는 간이 이 일에 적합하지 않다는 것이다.

농업이 시작된 약 1만 년 전까지의 수백만 년 동안은 간은 찔끔 찔끔 들어오는 과당을 거뜬히 대사할 수 있었다. 과일은 일부 계절에만 먹을 수 있었으며 안에 들어 있는 약간의 자당과 과당은 섬유질과 결합되어 있어서 느리게 소화되었다(게다가 익은 과일만 먹은 것도 아니었다). 간은 꿀의 과당도 처리해야 했을 것이다. 그러다가 12세기 이후로, 우리 조상이 어디에서 살았는지, 얼마나 부유했는지에 따라 다르지만, (소화·흡수를 느리게 하는) 섬유질과 분리된 정제당이 중동에서 유럽으로 수입되면서 당 섭취량이 조금이나마 늘었다. 이윽고 산업혁명이 일어나 사탕무 제당업이 시작되고 뒤이어 사탕수수 제당업이 도입되자 당이 몸속으로 쏟아져 들어오기 시작했다. 급기야 1970년대 후반에 옥수수 정제업자들이 액상과당을 만들기 시작하면서 당이 홍수처럼 밀려들었으며, 아침 식사부터 저녁 디저트, 음료수, 과자에 이르기까지 매일같이 어마어마한 양의 당을 섭취하게 되었다.

미국에서는 19세기 초부터 20세기 말까지 1인당 평균 당 공급량(식품업계가 섭취를 위해 생산하는 양)이 세 배 이상 늘었다. 신생아에서 100세 노인에 이르기까지, 처음에는 일주일에 코카콜라 350밀리리터 한 캔 분량의 당을 섭취하다가 나중에는 하루에 다섯 캔 이상을 섭취하게 된 셈이었다.

설계 목적과 다른 업무를 떠맡은 장치가 으레 그렇듯, 간은 이렇게 매일같이 쏟아져 들어오는 과당을 효과적으로 대사하지 못한다. 간세포는 과당을 최대한 에너지로 쓰지만, 나머지는 지방으로 변환한다. 합리적으로 신뢰할 만한 연구에 따르면, 이 지방은 간세포에 저장되어 비알코올 지방간 질환이라는 질병을 일으킨다. 이 병은 비만 및 당뇨병과 관계가 있으며 현대의 유행병이 되고 있다. 매우 훌륭한 생화학자 몇몇은 간세포에 지방이 저장되는 현상이 — 일시적으로든, 만성적으로든 — 지금껏 이야기했고 예방·치료하고자 하는 인슐린 저항성의 최초 원인일 가능성이 크다고 생각한다. 한마디로 인슐린 저항성은 간에서 시작되어 전신으로 퍼진다.

이 모든 과학은 여전히 추측의 영역에 머물러 있으며, 당에 중독성이 있다는 주장도 마찬가지다(자녀가 있거나 충치가 있다면 별다른 과학적 설명 없이도 중독성을 인정할 테지만). (나의 비영리 단체인 영양학진흥회에서 후원받아 2019년 1월 의학 학술지 〈JAMA〉에 발표된 임상 시험에서 보듯) 지방간 질환이 있는 청소년이 첨가당 섭취를 중단하면 간에 들어 있던 지방이 빠져나가는 것을 볼 수 있다. 이는 인슐린 저항성이 — 적어도 아동에게서는 — 당 섭취 중단으로 인해 해소될 수도 있음을 시사한다.

식단에 들어 있는 나머지 모든 탄수화물 — 포도당, (우유에 함유된) 젖당, (맥주에 함유된) 엿당 등 — 은 (정도는 제각각 다르지만) 혈당을 높여 인슐린을 자극함으로써 직접적으로 지방을 저장하게 만든다. 당은 이 일을 직접적 방법과 간접적 방법 두 가지로 수행한다. 포도당은 혈당을 높이고 인슐린 분비를 자극함으로써, 과당은 간에 무리를 주어 지방간과 인슐린 저항성을 일으킴으로써, 나머지 모든 탄수화물에 대해 더 많은 인슐린을 분비하도록 한다.

살찌는 것과 관련하여 당이 모든 면에서 문제를 악화한다는 브리야사바랭의 주장은 여전히 유효하다. 이 영양 이야기에서 으뜸가는 악당은 단연 당일 것이다. 그렇다면 핵심은 당을 삼가면서도 삶과 식사를 즐기는 법을 배우는 것이다. 그런다고 해도 건강을 회복하고 체중을 바로잡지는 못할지도 모른다. 그럴 때는 브리야사바랭의 다소 엄격한 절식 조치가 필요할 것이다. 하지만 당을 끊는 것이 사태 악화를 방지하는 첫 단계인 것은 분명하다.

◆ ◆ ◆

내가 절식을 옹호하기는 하지만, 중요한 사실은 이게 만병통치약이 아니라는 것이다. 즉, 비만한 사람이 모두 날씬해질 수 있다는 뜻이 아니다. 지금보다 날씬하고 건강해질 가능성이 매우 크며, 그것도 허기 없이 그럴 수 있다는 뜻일 뿐이다. 지방 축적에 영향을 미치는 호르몬은 (특히 성호르몬을 비롯하여) 여러 가지가 있으며, 이것들은 우리가 무엇을 먹는가에 직접적으로 반응하지 않는다(간접적으로 반응할지는 모르지만). 하지만 인슐린은 음식과의 직접적인 1차적 연결 고리다. 많은 사람들의 경우, 저장하는 것보다 더 많은 양의 지방을 동원하여 태우고 건강 체중을 달성하여 유지하려면, 인슐린 분비를 최소화하여 인슐린 결핍의 음성 자극을 일으키고 지속해야 한다. 그들에게는 다소 엄격한 절식이 실제로 필요하고도 이상적이다.

결국 성공은 실천에 달렸다. 모든 다이어트에서 같은 얘기를 하는 것일 수도 있겠지만, 여기에서 말하는 실천은 허기와 함께 살아가는 것을 뜻하지 않는다. 5킬로그램만 빼면 이상적인 체중과 건강을 달성할 수 있는 사람은 살을 찌우는 음식과 거기에 함유된 탄수화물—이를테면 가당 음료, 맥주(브리야사바랭은 "맥주를 흑사병처럼 멀리하라"라고 말했다), 디저트, 단 과자—을 끊기만 하면 충분할지도 모른다. 이 사람들은 느린 탄수화물을 섬유질과 함께 섭취하여 소화·흡수를 느리게 만들고 인슐린 수치를 낮게 유지하기만 해도 효과를 볼 것이다. 그들에게는 엄격한 절식이 필요하지 않다.

하지만 수년, 수십 년간 체중과 사투를 벌인 사람들에게는 엄격한 절식이 이상적일 것이다. 저탄고지/케토제닉 식이를 권장하는 의사들은 환자들에게 최선을 다하는 것 이상을 요구하지 않는다고 말하지만, 우리가 기준으로 여기는 건강은 엄격한 절식으로만 달성할 수 있다는 것이 나의 생각이다. 듀크 대학교의 에릭 웨스트먼처럼, 비만 환자들을 누구보다 오래 진료했고 많은 경험을 쌓은 의사들은 이에 대해 단호하다. 웨스트먼이 말한다. "제가 너무 깐깐하다는 얘기가 들리더군요. 하지만 깐깐한 게 옳은 건지도 모르죠."

콜로라도주 애스펀에서 최근에 열린 당뇨병 학회에서 나의 비영리 단체의 지원을 받은 스탠퍼드 식단 임상 시험에 참가한 젊은 여성과 이야기를 나눌 기회가 있었다. 그녀는 자신이 평생 비만했으며, 임상 시험을 시작할 때 110킬로그램이었다고 말했다. 그녀는 저탄고지/케토제닉 식이를 1년간 실시하는 집단에 무작위로 배정되었다. 첫 석 달간은 엄격하게 절식을 실시했는데, 열량 제한 식단과 달리 음식에 대한 집착과 허기 없이 14킬로그램을 감량했다. (그녀는 스마트폰 앱에 저장된 체중 변화 기록을 보여주었다.)

그런 다음 스탠퍼드 연구진은 그녀를 비롯하여 저탄고지/케토제닉 식이에 배정된 참가자들에게 고탄수화물 식품을 정말 먹고 싶으면 조금씩 먹어도 좋다고 허용했다. 식단이 너무 엄격하면 피험자들이 식단을 지속하지 못하고 임상 시험을 포기할까 봐서였다. 그래서 이 젊은 여성은 베리를 다시 먹기 시작했는데—많은 사람들이 베리는 먹어도 괜찮다고 생각한다—그 뒤로 석 달간은 체중이 2킬로그램밖에 빠지지 않았다. 6개월이 시나고 연구진의 조언에 따라 과일을 좀 더 늘린 뒤에는 단 1킬로그램도 감량하지 못했다.

물론 베리와 과일을 먹지 않았더라도 그녀의 체중이 한계에 도달했을 가능성은 얼마든지 있다. 우리로서는 알 도리가 없다. 하지만 그녀도 알지 못하는 것은 마찬가지이며, 여기에 요점이 있다. 이 젊은 여성이 엄격하게 절식을 계속했다면 적잖은 체중을 감량했을 수도 있다. 만일 그랬다면 그녀는 엄격한 절식에 뚜렷한 효과가 있다고 판단하여 베리와 과일이 없어도 살아가는 데 지장이 없다고 생각했을지도 모른다. 자기 계발서와 경영 지침서에서 으레 말하듯 목표를 세우고 노력하는 것은 무척이나 중요한 일이다. 실천 없이는 목표가 달성 가능한지 확인할 수조차 없다. 실천을 얼버무리고 타협의 여지를 두어서는 결코 알 도리가 없다.

당, 녹말, 밀가루 식품을 다소 엄격히 제한하는 것은 어떻게 먹는지, 어떤 음식을 먹고 먹지 않는지에 대한 사고방식을 바꾸고 끼니마다 더욱 고민해야 한다는 뜻이다. 하지만 연습이 필요한 모든 일처럼, 이 또한 오래 할수록 수월해진다. 게다가 절식은 다른 습관에 비해 수월한 점이 있다. 음식을 바꾸면 생리적 특징, 세포가 생존하고 에너지를 생성하는 데 필요한 연료가 달라지며, 이로 인해 갈망하는 음식의 종류가 달라지기 때문이다. 몸이 지방만을 연료로 태우는 법을 배우면, 우리는 지방을 ─토스트가 아니라 버터를─ 갈망하게 된다.

유혹은 결코 사라지지 않을 것이다. 시간이 아무리 지나도 단것의 유혹은 줄어들지 않을지도 모른다. 당은 맛봉오리(와 간)를 흥분시키고, 더 많은 당에 대한 갈망을 불러일으킬 힘을 언제까지나 발휘할지도 모른다. 하지만 관건은 유혹에 굴복하지 않는 것이다. 몸이 지방을 연료로 태우도록 전환되면 단것을 거부하는 능력도 향상될 것이다. 입

맛이 달라지면서 당이 함유된 음식이 너무 달게 느껴질 것이다. 이것
은 흔히 보고되는 현상이다. 또한 자신의 생활 반경에서 당을 치워 유
혹의 싹을 없애는 일에 더욱 능숙해질 것이다. 중독에서 벗어나려면
중독을 일으키는 근원을 주변에서 최대한 몰아내는 법을 배워야 한다.
성공하려면 목표를 이루기로 각오해야 하며, 목표를 달성하고 유지하
기 위해 끈기 있고 단호하게 노력해야 한다.

이 책을 쓰기 위해 인터뷰한 의사들 중 상당수는 자신의 건강과
저탄고지/케토제닉 식이 방식을 중독의 관점에서 이야기했다. 플로리
다에서 성인·청소년 대상으로 비만 수술 및 체중 조절 프로그램을 운
영하는 소아과 의사 로버트 사이버스Robert Cywes는 내게 이렇게 말했
다. "본론부터 말하자면 저희 프로그램은 체중 감량 프로그램이 아니
라 탄수화물 남용을 치료하는 프로그램입니다." 밴쿠버 북쪽에 있는
캐나다 파웰리버의 일반의 마틴 안드레이는 자신을 개심한 당 중독자
라고 묘사했다.

안드레이가 말한다. "브라우니 한 개만 먹어도 끝장입니다. 머리
는 그만 먹으라고 말하지만 손이 말을 듣지 않습니다. 저는 중독이 어
떤 느낌인지, 어떤 무력감을 주는지 압니다. 하지만 중독에서 얻는 쾌
감은 약물 자체를 끊어서 생긴 공백을 메워줍니다. 적당한 절제로는
중독을 치료할 수 없습니다. 완전히 끊어야 합니다. 어떤 중독이든 그
게 치료법입니다. 알코올 중독을 치료하려면 술을 완전히 끊고 집에서
싹 치워야 합니다. 흡연도 마찬가지입니다. 당뇨병과 비만의 경우, 몸
은 본질적으로 당과 탄수화물에 중독된 상태입니다. 환자들에게 당과
탄수화물을 적당히 섭취하라고 말하는 것은 생리적으로 불가능에 가
까운 행동을 하라고 말하는 셈입니다. 그래서는 중독을 치료할 수 없

습니다. '적당히'라는 개념을 퇴치해야 합니다. 효과가 없으니까요."

웨스트버지니아 대학교 의학대학원의 의사이자 교수인 마크 쿠쿠젤라Mark Cucuzzella는 나와의 인터뷰에서 "완화 중인 당뇨병 전단계"라고 자신을 묘사했는데, 이 말은 회복 중인 탄수화물 중독자라는 뜻이다. 쿠쿠젤라는 마라톤 선수이자 달리기와 건강에 대한 책(《삶을 위한 달리기Run for Your Life》)의 저자이며, 저탄고지/케토제닉 식이를 실천하고 처방한다. 믿음이 바뀌게 된 계기는 체중이 60킬로그램에 불과하고(키는 173센티미터다) 하루에 16킬로미터를 달리는데도 당뇨병 전 단계로 진단받은 것이었다. 그는 새벽 2시뿐 아니라 '말 그대로' 서너 시간마다 탄수화물을 섭취했다고 말한다. 그는 자신의 삶을 이렇게 묘사한다. "밤낮으로, 배고프고 먹고 배고프고 먹고 배고프고 먹고의 연속이었습니다. 마지막으로 시리얼과 빵을 먹은 지 6년도 더 지났습니다. 이젠 생각도 안 납니다."

쿠쿠젤라는《무조건 행복할 것》의 저자 그레천 루빈Gretchen Rubin의 표현에 빗대어 환자들을 "적당파"와 "금지파"로 나눈다. "적당파는 다크 초콜릿을 한 조각 먹고도 그만 먹을 수 있는 사람입니다. 금지파는 한입이라도 먹으면 안 되는 사람입니다. 나머지를 다 먹어치워야 직성이 풀리죠. 비만 및 당뇨병 환자들에게 막대한 피해를 입힌 메시지 중 하나는 적당히 해도 괜찮다는 말입니다. 하지만 정말로 탄수화물에 중독됐다면 도넛을 열 개에서 네 개로 줄이라고 말하는 것은 하루 종일 도넛 생각만 하라고 부추기는 셈입니다. 맛있는 탄수화물을 적당히 먹으면서 체중 감량에 성공할 수 있는 환자는 없습니다. 대부분의 사람은 금지파가 되어야 합니다. 알코올 중독, 약물 중독, 흡연과 마찬가지로 탄수화물도 완전히 끊어야 합니다. 그래야 성공 가능성이 커집니다. 대사 질병을 앓는 환자들을 매일같이 보는 입장에서 이 조언이 왜 '극단적'이라는 소리를 듣는지 이해가 안 됩니다."

**녹말이나 밀가루와 당으로 이루어진 모든 것을 끊으라는 말의 뜻은
이 식품을 먹지 말라는 것이다**

식단과 건강에 대해 이야기하다 보면 이 문제에 20년간 몰두한 사람의 말이 이 문제를 처음으로 접하는 사람에게 명확하게 다가가지는 않는다는 것을 실감하곤 한다. 그러니 기본으로 돌아가서, 먹지 않는 편이 좋은 것, 끊어야 하는 것, 마음껏 먹어도 괜찮은 것을 살펴보자.

탄수화물과 고탄수화물 식품을 끊는다는 것은 다음의 목록에 있는 식품을 먹지 않는다는 뜻이다. 이 식품을 먹지 말아야 하는 이유는 주로 탄수화물로 이루어져 있어서 혈당을 끌어올리고 인슐린을 자극하여 지방 축적과 허기를 부추기기 때문이다.

- 곡물(쌀, 밀, 옥수수, 심지어 퀴노아, 수수, 보리, 메밀 같은 '구세계' 곡물까지), 이 곡물로 만든 모든 식품(파스타, 빵, 베이글, 시리얼), 옥수수 녹말을 농밀화 재료로 쓰는 모든 소스(상당수 소스가 해당한다)

- 녹말 채소(뿌리채소와 덩이줄기 채소), 감자, 고구마, 파스닙, 당근. 땅 밑으로 자라는 채소는 먹으면 안 되고 땅 위로 자라는 채소는 먹어도 된다.
- 과일(아보카도, 올리브, 토마토는 먹어도 괜찮다). 베리도 예외가 될 수 있는데, 여기에 대해서는 나중에 설명하겠다.
- 콩(완두콩, 렌즈콩, 병아리콩, 메주콩)
- 단 음식, 특히 가당 음료(과일 같은 '천연' 재료로 만든 당도 금지). 탄산음료, 과일 주스, 스무디, 케이크, 아이스크림, 사탕, 봉봉, 건강식 바, 특히 저지방이라고 광고하는 제품
- 우유나 가당 요구르트, 특히 저지방 제품(지방을 제거한 대신 대개 당으로 대체했다). 건강에 좋다고 포장지에 쓰여 있는 식품은 피하는 게 상책이라는 마이클 폴란의 말에 동의한다.

전반적으로는 섬유질 함량이 많고 열량의 지방 비율이 클수록 혈당 반응과 인슐린 반응이 낮고 무해하다. 연구에 따르면 혈당이 음식에 어떻게 반응하는가는 사람마다 천차만별이며, 따라서 인슐린 반응도 천차만별일 것이다. 감자가 어떤 사람에게는 무해하지만, 어떤 사람에게는 그렇지 않을 수도 있는 것이다. 문제는 그걸 알 수 없다는 것이다. 우리가 불운하다면 '무해한' 식품이라도 충분히 좋지는 않을 수도 있다. 따라서 최선의 조언은 정말로 건강해지고 이상적으로 날씬하고자 한다면 위의 식품들을 모조리 끊으라는 것이다.

아래는 먹어도 되는 식품(탄수화물 함량이 매우 낮거나 지방 함량이 높은 식품)이다.

- 육류. 네발심승 또는 가금(닭, 칠면조, 오리, 거위). 기름질수록 좋으며,

공장식 축산으로 사육한 것이 아니라 목초지에서 풀을 먹여 키운 것이 바람직하다.

- 어패류
- 달걀

이 식품은 굽든 삶든 볶든 찌든 원하는 대로 조리해도 괜찮지만 밀가루, 튀김옷, 옥수수 가루를 첨가하면 안 된다. 다음의 식품도 먹을 수 있다.

- 버터(풀 먹인 가축의 젖으로 만든 것이 더 좋다)와 기름(견과, 씨앗, 콩보다는 열매로 만든 올리브유, 코코넛 기름, 아보카도 기름이 더 좋다)
- 저탄수화물 채소(모든 녹색 잎채소, 특히 케일, 시금치, 양상추가 여기에 해당하지만 양배추, 브로콜리, 꽃양배추, 아스파라거스, 방울양배추, 토마토, 버섯, 오이, 애호박, 후추, 양파도 괜찮다)
- 기름진 과일(올리브, 아보카도)
- 전지 유제품(치즈, 크림, 무가당 요구르트)

다음의 식품은 먹어도 좋지만 적당히 먹어야 한다(이유는 나중에 설명하겠다).

- 저설탕 초콜릿(설탕 함량이 적을수록 좋다)
- 베리
- 견과와 견과 버터
- 씨앗과 씨앗 버터

위의 식품군에 대해 '적당히'라고 말한 이유는 경계선에 놓여 있기 때문이다. 임상 경험에 따르면 이 식품들은 문제를 일으킬 수도 있다. 다시 말하지만, 몸이 이 식품을 얼마나 감당할 수 있는지는 개인마다 편차가 있다. 견과와 씨앗, 이것들로 만든 버터는 지방이 열량의 상당 부분을 차지한다는 점에서 유익하지만, 탄수화물이 많이 함유되어 인슐린을 자극하고 지방을 축적하며 식탐을 불러온다는 점에서는 해롭다. 견과가 맛있을수록 탄수화물이 많이 함유되었을 가능성이 크다. 케토제닉 식단에서 허용되는 식품 목록에는 견과와 씨앗, 이것들로 만든 버터가 포함된다. 요즘은 견과와 씨앗으로 만든 가루를 사서 빵을 구울 수도 있다. 이 식품들이 주로 들어 있는 그래놀라를 사서 아침으로 먹을 수도 있다. 스낵 바는 말할 것도 없다. 내가 인터뷰한 대부분의 의사들은 견과와 씨앗, 이것들로 만든 버터가 저탄고지/케토제닉 식이에 필요한 고지방 간식이라고 생각한다. 그게 통설이긴 하지만······.

견과, 씨앗, 이것들로 만든 버터를 허용할 것인가와 개인별 편차의 문제에는 뚜렷한 경고가 따른다. 그것은 저탄고지/케토제닉 식이를 하고 있는데도 초과 체중이 감량되지 않는다면 이 식품이 당신에게 문제일 수 있으며 이 식품을 끊고서 어떤 일이 일어나는지 확인해야 한다는 것이다. 다시 말하지만 에릭 웨스트먼은 이 문제에 대해 단호하다. 견과와 견과 버터, 씨앗과 씨앗 버터는 환자들에게 권장하는 식품에 포함되지 않는다. 그는 환자들이 이 식품들을 과도하게 섭취하기 쉽다는 것을 경험했다. 환자들은 자신이 적당량을 먹는다고 생각하지만 실제로는 그렇지 않다. 심지어 배고프지 않을 때도 먹는다.

올리브와 아보카도처럼 열량의 대부분이 지방인 경우를 제외하면, 베리는 경계선에 놓여 있지만 대형 과일(사과, 배, 오렌지, 자몽, 파인애

플, 멜론)은 피해야 한다. 이 과일들은 수분이 많이 함유되어 있기 때문에 녹말에 비해 탄수화물이 덜 농축되어 있지만, 그런데도 혈당과 인슐린 반응을 일으켜 살을 찌울 가능성이 있다. 사과가 단맛이 나는 것은 다름 아닌 과당과 자당이 들어 있기 때문이다. 물론 섬유질과 결합되어 있기 때문에 탄산음료나 과일 주스보다는 훨씬 느리게 소화된다. 날씬한 사람들은 과일을 먹어도 아무 문제가 없을지도 모른다. 하지만 나머지 사람들은 그렇지 않을 수도 있다.

베리는 탄수화물과 당 함량이 비교적 낮고 섬유질 함량이 비교적 높으며, 어쩌면 먹어도 괜찮을 만큼 탄수화물과 당 함량이 낮을지도 모른다. 그런데 여기에도 함정이 있다. 우리 조상들은 100만 년 넘도록 베리를 먹었을지도 모르지만 1년에 몇 달간 제철에만 먹을 수 있었으며 대체로 완전히 익기 전의 신 것을 먹었다. 완전히 익었더라도, 오늘날 시장에서 파는 종류보다는 덜 달았을 것이다.

내가 사는 노던캘리포니아에서는 블루베리 철이 1년에 6주가량이다. 동네 시장에서 통에 담아 파는데, (내 입맛에는) 정말정말 맛있다. 나는 블루베리를 엄청나게 먹는다. 이 시기에는 조금 살찔 가능성이 크지만, (수확철이 북쪽으로 이동함에 따라) 블루베리 철이 지나 더는 사 먹지 못하게 되면 쪘던 살은 다시 빠진다. (그리고 나면 블랙베리 철이 찾아온다……) 하지만 이것들을 1년 내내 먹으면, 살이 다시 빠진다는 보장은 전혀 없다.

15 _____ 조절하기

**탄수화물을 끊는다는 것은 식사량을 줄인다는 뜻이 아니라
지방과 고지방 식품을 먹는다는 뜻이다**

체중 조절 식단이 유의미하게 지속 가능하다는 것은 무슨 뜻일까? 건강 담당 기자와 영양학 권위자는 최고의 식단(그들이 '효과가 있다'라고 말하는 것)이 지속할 수 있는 식단, 평생 실천할 수 있는 식단이라고 말한다. 하지만 그 말은 무슨 뜻일까? 건강 체중을 달성하고 유지하는 데 이롭지 않은 식단을 지속하는 것은 별로 유익하지 않으며 효과를 발휘할 리도 없다. 게다가 어떤 식사법을 평생 지속하려면 당연하게도 배불리 먹을 수 있어야 한다. 허기진 채 밥상에서 일어나서는 안 된다. 열량을 계산해서도 안 된다. 날씬한 사람들이 먹는 것처럼 그냥 먹을 수 있어야 한다. (음식이 차고 넘치는 세상에서) 평생 허기진 채 살아야 하는 식사법은 실패할 수밖에 없다.

학계 바깥에서 — 반짝 유행 다이어트의 세계와 현업 의사들의 세계에서 — 저탄고지/케토제닉 식이를 처방할 때 열량을 계산하라거나

소식하라고 조언하지 않는 것은 이 때문이다. 이것을 전문 용어로 아드 리비툼ad libitum이라고 한다. 먹고 싶은 만큼 먹으라는 뜻이다. 배고프면 먹고, 배부를 때까지 먹으면 된다. 이 식사법을 환자에게 추천하는 의사들, 특히 임상 경험이 풍부한 의사들은 환자들에게 배고플 때마다 먹으라고 단호하게 말한다. 그러지 않으면 결국 식단을 포기하거나 결핍을 해소하려고 폭식하여 공든 탑을 무너뜨릴 게 뻔하기 때문이다.

이 방법이 현실에서 통하게 하려면, 즉 고탄수화물 식품을 끊고도 배불리 먹으려면 상당량의 지방을 먹어야 한다. 일반적으로 탄수화물은 섭취하는 열량의 절반을 차지한다. 따라서 고탄수화물 식품과 이 식품에서 공급되는 에너지를 끊으면 그 열량의 상당 부분을 대체하기 위해 단백질이나 지방을 더 많이 먹어야 하는데, 천연 단백질 공급원에는 반드시 상당량의 지방이 포함되어 있다.

영양 면에서 적절한 식사에는 제지방 조직의 복구와 성장을 위해 최소량의 단백질이 필요하지만, 단백질 자체는 아미노산으로 이루어졌으며 이 아미노산은 간에서 포도당으로 전환되어 인슐린 분비를 자극한다. 이것은 정제 곡물을 먹거나 가당 음료를 마실 때보다 느린 과정이기는 하지만, 적어도 어느 정도의 인슐린 분비를 일으킬 수는 있다. 지방세포가 인슐린에 극도로 민감하다면 이 정도만 해도 너무 많을 수 있다. 인슐린을 최소화하는 식사법으로 고단백은 대안이 될 수 없다. 1960년대에는 문제가 지금보다 덜했을 것이다. 슈퍼마켓과 정육점에서 파는 일반적인 고기는 열량의 70퍼센트가 지방이었고 사람들은 가금을 껍질째 먹었기 때문이다. 하지만 지방을 매도하는 메시지가 널리 유포되고 우리가 (껍질 벗긴 닭 가슴살 같은) 살코기와 순살 생선으로 돌아선 탓에, 고탄수화물 식품을 피하려다 보면 단백질을 너무 많이 섭취하기 십상이다.

점심이나 저녁으로 껍질 벗긴 닭 가슴살에 녹색 채소나 야채 샐러드를 먹는다고 가정해보자. 이런 식사는 영양학 패러다임을 지극히 합리적으로 절충한 것처럼 보인다. 녹말 채소, 곡물, 당이 전혀 없고 탄수화물 함량이 낮으며 케토제닉 식이와도 맞아떨어지는 것처럼 보이니 말이다. 껍질 벗긴 닭 가슴살은 지방 함량도 낮다. 끝없는 영양 논쟁의 와중에 이런 식으로 양다리를 걸치고 싶어 하는 것은 얼마든지 이해할 만하다. 나 같은 사람들이 현대 식단의 주된 문제가 정제 곡물과 당이라고 주장하는 것이 옳을지도 모르지만, 지방을 비난하는 권위자들이 모조리 틀렸다고 단정하기도 힘들다. 따라서 지방 섭취를 제한하되 누구나 무해하다고 동의하는 재료(구체적으로 녹말이 없는 채소)에서 탄수화물을 얻는 것은 행복한 타협으로 보인다. 껍질 벗긴 닭 가슴살은 단백질이 풍부하며 지방은 별로 없다. 식단의 탄수화물은 '좋은' 탄수화물, 즉 '느린' 탄수화물이다. 섬유질과 결합되어서 느리게 소화된다.

하지만 언제나 그렇듯, 악마는 디테일에 있다. 식사량이 충분히 적고 천천히 먹으면 단백질의 아미노산과 녹색 채소의 탄수화물로 인한 인슐린 분비가 인슐린 문턱값에 못 미칠지도 모른다. 그러면 여전히 먹는 것보다 많은 지방을 태울 것이다. 인슐린 문턱값 스위치는 켜지지 않는다. 하지만 이것은 양이 많지 않을 때의 이야기다. 의식적으로 식사량을 줄이면 먹고 나서 허기질 가능성이 있으며 허기를 느끼면 치팅을 저지르거나 아예 식단을 포기할 수도 있다. 이렇게 먹으면서 체중을 감량할 수 있을지는 몰라도—자신의 지방도 태우기 때문에 ― 건강 체중에 도달한 다음에는 어떻게 할 것인가? 식사량을 늘리면 인슐린 반응도 증가한다. 포만감을 느끼려면 충분한 열량을 섭취해야 하는데, 지방을 더 많이 저장하고 끼니 사이에 허기를 느끼면서도 여전히 탄수화물을 갈망하게 될 것임은 충분히 예상할 수 있다. 합리적으로 보일진 몰라도, 실패할 수밖에 없는 방법이다.

배불리 먹으면서도 인슐린 분비를 최소화하는 유일한 방법은 지방 섭취량을 늘리는 것이다. 지방은 인슐린 반응을 자극하지 않는 유일한 다량영양소이기 때문이다. 시드니 대학교의 제니 브랜드밀러Jennie Brand-Miller가 이끄는 호주 연구진은 혼합식이 인슐린 분비에 미치는 영향을 연구했는데 ― 이 책을 쓰는 현재 이 주제와 관련하여 유일하게 발표된 연구(2009년)였다 ― 인슐린 분비에 대한 최상의 예측 인자는 지방 함량이었다. 지방 함량이 높을수록 인슐린 반응이 낮았다. 그들은 이렇게 썼다. "단백질은 인슐린 분비를 자극하기 때문에 ― 특히 탄수화물과 결합되었을 때 ― 단백질과 탄수화물 함량이 가장 높은 (따라서 지방 함량이 가장 낮은) 식사의 인슐린 반응이 가장 크다."

그렇다면 지방과 단백질 함량이 둘 다 높은 식사는 어떨까? 나는 독자들에게서 내 책을 비롯한 여러 책을 지침 삼아 기름진 고기를 하루 세 끼 먹는다는 얘기를 여러 해 동안 들었다(아침, 점심, 저녁 할 것 없이 꽃등심 스테이크를 먹었다고 한다). 육식주의자 또는 '제로 카버zero carber'(탄수화물을 전혀 섭취하지 않는 사람들 ― 옮긴이)를 자처하는 사람들이 점차 늘고 있는데, 그들은 녹색 채소조차 먹지 않는다. 케토제닉 식단에 대해 누구보다 많은 연구를 진행한 스티브 피니와 제프 볼렉은 케토시스를 유지할 수 있는 단백질 섭취량에 한계가 있다고 믿는다(체중 1킬로그램당 2그램 미만).

그 정도의 단백질이 지방의 동원을 억제하고 궁극적으로 수명을 단축하는지는 아직 해소되지 않은 질문이다. 앞에서 언급했듯 열여덟 살에 체중이 180킬로그램 가까이 나간 청년은 넉 달간 아버지가 코스트코에서 일주일에 5킬로그램씩 사 온 기름진 고기만 먹고서 50킬로그램 이상을 감량했다. 이 식단에 대한 그의 신체 반응은 드물다 못해 기이하게 보일지 모르지만, 이것이 정상인지도 모른다. 심지어 그의 반응 자체도 시간과 나이에 따라 달라질지 모른다. 어쩌면 비만 체질인 열여덟 살 남성의 반응이지, 마흔 살 여성의 반응은 아닐 수도 있다. 심지어 열여덟 살 여성조차 다르게 반응할 가능성이 있다. 지금으로서는 알 도리가 없다.

인체가 단백질과 탄수화물을 처리하는 방식이 사람마다 천차만별이라는 것은 직접 실험해서 무엇이 효과가 있는지 알아내야 한다는 뜻이다. 저탄고지/케토제닉 식이를 이른바 저탄고단(저탄수화물, 고단백질)과 비교한 유의미한 임상 시험은 하나도 없다. 앞에서 설명했듯, 단백질 섭취는 인슐린 분비만 자극하는 게 아니라 지방을 지방세포에서 끄집어내는 두 가지 호르몬(글루카곤과 성장호르몬)의 분비도 자극한다. 이 식단 유도성 호르몬의 반응은 인슐린에 비해 연구가 미흡하다. 어쩌면 인슐린 분비로 인한 손실이 글루카곤 및 성장호르몬의 반응에 의해 벌충될지도 모른다. 하지만 이것이 사실이고 단백질이 유난히 풍부한 식단이라도, 섭취하지 않는 탄수화물의 열량을 대체하려면 여전히 다량의 지방과 고지방 식품을 먹어야 한다.

인디애나 대학교의 의사 세라 홀버그가 환자들에게 녹색 채소란 지방을 먹기 위한 수단이며 지방 없이 녹색 채소만 먹으면 안 된다고 말하는 것은 이 때문이다. 홀버그는 버타헬스의 의료 책임자로, 2형 당뇨병 환자들에 대한 저탄고지/케토제닉 식이 임상 시험을 감독했다. 버타헬스의 임상 시험에 참가한 당뇨병 피험자들은 같은 조언을 들었다. 채소를 요리할 때 버터나 올리브유를 듬뿍 넣고, 먹을 때에도 올리브유나 녹인 버터를 곁들이라는 조언이었다. 점심으로는 샐러드를 먹어도 되지만, 샐러드드레싱은 지방이 풍부하고 탄수화물 함량이 낮은 것으로 써야 했다. 샐러드에는 올리브나 아보카도 또는 대마씨를 넣었다. 좋은 샐러드드레싱은 기름이 풍부하며 한 회 분량에 탄수화물이 2그램 미만으로 들어 있는 것이라고 홀버그는 말한다. 그녀는 그런 샐러드드레싱을 용기 두 개에 나눠 담고 올리브유를 더 부은 뒤에 흔들어 지방 함량을 늘리라고 권고한다. 채소를 지방 섭취 수단으로 이용하면 완전 채식은 아니라도 채식 위주로 저탄고지/케토제닉 식단을 구성할 수 있다. 기름진 동물성 식품이 없다면 저탄고지/케토제닉 식이가 더 힘들 수도 있겠지만, 실현 가능성이 있는 것은 분명하다.

◆　◆　◆

탄수화물 함량은 매우 낮지만 지방 함량은 높은 음식을 배불리 먹는다는 것은 어떤 것일까? 이 식사법은 흔히들 말하는 것처럼 극단적일까? 그림을 이용하여 이 질문에 답해보겠다. 또한 그 과정에서 체중 조절이 얼마나 먹느냐보다는 무엇을 먹느냐와 훨씬 큰 관계가 있다는 사실을 밝힐 것이다. 이것은 얼마나 많은 열량을 섭취하는지, 얼마나 많은 열량을 운동으로 태우는지에 대한 고민을 그만두는 게 왜 유익한지 보여준다. 열량은 문제를 호도한다. 건강 체중을 달성하고 유지하려면 어떻게 해야 하는지 확신히 알려주지 않기 때문이다.

저녁 식사의 두 가지 메뉴(600칼로리)
살찌는 식사(좌): 닭 가슴살 구이, 브로콜리, 감자
살찌지 않는 체중 감량 식사(우): 닭 다리 구이 두 점, 더 많은 브로콜리, 감자 제외, 버터

위의 사진은 하루치 식사를 저녁부터 아침까지 역순으로 나열한 것이다. 왼쪽의 저녁 식사(닭 가슴살 구이, 브로콜리, 감자)는 살찌는 체질 이라면 감자의 탄수화물 때문에 살이 찐다. 오른쪽의 저녁 식사(지방 함량이 높은 닭 다리 구이, 브로콜리와 버터, 또는 홀버그의 지침에 따르면 올리브 유)는 그렇지 않다. 이것은 체중 감량과 유지를 위한 식사법에 해당한 다. 사진 속의 두 식사는 똑같은 열량이 들어 있다(600칼로리를 약간 넘 는다). 하나는 감자가 있어서 살을 찌우지만, 닭고기의 비중이 (지방 함 량이 높기에 열량 면에서) 크고 브로콜리가 더 많으며 브로콜리에 버터를 곁들인 오른쪽 식사는 살을 찌우지 않는다. 닭고기와 브로콜리와 버터 (또는 올리브유)의 비중이 높기에 열량 차이가 만회된다. 식당에서 이 메 뉴를 주문한다면 닭고기 구이를 시키면서 종업원에게 감자 대신 브로 콜리나 야채 샐러드를 추가해달라고 요청하라. 그러면 충분하다.

잉글랜드의 일반의로, 저탄고지/케토제닉 식이를 당뇨병 환자들

에게 권장하여 2016년 국민보건서비스 혁신가 상을 받은 데이비드 언
윈David Unwin은 이 방법을 일컬어 "접시 위의 흰색을 모두 녹색으로 바
꾸는 것"이라고 표현한다. 오른쪽 사진은 열량이 같거나 더 많은데도
체중 감량 프로그램(반짝 유행 식단인 앳킨스 식단!)에 해당하는 반면에,
왼쪽 사진은 늘 먹어왔고 살찌게 했던 식사일 것이다.

　오른쪽 사진 같은 저녁 식사는 지속하기 쉽다. 당신이 할 일은 감
자를 먹지 않고 채소에 버터나 올리브유를 곁들이는 것이 전부다. 심장
건강 면에서 보자면, 사실상 모든 권위자들은 오른쪽이 왼쪽의 식사
못지않게 건강에 좋다고 여길 것이다. 추가 열량을 올리브유로 충당했
다면 더욱 그럴 것이다. 그러므로 그 정도는 타협할 만하다. 올리브유
대신 버터를 선택한다면, 이 책에서 내가 한 말을 모두 옳다고 간주한
다는 뜻이다.

　점심 식사는 저녁 식사와 똑같이 차려서 지속 가능성과 건강에
대해 같은 효과를 낼 수도 있지만, 이번에는 전형적인 미국식 패스트
푸드 식단으로 변화를 줘보자. 왼쪽 사진은 입맛이 당기지 않을지도
모르지만 일반적인 패스트푸드 식사로, 맥도날드 치즈 버거(피클, 양파,
케첩, 겨자 소스), 감자튀김 스몰 사이즈, 코카콜라 스몰 사이즈로 이루
어졌다. 열량은 약 700칼로리이며(케첩 포함) 빵, 감자튀김, 콜라의 설
탕, 심지어 케첩의 당과 탄수화물 때문에 살을 찌운다. 오른쪽 사진은
빵을 뺀 더블쿼터파운더 치즈 버거(양상추, 토마토, 양파, 피클), 샐러드와
랜치 드레싱, 감자튀김 제외, 콜라 대신 물로 구성된다. 열량은 같지만
곡물(빵), 녹말(감자튀김), 콜라와 케첩의 당이 빠졌다. 오른쪽 식사는
살을 찌우지 않는다. 두 식사는 열량이 같지만 탄수화물 함량이 다르
며, 서로 다른 대사·호르몬 반응을 일으키고 지방 숙석에 미치는 영

점심 식사의 두 가지 메뉴(700칼로리)
살찌는 식사(좌): 치즈 버거 스몰 사이즈, 감자튀김, 케첩, 코카콜라 스몰 사이즈
살찌지 않는 체중 감량 식사(우): 더블쿼터파운더 치즈 버거(빵 제외), 랜치 드레싱을
곁들인 야채 샐러드, 얼음물

향도 다르다.

왼쪽의 패스트푸드 식사는 살찌게 하는 반면에, 오른쪽의 패스트
푸드 식사는 날씬하게 한다. 저탄고지/케토제닉 식이에 들어맞기 때
문이다. 요즘 건강 전문가 중에서 햄버거 패티를 한 장이 아니라 두 장
넣고 샐러드를 곁들인 식사가 패티 한 장짜리 햄버거에 감자튀김과 가
당 음료를 곁들인 식사보다 건강에 덜 유익하다고 말하는 사람은 거의
없다. 건강 전문가에게 오른쪽 사진만 보여주면 그들은 적색육에 대해
투덜거릴지는 몰라도 "너무 많이" 먹지만 않는다면 자신들의 기준에
도 건강에 유익하다고 인정할 것이다. 패티 두 장짜리 햄버거를 연어
나 연어 버거(빵 제외), 심지어 임파서블 버거(채식 버거, 빵 제외)로 바꾼
다면 누구나 동의하는 건강식이 될 것이다.

아침 식사는 최종 격전지로, 전통적 건강식 사고방식과 가장 극명
하게 갈리는 부분이다. 관건은 베이컨과 달걀이다. 지난 50년간 권위

아침 식사의 두 가지 메뉴(700칼로리)
살찌는 식사(좌): 시리얼, 바나나 반쪽, 시리얼에 부은 탈지유(100밀리리터), 버터 바른 토스트, 오렌지 주스(200밀리리터)
살찌지 않는 체중 감량 식사(우): 달걀 세 알로 만든 스크램블드에그에 곁들인 치즈와 소시지, 베이컨 두 조각, 아보카도 반쪽을 얇게 썬 것, 얼음물

자들은 두 재료가 사망의 원인이라며 우리를 매우 집요하게 설득했다. 700칼로리를 약간 넘는 왼쪽 사진의 아침 식사(시리얼, 탈지유, 말린 바나나, 버터 바른 토스트, 주스)는 이상적으로 여겨지지만 살찌는 체질의 경우 (우유의 젖당을 비롯한) 모든 재료의 탄수화물 때문에 살이 찐다. 혈당과 인슐린에 영향을 미쳐, 인슐린 저항성이 있고 살찌는 체질을 금세 허기지게 한다. 점심시간 전에 간식을 먹고 싶을 텐데, 아마도 고탄수화물일 것이다. 오른쪽 식사(달걀 세 알로 만든 스크램블드에그에 곁들인 치즈와 소시지, 베이컨 두 조각, 아보카도를 얇게 썬 것, 주스 대신 물)는 열량이 같지만(대략 700칼로리) 살찌게 하지 않는다. 또한 인슐린이 낮게 유지되기 때문에, 나중에 허기지지 않아서 간식 충동을 느끼지 않는다.

앞에서 왼쪽의 세끼 식사는 전형적인 미국식 식단이다. 패스트푸드 점심 식사를 제외하면 영양 권위사들은 이 식사들이 건강한 생활 습관에 해당한다고 생각할 것이다. 하지만 이 식사들은 대부분의 사람들을 살찌게 하며, 동일한 다량영양소 성분이 들어 있는 간식, 당이나 탄수화물이 풍부한 음료, 탄산음료, 맥주 등도 마찬가지다. 오른쪽은 열량이 같으며 체중 감량 식단, 즉 건강 체중을 달성하고 유지하게 해주는 저탄고지/케토제닉 식이(앳킨스 식단이나 케토 식단)에 해당한다.

문제는 열량이 아니다. 오른쪽 사진의 저탄고지/케토제닉 점심 식사를 보고 점심을 이렇게 많이 먹을 수는 없다고—적어도 열량의 상당 부분을 탄산음료의 당을 통해 섭취하지 않는다면—말하는 사람이 있을지도 모르겠지만, 이 정도 양은 가뿐한 사람도 있을 것이다. 그들은 이 메뉴를 먹어서 체중을 감량하거나 건강 체중을 유지할 가능성이 매우 크다. 열량이 아니라 탄수화물 때문에 살이 찌는 것이기 때문이다.

이 사진들을 보면 지속 가능성에 대해 실마리를 얻을 수 있다(식단 조치가 성공하려면 지속할 수 있어야 한다). 저탄고지/케토제닉 점심에 포크와 (어쩌면 심지어) 나이프가 필요한 것은 사실이다. 표준적인 미국식 식사와 달리, 운전하면서 간편하게 먹을 수도 없다. 하지만 그것만 빼면 저탄고지/케토제닉 음식을 먹는다는 것은 기본적으로 어떤 음식을 먹는가의 문제가 아니다. 따라서 지속 가능성은 식단을 지킬 수 있는가의 문제다. 흡연자가 금연할 때, 금연이 지속 가능하려면 담배를 피우지 말아야 한다. 저탄고지/케토제닉 식이와 고탄수화물 식품의 절식에도 같은 논리가 적용된다.

✦ ✦ ✦

탄수화물 열량을 보완하기 위해 지방을 더 많이 먹으면 건강에
해로울까? 1960년대와 1970년대에 영국의 영양학자 존 유드킨John
Yudkin은 고탄수화물 식품(특히 곡물, 녹말, 당)을 제한하는 것이 비타민
과 미네랄 면에서 가장 기여도가 적은 식품을 제한하는 셈이라고 지적
했다. 당은 에너지 이외에는 어떤 영양소도 없으며(그래서 '공갈 칼로리'
라고 부른다) 간에 대사적 부담을 주어 인슐린 저항성을 일으킬 가능성
이 크다.

앞에서 설명했듯, 대사증후군이 비만, 당뇨병, 심장병과 연관되는
기전을 들여다보면 건강 체중을 달성하기 위해 피해야 하는 고탄수화
물 식품이 건강을 달성하고 유지하기 위해 피해야 하는 식품과 같음
을 알 수 있다. 천연 식이 지방이 심장병을 일으킨다는 근거는 시간이
지나면서 전부 반박되었다. 오른쪽 사진의 저탄고지/케토제닉 식사는
건강 체중을 달성하고 유지하는 데 유익하기 때문에 대사증후군 또한
바로잡는다. 현재는 2형 당뇨병까지도 완치한다는 유의미한 근거가
있다. 이 식품은 지방을 비롯하여 건강한 식단의 필수 요소다.

그렇다면 우리가 받아들여야 하는 또 다른 원리는 자연에서 얻
을 수 있는 지방이 우리에게 좋을 뿐 아니라 섭취하는 열량의 절대다
수를 차지해도 괜찮다는 것이다. 이 지방은 동물성 식품의 지방(포화지
방, 심지어 돼지기름, 소기름, 닭기름도 포함)과 수천 년간 섭취한 식물성 지
방(특히 올리브유와 아보카도 기름)을 말한다. 인류가 종으로서 존재하면
서 오랫동안 이 지방들을 먹었기에 (제프리 로즈의 정의에 따라) 자연적
이리고 볼 수 있으며, 최상의 합리적인 확신을 품고서 이 식품들이 무

해하다고 여길 수 있다. 지방이나 적색육을 많이 먹으면 수명이 짧아질까? 기존 임상 시험 연구에 따르면 답은 '아니오'다. 물론 100퍼센트 장담할 순 없지만. 그러나 분명한 사실은 단기적으로는 더 건강해진다는 것이다.

몸이 망가지면 케이크와 아이스크림도 못 먹습니다

앞에서 언급했듯, 의사나 연구자(또는 블로거)가 아니라 기자로서 비만, 영양, 만성병 분야를 다룰 때의 이점은 해당 주제를 직접 관찰한 사람들을 만날 수 있다는 사실이다. 이런 사람들을 더 많이 만나 이야기를 나눌수록 더 많은 것을 배울 수 있다. 앞에서 말했듯, 나는 병원에서 저탄고지/케토제닉 식이를 처방하는 의사, 고객에게 저탄고지/케토제닉 식이를 처방하고 스스로 실천하는 영양사, 그 밖에 수십 명의 의료 종사자 등과 반년에 걸쳐 인터뷰를 진행했다.

이 의사들 중에는 의료 체제에서 각 환자에게 배정한 15분 안에 이 식사법을 환자에게 납득시키려고 애먹은 사람도 있었고, 체중 조절과 저탄고지/케토제닉 식이 처방에 전념하기 위해 이 패러다임을 받아들이는 간호사, 영양사, 의사만 채용한 사람도 있었다. 이를테면 찰스 케이보Charles Cavo는 코네티컷 중부에서 산부인과 의사로 의사 생활을 시작했는데, 2012년에 환자들에게 비만과 당뇨병 상담을 해주지 않으면 의사로서 살아남지 못하겠다는 생각이 들었다. 동료 의사들이 "흥미를 보이지 않고 제가 정신이 나갔다고 생각하"자 그는 부업으로 비만 진료를 시작했으며, 맨 처음 "우리 집 부엌에서 두 사람에게" 조언을 제공했다. 그는 1만 5,000명 이상의 환자들에게 저탄고지/케토제닉 식이를 처방했으며, 비만 환자가 너무 많아져서 산부인과를 그만둬야 했다. 내가 인터뷰한 의사 두 명(노던캘리포니아의 숀 버크Sean Bourke와 서던캘리포니아의 게리 킴Garry Kim)은 체중 감량·관리 클리닉 체인을 설립했는데, 처음에는 전통적인 열량 제한 식단, 초저열량 식단을 이용하여 고객들에게 체중 감량 상담을 진행하다가 시간이 흐르면서 저탄고지/케토제닉 식이를 처방하는 쪽으로 발전했다.

예일 대학교 출신의 응급의학과 의사 버크는 샌프란시스코 베이에어리어에 있는 여남은 곳의 점프스타트MD 클리닉을 공동 설립했다. 2007년 1월에 첫 클리닉을 개원한 뒤로 약 5,000명의 환자가 체중 조절을 상담받기 위해 클리닉을 찾았다고 말했다. 이것이 그의 임상 경험이다. (최근 그는 점프스타트MD의 동료들, 로런스버클리국립연구소의 공동 연구자와 함께 환자 2만 4,000여 명의 결과에 대한 논문을 〈비만 저널〉에 발표했으며, 이들에 대한 완전한 임상 자료를 가지고 있다.) 이 프로그램에서는 처음에는 전반적인 열량 제한식 접근법("모든 것을 적게")을 조언했는데, 체중 감량 면에서는 버크의 말마따나 합리적으로 바람직한 결과를 얻었지만 환자들은 당연하게도 늘 허기에 시달렸다. 체중 감량을 유지하기 위해서는 평생 허기와 싸워야 했다. 버크가 말했다. "저탄수화물, 고지방의 결과가 더 낫더군요. 사람들은 덜 힘들어했고 식욕 억제제에도 덜 의존했습니다. 저탄수화물 고지방을 받아들인 사람들은 이것이

더 맛있고 포만감을 주고 음식 갈망을 줄여주는 더 지속 가능한 식사
법임을 알게 되었습니다. 이 식사법을 받아들이면 시간이 지나면서 약
물이 필요 없어졌으며, 사람들은 이 생활 습관이 더 지속 가능하다고
느꼈습니다."

버크는 첫 구절을 반복했는데 — 그들이(즉, 당신과 내가) 이 식사법을
받아들이면 효과를 거둘 것입니다 — 이것이야말로 모든 식단 프로그램
의 핵심이다. 나는 저탄고지/케토제닉 식이의 가치를 입증하는 논리
적, 생물학적, 역사적 근거를 제시하려 노력했지만, 결국 성과를 거두
려면 스스로 노력해야 한다. 자신이 하는 일을 신뢰하고 올바른 이유
에서 그 일을 하는 것은 성공의 두 가지 필수 요건이다.

내가 인터뷰 과정에서 얻은 소박한 실용적 조언을 소개하기 전에
저탄고지/케토제닉 식이 실천의 요체 — 우리가 달성하려고 하는 것은
무엇이며, 그러려면 어떻게 해야 하는가 — 를 담은 여섯 가지 교훈을
제시하고자 한다. 한마디로 나는 건강과 건강 체중을 달성하고 유지하
기 위한 식사법에 대해 어떤 관점을 가져야 하는지 조언하고자 한다.
교훈 중 다섯 가지는 이 책을 위해 인터뷰한 의료인들에게서 얻었지
만, 첫 번째 교훈은 마이클 폴란의 2008년 베스트셀러 《마이클 폴란의
행복한 밥상》에서 인용했다.

이 책에서는 — 항상 그런 것은 아니었지만 대체로 암묵적으
로 — 일견 타당해 보이는 폴란의 금언("음식을 먹되, 과식하지 말고 주로 채
식을 하라")이 날씬하고 건강한 체질을 타고나지 못한 우리 같은 사람들
에게는 해당하지 않는다고 여러 차례 지적했다. "과식하지 말라"라는
조언은 우리에게 무의미하다. "주로 채식을 하라"라는 조언은 이상적
이지 않으며 해로울 수도 있다(가축을 위해, 어쩌면 심지어 환경을 위해서는

이상적일지도 모르지만, 이것조차 흔히들 말하는 것만큼 간단한 문제가 아니다).

심지어 "음식을 가장한 물질[이 아니라] 음식을 먹으라"라는 조언도 거슬릴 때가 많다. 자연식품을 먹는 것이 건강한 식이의 필수 요소라고 믿지 않아서는 아니다(나는 필수 요소라고 믿는다).✦ 하지만 이것이 어떤 식품이 가공되지 않았다는 이유로 무해하다는 의미라면, 적어도 살찌는 체질인 사람들에게는 미흡해도 한참 미흡하다. 그의 금언이 재치 있기는 하지만(또한 과자의 장단점에 대해 가족과 토론/논쟁하면서 폴란의 '음식을 가장한 물질' 표현을 곧잘 들먹이기는 하지만), 그 속에는 이 방법이 날씬하지도 건강하지도 않은 사람을 건강으로 인도하기에 충분하다는 의미가 담겨 있다. 그것은 사실이 아니다. 샌안토니오의 의사로, '체중에 관심 있는 여의사들' 페이스북 그룹(2019년 가을 현재, 회원이 1만 3,000명을 넘는다)을 설립한 제니퍼 헨드릭스Jennifer Hendrix가 내게 말했다. "'리얼 푸드(진짜 음식)만 먹으세요'는 예방의학의 관점에서는 아주 타당한 조언이에요. 하지만 비만이 있는 사람, 특히 비만과 더불어 당뇨병과 고혈압 같은 동반 질환이 있는 사람은 문제가 훨씬 복잡해요. 평생 체중 문제에 시달린 사람이 리얼 푸드 다이어트로 돌아서는 것만으로 살을 빼는 건 한 번도 못 봤어요. 리얼 푸드 중에는 살을 찌게 하는 것도 있으니까요."

✦ 고도로 가공되고 코코넛 설탕이나 무열량 감미료 따위로 단맛을 낸 '음식을 가장한 물질'이 케토와 구석기를 내세우며 시장과 온라인에서 팔리고 있는 것을 보면 심기가 불편하다. 저런 식품은 무해할 수도 있지만 그렇지 않을 수도 있다.

1. "여러분은 또한 식사 규칙을 지키는 일이 꽤나 수고스럽다는 사
실을 깨닫게 될 것이다. …… 잘 먹으려면, 지금보다 식사에 더 많
은 시간과 노력, 자원을 투자하라."

마이클 폴란과 나는 많은 점에서 의견이 다르지만, 《마이클 폴란
의 행복한 밥상》에 나오는 이 구절은 예외다. 체중과 무관하게 건강해
지고 건강을 유지하려면 노력하고 평생 실천해야 한다. 다이어트와 건
강에 대한 모든 신중한 조언도 마찬가지다. 어떻게 먹는가는 결정적인
역할을 한다. 제대로 공부한 운동 강사가 고객들에게 말하듯, 아무리
열심히 운동해도 잘못 먹으면 소용없다. 건강하게 먹으려면, 일상생활
에서 쉽게 접할 수 있는 식품에 무작정 손을 뻗을 게 아니라 생각하고
계획하고 더 노력해야 한다. 폴란의 말에서 짐작할 수 있듯, 전형적인
미국식 식단의 특징인 값싸고 빠르고 간편한 음식을 추구하면서 이렇
게 하기는 쉬운 일이 아니다. 그렇긴 하지만 불가능한 것은 아니다. 더
욱 노력해야 할 뿐이다.

　내가 인터뷰한 모든 의료인들은 저탄고지/케토제닉 식이가 드문
예외를 제외하고는 허기 없이 건강 개선과 적잖은 체중 감량으로 이어
질 것이라는 신념을 표했다. 하지만 처방된 식이를 실천하려고 노력하
기 위해서는 이 사고방식을 적극적으로 받아들여야 한다. 금연자는 담
배를 끊는 것이 결정적으로 중요하다고 생각하며 금주회 회원들은 술
을 끊는 것이 결정적으로 중요하다고 생각하는데, 이와 마찬가지로 저
탄고지/케토제닉 식이에 성공하는 사람들은 고탄수화물 식품을 끊는
것이 건강에 결정적으로 중요하다고 생각하게 된 사람들이다. 이것은
진수성찬으로 가득한 세상에서 유혹을 이기는 법을 찾아내야 한다는
뜻이다. 일리노이 도미니칸 대학교의 영양학자 캐슬린 로페즈Kathleen

Lopez는 이렇게 말했다. "우리는 탄수화물 중심의 세상에서 살고 있어요. 어딜 가든 아이스크림과 감자칩을 먹죠. 그런데 그 속에 있으면서 동참하지 않아야 해요. 어떤 사람에게는 전혀 어려운 일이 아니에요. 건강 증진을 위한 대가라고 말할 수도 있겠죠. 하지만 어떤 사람에게는 고문이라고요."

이 새로운 식사법을 받아들인 사람들 중에서 어떤 사람들은 다른 사람들보다 더 건강하고 날씬해질 테지만, 이를 넘어서서 모든 사람이 건강해져야 하고 수월한 방법을 찾을 수 있어야 한다. 중독에서 벗어나는 과정도 마찬가지다. 고탄수화물 식품을 고지방 식품으로 대체하면 (1970년대 이후로, 심장병을 예방하고 날씬해지려면 먹어야 한다고 들었던) 저지방 열량 제한 식품에서는 얻기 힘든 쾌감과 즐거움을 누릴 수 있다. 평생 허기를 느끼며 살아갈 필요도 없다. (모든 사람에게는 아닐지라도) 우리에게 해로운 특정 식품군을 평생 끊기만 하면 된다.

2. "이렇게 하시라는 게 아닙니다. 이렇게 되시라는 것이죠."

이것은 테네시주 시골에서 진료하는 의사 켄 베리Ken Berry가 자신에게 조언을 청하는 환자들에게 하는 말이다. 베리는 2003년부터 진료했으며 6년 뒤에 비만, 인슐린 저항성, 당뇨병을 가진 환자들에게 저탄고지/케토제닉 식이를 처방하기 시작했다. (저탄고지/케토제닉 식이의 이점을, 특히 의사들이 전통적으로 권장하던 저지방 열량 제한 식단과 비교하여 논한 2017년 작《의사의 거짓말》의 저자이기도 하다.) "이렇게 되시라는 것이죠"라는 조언의 의미는 환자들이 직업적·개인적 삶의 나머지 영역에서와 마찬가지로 자신이 무엇을 어떻게 먹는가를 깐깐하게 따지는 사람이 되어야 한다는 것이다.

베리의 개종 경험은 내가 인터뷰한 많은 의사들을 대표할 만하다. 그는 30대 중반에 체중이 늘기 시작했으며, (그의 표현에 따르면 "우리가 의과대학에서 배우는 네 시간짜리 영양학 수업"을 바탕으로) "체중을 감량하려면 열량 적자를 만들어야 한"다고 믿었다. 이 '최첨단' 지혜를 충실히 따르면 문제가 해결될 줄 알았다. 하지만 뜻대로 되지 않았다. 그는 내게 말했다. "그때의 제 모습은 뚱뚱하고 게으른 의사였습니다. 관절은 뻣뻣하고 역류성 식도염과 알레르기를 달고 살았죠. 늘 기분이 저기압이었습니다. 뱃가죽은 바지 위로 늘어뜨린 채 진료실에 들어가 환자에게 건강 상담을 해야 했죠. 그러니 제 말이 먹혔겠습니까?"

그는 《사우스비치 다이어트The South Beach Diet》를 읽고 앳킨스를 접했으며 로런 코데인의 구석기 식단 책과 마크 시슨Mark Sisson의 《태고의 청사진The Primal Blueprint》을 읽었다. 마지막으로, 케토제닉 식단을 들여다보고 간헐적 단식의 이점을 따져보기 시작했다. 그러는 동안 식단을 변경하여 "즉각적인 효험"을 봤다. 유제품을 포기하게 만들었던 알레르기와 역류성 식도염마저 사라졌다. "제가 환자들에게 하라, 말라 말하던 모든 것이 완전히 틀렸다는 결론에 도달했습니다. 자신이 무슨 말을 하는지 알아야 하는 전문직으로서는 달갑지 않거나 불편한 깨달음이죠."

베리는 식단에 대한 조언이 환자들에게 "만병통치약을 파는 주술사처럼 들리"리라는 것을 기꺼이 인정하면서도, 자신의 임상 경험으로 보건대 저탄고지/케토제닉 식이가 비만, 당뇨병, 고혈압을 비롯한 여러 질환을 해결한다고 믿는다. 물론 관건은 환자들도 믿게 하는 것이다.

나와 인터뷰한 많은 의사와 영양사와 마찬가지로 베리는 환자들 또한 자신처럼 "모험을 감행하"거나 "숙제를 해"야 한다고 강조했다. 왜 자신의 조언대로 먹어야 하고 무엇을 기대해야 하는지 배우려고 노력해야 한다는 것이다. 성공을 거두는 환자들은 대부분 시판 중인 수많은 저탄고지/케토제닉 서적들 중 적어도 몇 권은 읽는 사람이라는 것이 의사들의 공통된 의견이었다. 성공하려면 노력에 필요한 관심을 기울여야 했다. 베리가 말한다. "웹사이트를 알려주고 읽을 책을 소개해줍니다. 그걸 찾아보려 하지 않거나 숙제를 하고 싶어 하지 않는다면, 그것은 변화할 준비가 되어 있지 않다는 뜻일 겁니다. 그들이 싫다고 하면 알겠다고, 당뇨병에 걸리시더라도 어쩔 수 없다고 말합니다. 하지만 1~2년 뒤에 당뇨병에 걸려 인슐린을 맞기 시작했을 때는 생각이 좀 달라지실 거라고도 말해주죠."

3. "몸이 망가지면 케이크와 아이스크림도 못 먹습니다."

피츠버그 교외에서 진료하는 치과 의사 닉 밀러Nick Miller가 내게 들려준 말이다. 밀러가 환자들에게 이렇게 말하는 것은 평생 실천해야 한다는 점을 강조하기 위해서다.

밀러의 개종 경험은 또 하나의 전형적인 사례다. 그는 고등학교를 졸업할 때만 해도 키 188센티미터에 몸무게 90킬로그램의 운동선수였다. 하지만 치과대학을 졸업하고 8년이 지나자 몸무게가 130킬로그램으로 불었다. 매주 80킬로미터 이상을 달리고 "나쁜 음식을 멀리했"는데도 소용이 없었다. 밀러의 개종은 팟캐스트에서 시작되었다. 로스앤젤레스의 피트니스 강사이자 저술가 겸 다큐멘터리 제작자 비니 토토리치Vinnie Tortorich로부터 저탄고지/케토제닉 식이에 대해 들은 것이다. 밀러는 니나 타이숄스Nina Teicholz의 《지방의 역설》, 제이슨 펑Jason

Fung의 《비만코드》 그리고 내 책들을 읽기 시작했다. 대학에서 생화학을 공부한 밀러는 무엇이 타당하고 타당하지 않은지 자신이 합리적으로 판단할 수 있다고 생각했으며 저탄고지/케토제닉 식이는 그에게 타당해 보였다. 그래서 시도했다. 그리고 3년 뒤 달걀, 고기, 녹색 채소를 먹으며 95킬로그램으로 감량했다. (그는 언젠가 90킬로그램으로 돌아가고 싶어 한다. "망상인지도 모르겠지만요.")

밀러는 치과 의사로서 독특한 관점을 가지고 있다. 그는 사람들이 가공된 탄수화물과 당을 먹어 치아와 잇몸이 손상되는 것을 목격한다. 그는 많은 환자들이 당뇨병 전단계이거나 당뇨병에 걸렸다고 말한다. 일부는 통풍과 수면 무호흡증, "온갖 대사 장애"를 앓고 있다. 밀러는 이 환자들을 대개 1년에 두 번 이상 보며, 치아를 진료하는 동안 대화할 시간이 많기 때문에 실제로 많은 이야기를 나눈다. 그들은 꼼짝없이 그의 말을 들어야 하며, 그는 그들이 자신의 말을 순순히 받아들인다고 생각한다. 그들은 밀러의 체중 감량을 눈여겨보고 비결이 무엇인지 묻는다. 밀러는 환자들에게 이것이 다이어트의 결과가 아니라 자신이 평생 지속할 새로운 식사법의 결과라고 말한다.

전통적 건강식의 세계에서 케이크와 아이스크림은 적당히만 먹는다면—특히, 기쁜 일이 있을 때—아무 문제가 없다. 하지만 대사 장애를 치료하기 위한 식이는 평생 유지할 수 있어야 한다. 비만이든 당뇨병이든 고혈압이든 저탄고지/케토제닉 식이로 치료할 수 있어 보이는—적어도 일화적 사례에서는—수많은 질환이든 그 완화의 상태는 무한정 지속되어야 한다. 케이크와 아이스크림을 조금 맛본다고 해서 몸이 축나진 않는다. 그게 요점이 아니다. 결심을 유지하려면 최선을 다해야 한다. 아무리 전통적으로 '건강에 좋은' 간식이든, 아무리 천연

에 유기농 식품이든, 너무 일찍 긴장을 풀면 그동안의 노력이 물거품
이 될 수 있다. 다시 말하지만 이것은 저탄고지/케토제닉 식이를 통한
체중 감량 및 유지, 당뇨병 치료에 주력하는 병원의 많은 의사들이 인
터뷰에서 이 식단을 고탄수화물 식품 중독에서 벗어나는 것으로 묘사
하는 이유 중 하나다. 밀러의 말마따나, 알코올 중독자가 28일 재활 프
로그램의 성공적인 완수를 샴페인으로 축하하지 않는 데는 그럴 만한
이유가 있다.

4. "마차에서 떨어졌으면, 적어도 올라갈 마차가 있다는 건 알 수 있지요."

이 조언은 약물 및 마약 중독 분야에서 나온 것이 분명하다. 나는
이 말을 캐나다 에드먼턴의 가정의 캐서린 카샤Katherine Kasha에게서
들었다. 캐서린은 평생 락토 채식주의자였다(육류, 생선, 가금은 안 먹지만
달걀과 유제품은 먹는다). 그녀는 자신이 늘 체중 문제와 씨름했다고 말했
다. "지금도 그렇고요." 한번은 기존 방법으로 20킬로그램을 감량했다
가 이른바 '어마어마한 요요'를 겪어 4년 만에 50킬로그램이 늘었다.
"남편이 이렇게 말한 기억이 나요. '그렇게 먹으면서 어떻게 이럴 수
있지?'"

카샤가 저탄고지/케토제닉 식이를 접한 계기는 소셜 미디어와 제
이슨 펑의 책이었다. 그녀가 말했다. "문득 감이 오더라고요." 그녀는
아침 오트밀을 버리고 "푸짐한 달걀과 적당한 치즈"를 먹었다. 코티지
치즈가 그녀의 주요 단백질 공급원이 되었으며 여기에 고지방 유제품
과 두부를 곁들였다. 그녀는 "채소를 듬뿍" 먹는다. 요구르트를 직접
만들어 "치아씨, 호박씨, 무가당 코코넛을 뿌려" 먹는다. 여전히 빵을

굽지만, 밀가루 대신 아몬드와 코코넛 가루를 쓴다. 단맛은 에리트리톨, 스테비아, 자일리톨, 나한과(개여주)로 낸다. 그녀가 말한다. "이 재료들에 대해선 잘 모르겠지만, 설탕이 나쁘다는 건 확실히 알아요."

카샤는 환자들에게 채식을 반드시 권장하지는 않았다. 그녀는 이렇게 말했다. "환자가 윤리적 문제로 고민하지만 않는다면 고기를 드시라고 말할 거예요. 풀 먹인 소라면 금상첨화죠. 영양소가 풍부한 음식을 먹는 가장 간편한 방법이니까요. 하지만 제대로 먹는 방법은 여러 가지가 있어요. 하나만 고집할 필요는 없다고요."

카샤는 저탄고지로 적잖은 체중을 감량했지만, 체중을 유지하는 것은 여전히 힘겹다. 결심을 지키려면 끊임없이 자신과 싸워야 한다. 명절과 기념일에는 더더욱 조마조마하다. 그녀는 저탄고지/케토제닉 식이가 자신을 비롯한 사람들에게 효과가 있다는 걸 안다. 그녀가 말했다. "놀라운 성과를 거두는 환자들이 있어요. 그들이 해내는 걸 보면 경이로울 정도예요." 하지만 그녀는 단단히 결심한다고 해서 이따금 발을 헛디디지 않는다는 보장이 없음을 환자들에게 당부하고 싶어 한다. 중요한 것은 마차에서 떨어져도 다시 올라가는 것이다. 그것은 당, 곡물, 대부분의 녹말을 다시 끊는다는 뜻이다.

온타리오 퀸스 대학교 수술 부서의 중환자 담당의이자 조교수 앤드루 새미스Andrew Samis는 환자들에게 탄수화물 절식을 금연에 비유한다고 말했다. "금연 훈련을 할 때 하는 말 중 하나는 담배를 다시 입에 댔을 때 어떻게 할 것인가입니다. 6개월간 금연하다가도 한순간 담배를 무는 게 인간 본성입니다. 저는 금연 의사 한 명에게 들은 비유를 환자들에게 들려줍니다. 저는 매일 차를 몰고 출근하면서 한번에 최대한 많은 파란불을 통과하려고 합니다. 하지만 빨간불을 한 번, 심지어

다섯 번 연속으로 맞닥뜨리더라도 차를 돌려 집에 돌아가진 않습니다. 그 자리에서 다시 시도하죠. 저는 여전히 파란불을 연속으로 통과하려고 도전합니다. 금연으로 말할 것 같으면, 사람들은 담배를 버리고 짓밟을 결단력을 발휘할 수만 있다면 그렇게 하고 비흡연자가 되라고들 말합니다. 우리가 지금 이야기하는 것도 비슷한 맥락입니다. 지력이 욕구를 이길 수 있다는 것을 사람들이 이해한다면 이 식품들을 먹지 않는 사람으로 돌아갈 수 있습니다."

5. "케토는 종교가 아니라 느낌이에요."

이것은 오하이오주 애크런의 척추 전문의 캐리 다이얼러스Carrie Diulus가 한 말이다. 그녀는 반농담조로 말했다. "저는 유전적으로 복권에 당첨된 격이에요. 복강병(셀리악병)이 있거든요. 160킬로그램에 불면증에 여드름투성이이지만, 제 유전자를 가지고 살아가는 법을 터득했어요." 고도 비만은 가족 내력이라고 다이얼러스는 말했다. 그녀는 열두 살에 채식주의자가 되었다. 그 동기는 동물 복지에 대한 관심과 네이선 프리티킨이 처방한 초저지방 식단이 자신의 건강에 유익한 최고의 방법이라는 생각이 어우러진 것이었다. 그 뒤로 그녀의 삶은 건강 체중으로 건강을 유지하는 식사법을 찾기 위한 자기 실험의 연속이었다. 다이얼러스의 경험은 이 과제가 얼마나 어려운지 보여주는 극단적인 사례다.

그녀는 정상 체중으로 대학에 입학했지만 "프레시맨 피프틴이 제게는 프레시맨 피프티 같았"다고 말했다('프레시맨 피프틴'은 대학에 입학한 첫해에 15파운드, 즉 7킬로그램이 찐다는 속설에 빗댄 표현—옮긴이). 20년에 걸쳐 비만과 다이어트를 오가는 요요 현상이 반복되었다. 대학을 졸업하고 의과대학에 입학할 즈음에는 45킬로그램이 불어 있었다. 그녀는 식물성 열량 제한 식단을 섭취하고 강박적으로 운동하여—급기야 마라톤을 하기에 이르렀다—체중을 회복하는 데 성공했다. 그녀가 말했다. "일주일에 약 20시간을 운동했어요. 열량을 엄격히 제한하여 그 당시엔 날씬해질 수 있었죠. 하지만 웬걸요, 조금만 긴장을 풀면 체중이 금세 원래대로 돌아갔어요." 그녀는 딸을 임신했을 때 30킬로그램이 불었으며, 4년 뒤 아들을 임신했을 때에도 "체중이 부쩍" 늘었다. 저지방 열량 제한 비건 다이어트를 시도했지만, 젖을 먹이는데도 체중은 줄지 않았다. 그녀가 말했다. "열량 계산 올림픽이 있다면 제가 금메달을 땄을 거예요. 하지만 아기에게 젖을 먹이면 온갖 호르몬 작용이 일어나요. 젖을 먹일 때 체중이 확 줄어드는 여자들도 있다지만 전 아니었어요. 이건 열역학의 문제가 아니라 정말이지 호르몬의 문제예요."

다이얼러스는 30대 후반에 클리블랜드 클리닉에서 일하다 1형 당뇨병 진단을 받았다. 의사들은 통상적 치료법에 따라 인슐린을 투약하고 인슐린 용량에 맞게 탄수화물을 섭취하라고 조언했다. 하지만 그녀는 인슐린과 탄수화물의 양을 정확하게 맞추지 못하면 혈당이 급격히 떨어져 정상적인 활동을 할 수 없었다. 그녀는 이렇게 토로했다. "외과의사에게는 재앙이죠."

그녀가 선택한 해결책은 곡물, 녹말, 당을 완전히 끊고 페스코 채식(생선은 먹는 채식)에 지방을 첨가하여 케토시스 상태를 유지하는 것이었다. 그런 뒤에는 더 일반적인 케토제닉 식단으로 전환하여 이따금 고기도 먹었다. 하지만 고기와 동물성 식품을 끊었을 때 건강 지표가 현저히 개선되는 것을 알자, 최종적으로 비건 케토제닉 식단으로 돌아섰다. 그녀는 1형 당뇨병 환자여서 여전히 인슐린을 투약해야 할 테지만, 식단을 통해 인슐린 투여량을 최소화하고 탄수화물로 인한 혈당 변화를 줄일 수 있었다. 캐서린 카샤와 마찬가지로 그녀 또한 환자들에게 윤리적 문제만 아니라면 고기를 먹으라고 권하지만, 자신은 육식을 하지 않는다. 그녀의 결정은 여전히 윤리적, 환경적인 면을 고려했기 때문이지만, 고기를 먹었을 때 건강하게 느껴지지 않는다는 단순한 이유 때문이기도 하다. 그녀는 유제품과 달걀도 마찬가지라고 말했다.

다이얼러스가 비건 케토제닉 식단을 유지하는 이유는 자신에게 효과가 있기 때문이다. 그녀는 이 식단을 실천하면 건강해진 기분이 든다. 그녀가 말했다. "고기나 생선을 먹어야겠다고 느껴지면 다시 먹을 거예요. 하지만 지금은 채식만으로도 충분해요. 인슐린 투여량을 어느 때보다 줄였고, 정상 혈당을 유지하고 있으며, 수치는 제가 원하는 범위 안에 있어요. 다른 방법을 시도할 이유가 전혀 없죠."

내가 인터뷰한 많은 의사와 마찬가지로 다이얼러스는 아침을 먹지 않는다. 아침에 배가 고프지 않고, 아침을 먹지 않아도 생활에 지장이 없기 때문이다. 점심으로는 직접 만든 케일과 방울양배추 칩에 바루, 마카다미아를 곁들여 먹거나 케일, 근대, 민들레, 각종 야채, 루콜라, 해바라기 새싹, 브로콜리 새싹(직접 기른다), 아보카도 반쪽, 레몬 반개를 즙낸 것, 감미료 스테비아, MCT(중사슬 중성지방) 오일을 섞은 스무디를 주로 먹는다. 사차인치 씨앗 가루나 대두로 만든 단백질 파우더를 섞을 때도 있다. 또한 탄수화물이 느리게 소화되도록 섬유질(차전자피 가루) 20그램을 넣는다. 그녀가 내게 말했다. "이젠 수술하다가 허기를 느끼는 일이 전혀 없어요. 케토시스일 때 활력이 넘쳐요. 머리도 어느 때보다 맑고요. 저녁에 퇴근하면 배가 고프지만, 식탐을 느끼진 않아요."

저녁에는 단백질 공급원으로 템페, 두부(콩이나 대마로 만든다), 검은콩, 루핀콩, 견과 버터, 특히 아몬드 버터를 주로 먹는다. 요리에는 아보카도 기름과 코코넛 기름을 쓰고 샐러드에는 올리브유를 넣는다. 타히니와 아몬드 가루로 빵을 굽고 코코넛 기름, 카카오 가루, 차이 향신료로 초콜릿을 만든다. 간식으로는 김에 올리브유와 소금을 뿌려 먹는다. 꽃양배추 밥도 주식이다. 그녀는 난생처음 가만있으면 살이 빠지는 상태가 되었다고 말했다. "충격적이에요. 저는 한때 병적으로 비만인 폐경기 여성이었거든요. 그러니 이 식단은 지금 제게 정말로 효과가 좋은 거예요. 상황이 달라지면 식단을 조절할 거예요. 종교가 아니니까요."

✦ ✦ ✦

내가 인터뷰한 의사와 영양사 중 상당수는 채식주의자로서 자신에게 효과가 있고 윤리적으로 올바르거나 종교적 신념에 들어맞으면서도 (무엇보다 중요하게는) 다이얼러스의 말마따나 건강하게 느낄 수 있는 식단을 발견했다. 그들은 영양학적 지식을 바탕으로 식품을 선택하고 스스로 실험하면서 그 경지에 이르렀다. 이것이 흥미로운 이유는 인터뷰한 의사들 중에서 육식이 건강에 가장 좋은 식단이라고 믿어서가 아니라 건강한 느낌을 받을 수 있기 때문에 완전 육식주의자가 된 사람들도 있기 때문이다. 그들에게 육식은 잡식이나 채식과는 다른 방식으로 효과를 발휘한다. 이런 사람들 중 하나인 조지아 이드Georgia Ede는 하버드 대학교와 스미스 칼리지에서 정신과 의사로 일했다. 곡물,

녹말 채소, 당을 끊는 것이 어떤 사람들에게는 100퍼센트 해결책일 수 있지만 다른 사람들에게는 80퍼센트나 90퍼센트밖에 되지 않을 수 있고 자신도 그중 하나라고 그녀는 말했다. "우리처럼 아직도 문제가 해결되지 않은 사람들은 딴 것들을 조절해야 해요."

다이얼러스와 마찬가지로 이드도 집안이 고도 비만 체질이다. 그녀의 외할머니는 몸무게가 180킬로그램이었으며 직계 가족 중 모든 여성이 체중 문제에 시달렸다고 그녀는 내게 말했다. 이드는 어릴 적에 과체중이었으며 마흔 즈음이 될 때까지 "언제나 저열량 저지방 식단과 고강도 운동" 다이어트를 했다고 말했다. 하지만 나이를 먹으면서, 점차 열량 섭취를 줄이고 달리기 거리를 늘렸는데도 건강 체중을 유지하기가 더욱 힘들어졌다. 전공의를 하면서는 달리기와 반기아를 한꺼번에 실천할 시간과 에너지가 바닥났으며 체중은 90킬로그램까지 부풀었다.

어머니가 앳킨스의 조언을 따라 40킬로그램을 감량하자 이드는 여러 저탄고지/케토제닉 식이를 조사하기 시작했는데, 맨 처음 살펴본 사우스비치 식단이 건강에 가장 좋아 보였다. 결국 그녀는 저탄고지/케토제닉 식이와 더불어 유제품을 끊는 방법으로 건강 체중을 유지할 수 있었다. 그녀는 내게 말했다. "유제품을 먹으면 허기가 지고 체중이 늘더라고요. 제 경우는 먹고 또 먹어도 양에 차지 않았어요. 여전히 주의하고 운동도 계속해야 했죠. 하지만 적절한 음식을 먹으면 체중이 널뛰기하지 않도록 할 수 있었어요. 저는 저탄수화물로 균형을 찾았어요."

하지만 40대 초반이 되자 식단의 효과가 사라졌다. 체중은 안정적이었지만 편두통, 피로, 집중력 장애, 과민대장증후군이 생겼다. 그녀는 서서히 무기력해졌다고 말했다. 그녀는 음식에 따른 증상을 일기로 쓰기 시작했다. 당시 하버드에서 일하고 있었기에 "훌륭한 의사, 모든 분야의 전문가"를 접할 수 있었지만, 누구도 그녀에게 무엇을 먹느냐고 묻지 않았다. 그래서 직접 식단 실험을 시작했는데, 문제를 일으키는 것으로 의심되는 식품을 몇 주 동안 끊고서 몸 상태를 기록했다. 결국 그녀는 "두통이 싹 사라지고 원기가 넘치고 소화가 잘되고 정신적인 활력이 가득하여 어릴 적에도 겪어보지 못한 근사한 기분"을 느끼기에 이르렀다.

그 시점에 이드는 거의 고기만 먹었다. 그녀가 말했다. "사람들이 말하는 것과 정반대였어요. 어안이 벙벙했죠. 건강을 되찾으려고 시작한 다이어트 때문에 죽게 될까 봐 겁났어요. 그리고 정신과 의사로서 퍼즐의 다른 조각에 매료되었어요. 기분, 집중력, 정신적 활력, 생산성은 왜 좋아졌을까? 우울과 불안은 왜 사라졌을까? 음식이 뇌에 그런 영향을 미칠 수 있다는 생각은 한 번도 못 해봤어요. 그런데 적어도 제게는 효과가 있더라고요." 그녀는 문헌을 읽으면서 육식 위주 식단이 안전하고 건강에 유익하다는 확신을 얻었다.

이드는 50대 초반에 건강의 변화를 겪으면서 식단을 다시 조금 변경했다. 그녀는 내게 보낸 이메일에 이렇게 썼다. "폐경전후기 증후군이 생겼어요. 체중 증가를 비롯하여 예전의 친숙한 증상들도 일부 돌아왔고요. 이 문제를 해결하려고 식단에 남아 있던 식물성 음식을 모조리 뺐어요." 그녀는 식물을 완전히 배제하자 지금까지의 건강 문제가 해결되었으며, 그동안 증가한 것을 비롯하여 10킬로그램을 감량했다고 말했다. "사람은 저마다 달라요. 모두에게 적용되는 기본 원리가 있긴 하지만, 특정 식품에 민감한 사람도 많죠. 그게 뭔지는 스스로 알아내야 해요."

6. "체중 감량과 관리는 후천적 기술이에요. 연습이 필요하다고요."

이것은 수 울버가 환자들에게 강조하는 메시지다. 울버는 이 책 앞부분에서 살펴본 버지니아주 리치먼드의 의사로, 듀크에 있는 에릭 웨스트먼의 클리닉을 방문하여 그의 성공 사례를 보고서 저탄고지/케토제닉 식이를 처방하는 쪽으로 진료 방침을 바꿨다. 위의 메시지는 설명이 별로 필요하지 않다. 울버는 환자들에게 인생에서 무엇이든 연습하지 않고 잘하기를 기대하느냐고, 계속해서 연습하지 않고 실력이 유지되기를 기대하느냐고 묻곤 한다. 울버가 말한다. "무엇이든 잘하려면 연습을 해야 해요. 연습을 많이 할수록 능숙해지고 수월해지죠. 그 일을 평생 잘하는 데 필요한 기술을 연마하려면 시간과 노력을 쏟아부어야 해요."

통념과 달리 이것은 허기와 함께 살아가는 연습이 아니다. 우리를 살찌게 하고 병들게 하는 식품을 멀리하는 기술과 쾌감을 선사하는 요리법과 음식을 연습하는 것이다. 먹어도 괜찮은 식품과 먹으면 안 되는 식품, 갈망과 체중 증가를 부추기는 식품을 구분하는 데 필요한 기술을 연습하는 것이다. 탄수화물이 당길 때 그런 음식을 먹으면서 얼마나 괴로웠는지, 몇 킬로그램이 늘었는지, 건강이 얼마나 나빠졌는지 기억하고, 도넛이나 맥주의 만족감이 그때로 돌아가는 위험을 감수할 만한 가치가 있는지 따져보는 데 필요한 정신적 기술을 연습하는 것이다.

17 _____ 계획

녹말, 곡물, 당을 끊고 지방으로 대체하려면 연습과 준비가 필요하며
훌륭한 의사의 도움을 받으면 더할 나위 없다

녹말, 곡물, 당을 엄격히 끊고 평생 그렇게 살 수 있는 매우 구체적이고 상세한 방법 ─ 성공이 보장되고 (이상적으로는) 누구에게나 검증된 단계별 방법 ─ 을 제시할 수 있으면 좋으련만, 그런 것은 존재하지 않는다. 인간은 서로 공통점이 많지만, 출발점이 다르고 음식 문화와 가족의 습관이 다르고 필요한 것이 다르다. 저마다 다른 레버를 당겨야 하는 것이다. 기본(먹지 말아야 할 음식)은 명확하지만 세부 사항은 달라질 수 있다. 명심할 것은 구체적인 식단을 따르는 것, 즉 저탄고지나 케토제닉이나 구석기나 그 밖의 식단을 '실천'하는 것을 목표로 삼는 것이 아니라, 자신의 생리적 특징과 대립하지 않고 협력함으로써 체중과 건강을 바로잡는 식사법을 이해하는 것을 목표로 삼아야 한다는 것이다.

오늘날 우리가 가진 이점은 저탄고지/케토제닉 식이가 더는 비주류로 치부되지 않는다는 것이다. 정통파는 여전히 이것을 위험한 반짝 유행 다이어트로 생각할지 몰라도, 저탄고지/케토제닉 식이가 유행하는 것은 실제로 효과가 있기 때문이다. 얼마나 일상화되었는지 시장과 식당, 온라인 쇼핑몰에서 저탄고지/케토제닉 식품(양배추 밥, 애호박 국수)을 얼마든지 접할 수 있다. 케토를 표방하는 가공식품(구석기 식단과 비건에도 잘 맞는 셰이크, 초코바, 과자)도 널리 보급되고 있다(개인적으로는 이런 것을 규칙적으로 먹는 것이 유익한가에 대해 회의적이지만). 모든 것이 인터넷에 올라와 있기에 정보, 요리법, 조언을 쉽게 얻을 수 있다(그중에는 믿을 만한 것도 있고, 그렇지 않은 것도 있다).

저탄고지/케토제닉 식이(탄수화물을 끊고 탄수화물의 열량을 지방으로 대체하는 것)의 개념은 편의상 다섯 가지 필수 요소로 나눌 수 있다. 많은 사람들에게 저탄고지/케토제닉 식이 개념들은 직관적으로 분명하게 다가올 것이며, 식사법을 바꾸는 과정도 수월하게 이해될 것이다. 기분도 더 좋아질 것이다. 당신은 옳은 일을 한다는 신념을 품을 수 있으며, 식단을 평생 유지하면서 오랫동안 성취감을 느낄 것이다. 구체적인 지침이 필요하다면 다음의 요점을 참고하라.

1. 길잡이. 협력할 수 있는 의사를 찾는다.

고탄수화물 음식물을 끊고 저탄고지/케토제닉 식이로 전환하면 말 그대로 몸의 에너지원이 탄수화물 위주에서 지방 위주로 달라진다. 이것은 사소한 변화가 아니다. 말 그대로 몸의 연료 공급 방식을 바꾸게 되기에, 해당 분야에 정통한 의료 전문가의 안내를 받는 것이 유익하다. 운이 좋으면 전환 과정이 수월할 수도 있지만, 장담할 수는 없다. 다만 의사는 비만과 지방 축적(또한 만성병과의 관계)에 대해 통념적으로 생각할 가능성이 매우 크다. 따라서 저탄고지/케토제닉 식이에 대해 잘 알고 있거나, 적어도 열린 마음으로 필요한 공부를 기꺼이 할 만한 의사를 찾는 것이 좋다.

투약 중인 의약품(특히 혈당과 혈압에 관련된 약) 중에서 식단이 바뀌면 끊거나 줄여야 하는 것이 있을 수도 있다. 이런 경우에는 반드시 의사와 상의해야 한다. 의사는 사전 혈액 검사를 비롯하여, LDL 콜레스테롤 모니터링뿐 아니라 인슐린 저항성, 대사증후군, 기타 건강 문제와 관련된 모든 것을 점검하는 등 철저하게 진단할 수 있다. 우울증을 앓고 있거나 머리카락이 빠지거나 습진이나 무좀이 있다면, 식이 변화로 인해 달라지는 모든 것을 확인할 수 있도록 미리 기록해두는 것이 좋다. 꼼꼼한 사전 점검은 당신(과 의사)에게 진척 상황을 평가하기 위한 기준이 될 수 있다. dietdoctor.com, LowCarbUSA.org, lowcarbdoctors.blogspot.com 같은 웹사이트에서 적절한 의사를 찾을 수 있다.

당신의 처지에 공감하는 의사나 영양사를 찾지 못했다면 버타헬스에서 운영하는 것과 같은 프로그램을 이용해보라. 적어도 해당 분야에 정통한 의사와 전화 통화를 할 수 있을 것이다.

2. 목표. 합리적 목표를 정한다.

합리적인 목표를 정하는 것은 성공의 필수 조건이다. 식사법을 바꾸고 평생 유지하려면 사전에 목표를 정해두는 것이 유익하다. 당신의 목표와 이유는 무엇인가? 목표는 평생 추구해야 하기에 현실적으로 세워야 한다. 이를테면 체중을 감량하고 건강해지는 것이 행복과 정확히 일치하지는 않는다. 도움은 되겠지만 이것이 전부는 아니다. 2형 당

뇨병이 있는 사람이라면, 체중을 현저히 감량하지 않더라도 약을 최소
화하거나 아예 끊고서 당뇨병을 조절하는 것만도 목표로는 충분하다.
만성병(또한 이로 인한 온갖 투약과 인적·금전적 손실)을 관리하지 않아도
된다면, 적어도 질병 관리를 최대한 수월하게 할 수 있다면, 도넛, 베이
글, 맥주를 평생 끊을 만한 가치가 있을 것이다. (뉴욕의 심장병 전문의이
자 저탄고지/케토제닉 식이 옹호자 블레이크 도널드슨은 1962년에 출간한 회고록
《강력한 약Strong Medicine》에서 그답게 직설적으로 표현했다. "데니시 페이스트리
를 먹겠다고 인슐린을 맞는 것은 정신 나간 짓이다.")

　　새로운 식사법을 최선을 다해서 실천하는 최소한의 기간을 미리
정해두어야 한다. 어떤 음식을 포기해야 해도 건강과 (아마도) 체중 감
량의 혜택을 생각하면 그만한 가치가 있음을 확신해야 한다. 금연이나
금주의 효과를 확인하려면 몇 주로는 부족한데, 식사법도 마찬가지다.
줄잡아 석 달, 넉넉잡아 여섯 달이면 식단으로 인한 변화를 체감할 수
있을 것이다.

　　장기적인 위험과 유익을 밝혀줄 임상 시험이 없기에, 할 수 있는
최선의 방법은 직접 시도하면서 결과를 확인하는 것이다. 나는 브리티
시컬럼비아의 의사 마틴 안드레이의 표현을 즐겨 인용한다. 그는 환자
들에게 식단을 적어도 한 달, 바람직하게는 몇 달간 시도해보라고 말
한다. "이것이 당신에게 나쁘더라도 한두 달 만에 피해를 입히진 않을
겁니다. 감자칩을 몇 달 동안 안 먹는다고 해서 죽진 않으니까요. 그 기
간이 지나도 전혀 차도가 없으면 그만둬도 괜찮습니다. 하지만 저를
찾아와 예전보다 나빠졌다고 말하는 사람은 한 번도 못 봤습니다. 저
는 이 식단 변경이 누구에게나 유익하리라 확신합니다."

　　하지만 하나만은 장담할 수 있다. 어느 날 저탄고지/케토제닉 식

이가 쓸모없다고 판단하여 당, 곡물, 녹말을 다시 먹는다면 그동안 쌓인 유익이 사라질 것이다. 평생 혜택을 누리려면 평생 노력해야 한다.

3. 절식. 어떻게 시작하는 것이 가장 좋은가는 무엇을 목표로 정하느냐에 달렸다.

많은 사람들에게는 고탄수화물 식품 중독을 치료하는 것이 목표일 텐데, 이를 위해 동원할 수 있는 방법은 여러 가지가 있다. 이를테면 나는 2014년에 카페인 중독이 생산성에 역효과를 낸다는 것을 알고는 끊을 때가 되었다고 판단했다. 단번에 끊는 방법도 있었지만, 카페인 금단 증상을 이겨낼 수 있을 것 같지 않았다. 카페인 없이 정신을 명료하게 하는 법을 뇌와 몸이 새로 배울 때까지는 두통뿐 아니라 피로와 의식 혼탁까지 겪어야 할 수도 있었다.

그래서 서서히 양을 줄이기로 했다. 나는 커피콩 1파운드(약 450그램)면 보통 일주일 반을 버틸 수 있었는데, 이번에는 열 봉지(10파운드)를 사서 동네 바리스타를 찾아가 1번 봉지는 카페인 커피 90퍼센트와 디카페인 커피 10퍼센트, 2번 봉지는 80퍼센트와 20퍼센트, 마지막으로 10번 봉지는 디카페인 100퍼센트로 나눠 담았다. 그렇게 1번부터 10번까지 순서대로 커피를 내려 마셨는데, 효과가 있었다. 카페인을 끊는 과정은 순조로웠으며, 마지막 날에는 카페인 생각이 전혀 나지 않았다. 금단 증상이 전혀 없진 않았지만, 그래도 성공했다. 나는 몇 주면 충분했을지도 모르는 회복·교정 과정을 석 달 반으로 늘리는 대신 더 수월하게 카페인을 끊을 수 있었다. 어느 쪽이 나았을지는 결코 알 수 없을 것이다. 내게 효과가 있는 방법을 택했을 뿐이다.

내가 인터뷰한 의사와 영양사는 대체로 탄수화물을 단번에 끊는 쪽을 선호했지만 무작정 고집하지는 않았다. 상당수는 환자나 고객이 정서적으로, 또한 심리적으로 감당할 수 있는 수준에 맞춰 결정한다고 말했다. 그들의 판단 기준은 환자와 고객이 저탄고지/케토제닉 식이의 필요성과 개념을 얼마나 선뜻 받아들이는가였다.

이 새로운 식사법을 한 번에 한 걸음씩 천천히 시도하고 싶다면 분명한 첫걸음은 어떤 신념 체계를 가졌든 체중 감량, 체중 조절, 건강 식이에 대한 모든 합리적인 접근법의 필수 요건, 즉 당을 끊는 것에서 출발하는 것이다. 여기에는 과일 주스와 스포츠 음료가 포함되며 콤부차, 케피르, 아이스티, 비타민워터 같은 건강 음료도 당이 첨가되었다면 끊어야 한다. 내가 인터뷰한 의사와 영양사는 이 권장 사항을 "열량을 마시지 말라"라는 문구로 표현한다. 이것은 알코올 음료와 (유제품이든 아몬드나 콩 등으로 만들었든) 우유도 끊어야 한다는 뜻이다.

이것이 분명한 첫걸음이라고 해서 반드시 쉽다는 말은 아니다. 하지만 얼마나 어려운가는 가당 음료(또한 여기에 함유된 카페인이나 알코올)에 얼마나 중독되었는가에 달렸다. 당을 끊기 힘들다는 사실이야말로 중독에서 더더욱 벗어나야 하는 이유다.

모든 가당 음료는 대개 식간에 섭취하는 연료 공급원이다. 인슐린 분비를 자극하기 때문에, (이상적 상황에서라면) 지방세포에서 지방을 동원하여 태워야 할 시간에 이 음료의 탄수화물(또는 알코올)을 에너지원으로 태우게 된다. 이 단계—액상 열량의 배제—만으로도 인슐린 저항성, 인체 구성, 어쩌면 활력과 기분까지도 개선할 수 있다. 의사와 영양사가 자신의 신념 체계와 무관하게 이 단계에 환호와 지지를 보내지 않으리라고는 상상하기 힘들다.

내가 인터뷰한 의사 중에서 환자들에게 탄수화물을 단계별로 끊으라고 권하는 사람으로는 텍사스주 코퍼스크리스티의 가정의 윌리엄 커티스William Curtis가 있다. 커티스에 따르면 코퍼스크리스티는 텍사스주에서 비만과 당뇨병 발병률이 가장 높은 도시 중 하나이므로, 그의 환자 중 상당수가 이에 해당한다는 것은 놀랄 일이 아니다. 커티스는 지압요법사인 친구의 권고로 참석한 강연에서 저탄고지/케토제닉 식이를 접했으며, 이 주제에 대한 학회를 처음부터 끝까지 참관하다가 결국 설득당했다. 그는 영양만 가지고 여러 의학적 문제를 치료할 수 있다는 발상에 매료되었다. 그가 말했다. "처음에는 돌팔이라고 생각했습니다. 하지만 강연을 듣고 직접 시도할수록 결과가 나아지더군요. 이를테면 위 역류를 앓는 환자들이 있었는데, 이 질환으로 평생 고생했다고 하더군요. 그런데 곡물과 당을 끊게 하자 위 역류가 감쪽같이 사라진 겁니다. 당뇨병 환자들도 녹말과 당을 끊었더니 A1c 혈색소 수치가 15[중증 당뇨병]에서 석 달 만에 6 이하[건강한 혈당 조절 수준]로 떨어졌습니다. 어떻게 된 걸까요? 그렇게 할 수 있는 약은 어디에도 없습니다. 그래서 본격적으로 파고들기 시작했죠."

커티스는 환자들에게 맨 먼저 80-20 원리를 소개한다. 이것은 우리가 먹는 음식의 20퍼센트가 문제의 80퍼센트를 차지한다는 뜻이다. 그의 환자들에게 이 20퍼센트는 탄산음료, 설탕 넣은 차, 과일 주스, 맥주다. 그는 2017년 7월, 나와의 인터뷰에서 이렇게 말했다. "이 이야기를 오늘도 열두 번은 했을 겁니다. 환자들이 '이건 어때요? 저건 어때요?'라고 물으면 저는 이렇게 말합니다. '탄산음료, 차, 과일 주스, 맥주를 과감하게 끊으세요. 그것만 해보시고 3주 뒤에 다시 찾아오세요.' 매일 마시던 닥터페퍼 두 캔을 끊기만 했는데 3주에 4킬로그램이 빠진 여자분도 있었습니다." 환자들은 액상 탄수화물 및 당을 끊임없이 들이켜지 않을 때 기분이 훨씬 좋아지는 것을 알고 나면 훨씬 적극적으로 바뀐다. "사람들에게 이렇게 말해야 합니다. '다시는 마시면 안 됩니다. 마셔도 되지 않을까, 가끔은 괜찮지 않을까, 이러면 안 됩니다. 그냥 다시는 마시지 말아야 합니다.' 그러고는 책임감을 불어넣습니다. 이렇게 말하는 거죠. '이걸 끊고 느낌이 어떤지 보셨죠? 직접 해내신 겁니다. 당신의 선택이 빚은 결과라고요. 몸에 다른 연료를 주입했더니 반응이 달라졌습니다. 맘에 드세요? 그런가요? 그렇다면 저와 함께 더 구체적으로 시도해봅시다.'"

또 다른 점진적 수법은 녹말, 곡물, 당을 한 번에 한 끼씩 끊는 것이다. 관건은 아침 식사다. 인터뷰에서 두 번 이상 들은 말이 있는데, 전형적인 고탄수화물 아침 식사(시리얼, 잼을 바르거나 바르지 않은 토스트, 주스, 저지방 우유, 가당 저지방 요구르트)를 먹으면 당신(과 당신의 췌장)은 하루 종일 "혈당에 집착하"여 고탄수화물 간식에 대한 생각, 에너지 수준, 허기에 사로잡히리라는 것이다. 단백질과 지방 위주의 아침 식사로 전환하면—달걀과 베이컨이든 훈제 연어와 아보카도든 그 밖의 어떤 조합이든—인슐린과 혈당이 둘 다 낮게 유지되어, 간밤과 아침나절까지 그랬듯 온종일 몸에 저장된 지방을 동원할 수 있다. 오전 내내, 그리고 이른 오후까지 포만감이 유지되는 것에 놀랄 것이다. 아침 식사를 바꾼 뒤 고탄수화물 식품을 포기할 만한 가치가 있겠다는 생각이 들었다면 점심, 저녁, 간식까지 차례로 도전할 수 있다. 이 과정은 비교적 수월하게 진행될 것이다.

하지만 (대부분은 아닐지라도) 상당수의 사람들에게 이 손쉬운 과정은 필연적인 과정을 미루는 것에 불과하다. 더 큰 유익, 특히 유의미한 체중 감량 또한 미뤄진다. 세노권 선문가들은 "케토시스가 섹스보다 낫다"라는 앳킨스의 말을 조롱했지만, 지방을 한껏 동원하여 연료로 태울 때 사람들이 경험하는 활력에 대해서는 나도 할 말이 많다. 당, 녹말, 곡물을 완전히 끊기 전에는 이것이 얼마나 쉬운지 알 수 없다. 핼리팩스의 의사이자 세계적 수준의 철인 3종 경기 선수 출신인 로라 리어던Laura Reardon이 내게 말했다. "결국 환자들에게 해주고 싶은 것은 지속 가능한 생활 습관을 가지게 하는 것이지만, 패러다임 전환을 경험하게 해주고 싶기도 해요. '아아, 좋았어. 건강하다는 게 이런 느낌이구나' 하고 말이에요. 이렇게 하면 식단을 영원히 실천할 수 있는 도구와 동기를 선사하는 셈이죠."

4. 우연. 똑바로 하되 뜻밖의 결과가 일어날 수 있음을 명심한다.

어떤 노력이든, 성공을 거두려면 반대 결과를 예상하고 준비해야 한다. 우리의 경우는 탄수화물 금단 증상 때문에 애로를 겪거나 포기하고 싶은 마음이 들지 않도록 이를 (가능하다면) 예방하거나 적어도 최소화해야 한다. 스티브 피니, 제프 볼렉, 버타헬스에서 유행시킨 개념인 '탄탄한' 저탄고지/케토제닉 식단에 대해 의사와 연구자가 이야기할 때 그들이 의미하는 것은 부작용을 최소화하면서 유익을 극대화하는 식단이다. 저탄고지/케토제닉 식이로 전환하겠다면 똑바로 해야 한다.

탄수화물을 주로 태우다가 지방을 태우도록 전환하면 지방을 지방세포에서 동원하고 케톤 생성을 자극하는 것을 넘어선 생리적인 효과가 발생한다. 예부터 정통파 권위자들은 부작용이 하나라도 나타나는 것은 저탄고지/케토제닉 식이를 그만둬야 할 이유라고 주장했지만, 대부분은 금단 증상에 불과하다. 진전섬망이 알코올 중독자가 다시 술을 마셔야 할 이유가 아니듯, 이 증상들은 결코 당, 녹말, 곡물을 다시 먹어야 할 이유가 되지 못한다. 금단 증상을 겪는 사람은 소수에 불과하지만, 만일을 대비하고 기전을 이해하면 고비가 찾아와도 이겨 낼 수 있다. 의사는 약을 처방할 때 어떤 증상이 생길 수 있는지, 부작용을 최소화하려면 어떻게 해야 하는지(이를테면 식후에 복용하라고) 알려주는데, 저탄고지/케토제닉 식이에서도 마찬가지다.

가장 흔한 부작용은 '앳킨스 플루'라고 알려진 것인데, 요즘은 주로 '케토 플루'라고 부른다. 앞에서 말했듯, 인슐린이 낮아지면 신장이 나트륨(염분)을 저장하지 않고 소변으로 배출한다. 이와 더불어 포도당의 저장 형태인 글리코겐에서 풀려난 수분 몇 킬로그램도 배출된다. 이렇듯 '수분 무게'가 줄어드는 현상은 열량 제한이든 탄수화물 제한이든 모든 다이어트의 초반에 일어나지만, 저탄고지/케토제닉 식이에서는 더 극단적으로 나타난다. 탄수화물이 없으면 글리코겐 비축분이 더 빨리 고갈되기 때문이다. 수분 손실과 나트륨 손실의 조합은 두통, 피로, 메스꺼움, 어지럼증, 변비를 비롯한 유사 독감 증상 대부분—어쩌면 전부—의 주원인인 듯하다.

최악의 상황에는 케토 플루 때문에 몸이 쇠약해질 수도 있다. 시카고 교외의 산부인과 의사 바버라 뷰틴Barbara Buttin은 저탄고지/케토제닉을 처음 시도했을 때 케토 플루 때문에 금방 그만뒀다고 말했다. "계속할 수 없었어요. 수술을 제대로 할 수 없었거든요. 그러다가 몇 달 뒤에 다시 시도하여 성공했죠. 두 번째는 하루 이틀 정도 커피를 끊은 느낌이었어요." 다른 의사들은 몸이 지방을 동원하여 연료로 쓰는 일에 적응하는 동안 환자들이 며칠에서 몇 주까지 "개똥 같은" 기분을 느낀다고 말하기노 했다.

금단 증상을 느낄 가능성에 대한 정확한 수치는 존재하지 않는다. 내가 인터뷰한 의사 중에는 금단 증상이 흔하게 나타난다고 말하는 사람도 있었고 드물다는 사람도 있었다. 위스콘신 동남부에서 의학적 체중 감량 및 건강 클리닉 두 곳을 소유하고 운영하는 개업 간호사 켈리 클라크Kelly Clark는 내게 보낸 이메일에서 이렇게 말했다. "왜 어떤 사람들이 남보다 더 힘들어하는지 꼬집어 말할 수는 없어요. 저는 사흘 간 지독한 두통을 겪었고, 머핀 윗부분을 먹는 꿈을 꿨으며(머핀을 좋아하지도 않는데 말이에요), 한번은 차로를 세 개나 가로질러 식료품점에 들어가서는 좋아하는 초콜릿 칩 스콘을 샀어요! 정신 나간 짓이었죠!"

일화적 경험과 임상 경험에서 알 수 있는 교훈은 지방을 충분히 먹고, 무엇보다 손실된 나트륨과 수분을 보충하면 케토 플루를 예방하거나 증상을 호전시킬 수 있다는 것이다. 그래서 요즘은 탄수화물을 끊을 때 "소금을 먹고 물을 마시"라는 조언을 흔히 듣는다. 소금을 먹는 것은 저탄고지/케토제닉 식이를 통상적 건강식 개념과 달라 보이게 하는 또 다른 이유이지만 말이다. 지난 50년간 소금을 먹지 말라고 한 것은 짠 음식이 혈압을 높이고 고혈압을 일으킨다고 영양 권위자들이 믿었기 때문이다. 이 가설 또한 거듭된 실험에도 입증되지 않았으나, 그런데도 참으로 받아들여졌다.

고혈압이 비만과 당뇨병, 대사증후군(즉, 인슐린 저항성)과 연관된 이유, 즉 고혈압이 대사증후군의 진단 기준 중 하나인 이유에 대해 내놓을 수 있는 설명은 인슐린과 인슐린 저항성이 이 모든 질병에 영향을 미친다는 것이다. 저탄고지/케토제닉 식이를 통해 인슐린 저항성이 완화되고 혈중 인슐린 수치가 낮아지면 염분 섭취와 무관하게 혈압이 떨어진다. 케토 플루 증상을 피하려고 염분과 수분을 보충하더라도 혈압은 여전히 건강 범위 안에서 낮게 유지된다. 고혈압이 있는 사람들의 경우는 염분을 식단에 적잖게 쓰는데도 (임상 시험과 임상 관찰에서) 혈압이 뚜렷이 내려간다.

이 분야에서 가장 많은 연구 경험을 보유하고 버타헬스에서 임상 경험을 쌓은 피니와 볼렉은 나트륨을 하루에 4~5그램씩 섭취하라고 권장하는데, 이것은 소금 두 티스푼가량이거나 미국인 평균 섭취량(당신이 더는 먹지 않는, 대부분 가공되고 탄수화물이 풍부한 '음식을 가장한 물질'에 함유되어 있다)의 두 배가량에 해당한다. 이렇게 먹으려면 식사하고 요리할 때 입맛에 맞게 소금을 듬뿍 치면 된다. 또한 두 사람은 근육 경련을 줄이기 위해 마그네슘 보충제를—처음에는 매일 300~500밀리그램씩—권장한다. 근육 경련은 저탄고지/케토제닉 식이에서 흔히 나타나며 마그네슘 결핍의 증상이다.

나트륨 손실은 저탄고지/케토제닉 식이를 처방하는 의사와 영양사가 (네발짐승이나 가금의 뼈로 만든) 육수 한두 컵을 매일 마시라고 권장하는 주된 이유다. (《뉴욕타임스》 2015년 기사에서 육수를 "완벽한 건강을 위한 차세대 묘약 명단에서 야채 주스와 코코넛 워터와 어깨를 나란히 하는 최신 유행 음료"라고 부른 이유이기도 하다.) 슈퍼에서 파는 육수 분말을 뜨거운 물에 녹이기만 하면 된다. 육수가 싫다면, 나트륨과 전해질이 풍부한 용액인 피클 주스도 있다.

그 밖의 두 가지 금단 증상인 체위 저혈압과 부정맥도 나트륨 결핍과 관계가 있다. 체위 저혈압은 저탄고지/케토제닉 식이로 전환했을 때 혈압이 심하게 떨어져서 누워 있거나 앉아 있다가 일어섰을 때 혈압이 제대로 조절되지 못하는 현상을 뜻한다. 그러면 어지럼증을 느끼거나 기절할 수도 있다. 음식에 소금을 첨가하고 육수를 마시고 (이상적으로는) 마그네슘·칼륨 보충제를 복용하면 체위 저혈압과 부정맥을 치료할 수 있다. (이 미네랄들을 캡슐에 담은 케토 전해질 보충제를 구입할 수도 있다.) 하지만 이런 증상이 나타나면 담당 의사나 심장병 전문의를 찾아가 더 심각한 문제가 생기지 않았는지 점검해야 한다.

또한 대부분의 의사들은 저탄고지/케토제닉 식이에서 만에 하나 부족한 부분을 채우기 위해 멀티비타민을 권장한다. 하지만 고기와 달걀은 필수 비타민과 미네랄의 풍부한 공급원이며, 하루에 한 번은 푸짐하게 먹어야 하는 녹색 잎채소도 마찬가지다. (조지아 이드를 비롯하여 '완전 육식'이나 '탄수화물 제로' 운동을 벌이는 사람들이 동물성 식품만 먹으면서도 건강한 것을 보면 녹색 잎채소조차 건강 식단의 필수 요소가 아닐지도 모른다. 식물을 완전히 배제하는 식단은 적잖은 논란을 불러일으켰으나, 그들의 경험을 무시할 수는 없다.)

비교적 드물게 나타나는 또 다른 금단 증상은 원래 앓고 있던 통풍이 악화되는 것이다. 통풍의 극심한 통증은 과도한 요산 때문에 생기는데, 요산은 지방세포에 저장된다. 요산도 인슐린이 낮을 때 동원되며, 요산은 소변으로 배출될 때 케톤과 같은 신장 전달 체계를 이용한다. (1973년 미국심장협회의 앳킨스 비판서에서는 전문 용어를 동원하여 이렇게 설명했다. "농도가 상승한 혈중 케톤은 신세관 배출을 위해 요산과 경쟁함으로써 고요산혈증을 촉진할 수 있다.") 케톤 수치가 높아지면 요산이 혈류에 쌓여 통풍의 발병으로 이어질 수 있다. 그러면 의사는 이 증상에 여느 통풍과 마찬가지로 대처할 것이다. 하지만 혈중 요산은 결국 건강한 수준으로 돌아갈 것이므로 통풍도 일시적인 증상에 불과하다.

탄수화물 금단 증상을 겪으면 다시 녹말과 곡물을 먹어야 할 것처럼 느껴질 수 있다. 하지만 증상은 언젠가는 사라진다. 최악의 경우라고 해봐야 펜실베이니아주 랭커스터의 의사 패트릭 로할Patrick Rohal이 내게 말한 것처럼 "두어 주 동안 개똥 같은 기분이 드는 것"이 대부분이다. 해결책은 물과 육수를 마시고 음식에 소금을 뿌리고 (필요하다면) 마그네슘 보충제를 복용하고 인내를 가지는 것이다. 금단 증상이 가라앉지 않으면 의사를 찾아가 이유를 파악하라.

✦ ✦ ✦

저탄고지/케토제닉 식이의 부작용 중 하나는 오래갈 수도 있는데, 이 부작용은 의사들의 가장 큰 골칫거리다. 이것은 통념상 '나쁜' 콜레스테롤로 알려진 LDL 콜레스테롤에 미치는 영향이다. 앞에서 설명했듯, 건강 식단에 대한 통념을 결정적으로 좌우하는 것은 이 하나의 수치—LDL 콜레스테롤—와 이것이 심장병 위험의 강력한 예측 인자라는 근거 없는 믿음이다. 의사들은 의과대학에서 LDL 콜레스테롤이 높으면 환자들에게 스타틴 같은 콜레스테롤 강하제를 처방해야 한다고 배운다. 물론 환자들이 지방을 조금이라도 먹고 있다면 섭취를 금지하라고도 교육받는다.

LDL 콜레스테롤의 역할은 아직도 논란거리다. (논란거리라고 말할 수 있는가조차 논란거리가 될 수 있지만.) 요점은 정제 곡물, 당, 녹말을 배제한 고지방 식단의 무언가가 LDL 콜레스테롤을 증가시키고 그와 동시에 LDL 입자의 개수를 끌어올리는데, 후자야말로 (앞에서 말했듯) 심장병의 훨씬 정확한 예측 인자라는 것이다. 탄수화물을 끊었을 때 LDL 증가(콜레스테롤 또는 입자 개수)를 경험하는 사람의 비율이 얼마나 되는지에 대한 데이터는 존재하지 않지만, 드문 사례는 아니다. 포화지방

의 함량이 원인일지도 모르지만, 포화지방이 풍부하지 않은 구석기 식
단(유제품과 버터는 엄밀히 말해서 구석기 식단이 아니다)을 실천하는 사람들
도 LDL 콜레스테롤 수치가 상승하는 것으로 알려졌다. 저탄고지/케토
제닉 식이 분야에서 이 사람들은 '과반응자'로 불리는데, 이에 해당하
는지 알아보는 신뢰할 만한 유일한 방법은 고탄수화물 식품을 끊고 직
접 확인하는 것이다.

　더 중요한 문제는 이것이 해로운가, 그렇다면 얼마나 해로운가다.
즉, (1) LDL 증가(콜레스테롤 또는 입자 개수)는 탄수화물을 끊었더라도 심
장병 위험이 높다는 뜻인가? (2) 그 위험은 유의미한가? (3) 비만, 당뇨
병, (이것과 인슐린 저항성에 관계된) 모든 대사 장애(즉, 대사증후군)를 바로
잡는 유익이 LDL 콜레스테롤이 증가한다고 해서 상쇄되는가?

　저탄고지/케토제닉 식이를 하다가 LDL 콜레스테롤이 상승한 환
자를 만나면 의사들은 체중이 얼마나 감량되었고 혈압과 혈당 조절이
얼마나 개선되었든 간에 상관없이 탄수화물로 돌아가라고—사실상
(아일랜드의 의사 대니얼 머태그의 말마따나) 감자와 토스트를 먹는 식사로
돌아가라고—으레 조언한다. 여러 세대에 걸쳐 의사들은 LDL 콜레스
테롤을 낮게 유지하는 것을 심장 건강의 알파이자 오메가라고 여긴다.
하지만 의사들이 저탄고지/케토제닉 식이의 이점에 정통하거나 열린
마음을 가질수록 이런 반사적인 보수적 반응은 드물어지고 있다.

　지금으로서는, 이 상충 관계 문제(체중이 감량되고 혈당이 조절되고 혈
압이 내려가지만 그 과정에서 LDL 콜레스테롤이 높아지는 것)는 논란거리이며
논란을 해소할 수 있는 장기적 임상 시험은 전혀 실시되지 않는다. 전
문 지식을 갖춘(여기서 '전문 지식을 갖췄다'는 말은 비만 과학의 양편을 이해
하려고 노력했다는 뜻이다) 의사와 연구자는 나와의 인터뷰에서 'LDL이

엄청나게 중요하고 수치가 상승하는' 최악의 시나리오에서조차 포화 지방 섭취를 줄이고 이를 단일불포화 지방으로 대체하거나(이를테면 버터 대신 올리브유를 섭취한다) 비교적 무해한 콜레스테롤 강하제를 쓰거나 두 방법을 혼용하여 LDL을 낮출 수 있다고 말했다. 어느 쪽이든 고 탄수화물 식품을 끊었을 때 얻을 수 있는 건강상의 나머지 모든 유익은 고스란히 지킬 수 있다.

의사들이 전통적인 사고방식으로 기울어 있다면 LDL이 상승했을 때 스타틴 같은 콜레스테롤 강하제를 권고할 것이다. 그러지 않는다면, 그 이유는 장수와 건강에 대해 사소하고도 불확실한 유익을 얻기 위해 매일같이 평생 복용해야 하는 약물의 부작용을 감수할 가치가 없다고 생각하기 때문일 것이다(나도 같은 생각이다). (버타헬스의 의뢰로 인디애나 대학교에서 2형 당뇨병 환자 대상 임상 시험을 실시한 세라 홀버그는 경험상 영양학적 케톤증 상태에 있는 '과반응자'들이 한 달에 몇 달러밖에 안 하고 무해한 것으로 알려진 저용량 제네릭 스타틴으로 콜레스테롤을 낮출 수 있다고 말한다.)

몇 년 전 내가 '혈중 지질'을 마지막으로 검사했을 때, LDL 콜레스테롤이 상승했으며 혈류의 LDL 입자 개수도 늘어 있었다. 그 몇 년 전에는 그렇지 않았다. 하지만 그 밖의 심장병 위험 인자는 전혀 없었다. 나는 단기적인 유익이 전혀 없는 약물을 평생 복용하기보다는 높은 LDL을 지닌 채 살아가는 쪽을 선택했다. 이것은 정보에 입각한 도박이다. 나는 약물에 의존하고 싶지 않다. 현재의 증상을 해소하는 게 아니라 미래의 질병을 예방한다는 약물은 더더욱 사절이다. 차라리 위험을 감수하겠다. 내가 이야기를 경청하는 의사 친구들 중에는 저탄고지/케토제닉 식이에 정통하고 LDL-P(입자 개수)가 높은 사람들이 있는데, 그들은 저용량 스타틴을 복용한다. 이것은 당신이 판단하는 근거와 의사의 권고를 얼마나 신뢰하는지에 따라 스스로 내려야 하는 결정이다.

5. 끈기. 어려움으로 가득한 세상에서 자신이 시작한 것을 지속한다.

오리건주 포틀랜드의 의사로, 지금은 버타헬스에서 일하는 제프 스탠리Jeff Stanley는 나와의 인터뷰에서 저탄고지/케토제닉 식이를 환자들에게 처방할 때의 두 가지 주된 어려움을 이렇게 표현했다. "사람들로 하여금 이 식사법에 성공하도록 하기 위한 최대 난관은 일단 시도하도록 하는 것입니다. 시도하면 효과를 경험할 테니까요. 하지만 두 번째로 큰 난관은 식단을 유지하도록 하는 것입니다." 그것은 효과가 감소하거나 사라지기 때문이 아니라―환자들은 여전히 허기 없이 체중을 감량하며 자신이 건강하다고 느낀다―그의 말마따나 "삶의 제반 여건들이 걸림돌이 되"기 때문이다. 스탠리는 탄수화물을 끊고 한 달 만에 20킬로그램을 감량한 환자들이 "끝내주는 기분을 느끼"다가, 휴가를 떠나서 유혹에 넘어가면 원래 식단으로 돌아오기 힘들어한다고 말한다. "중요한 것은 사람들로 하여금 저탄고지/케토제닉을 생활 습관으로 받아들이도록 하는 것입니다. 사람들은 이 식단을 따를 때 몸이 얼마나 좋아지는지, 얼마나 건강해지는지 깨달아야 합니다. 빵과 컵케이크를 멀리하는 한이 있더라도 말이죠."

탄수화물을 끊는 데는 (이를테면) 금연에서보다 훨씬 까다로운 난관이 있으니, 그것은 세상이 합심하여 탄수화물 끊기를 최대한 힘들게 만든다는 것이다. 집을 나서거나 텔레비전(또는 인터넷)을 켜면 결심을 무너뜨리는 유혹에 빠지지 않을 도리가 없다. 휴일마다, 외식할 때마다, 친구를 만날 때마다, 사내 다과회나 커피 타임 때마다 친구, 가족,

동료가 권하는 음식과 간식을 거절해야 한다. 이 경험은 파블로프 반응과 뇌상 반응에 의해 강화되어 이 음식들을 먹고 싶은 충동을 일으키며 '이번 한 번만'이라는 식으로 타협을 부추긴다.

당신이 담배를 끊으면 친구들은 금연을 지지하고 격려할 가능성이 매우 크다. 자기들끼리는 담배를 피우더라도 옆에서는 피우지 않을 것이다. 당신이 밖에 나가서 피워달라고 말하면 거절하지 않을 것이다(적어도 진짜 친구라면). 많은 정부는 공공장소에서의 흡연을 금지하는 규칙을 제정하여 금연에 일조한다. 명분은 비흡연자를 간접흡연으로부터 보호하는 것이지만, 금연이 수월해지는 간접적인 효과도 있다. 하지만 탄수화물을 끊었다고 해서 친구들이 이탈리아 레스토랑에서 파스타를 시키지 않거나―그들 또한 탄수화물을 끊은 게 아니라면―당신을 배려하여 디저트를 거절하거나 자신들의 생일잔치에 생일 케이크를 내놓지 않는 것을 기대할 수는 없다. 파티에서 과자나 케이크를 거절하고 싶은 사람은 없겠지만, 중독에서 벗어나려면 거절하는 법을 배워야 한다.

로스앤젤레스 지역에서 체중 조절 클리닉 체인을 운영하는 의사 게리 김에게 환자들이 이런 문제를 겪을 때 어떻게 조언하느냐고 물었더니, 그는 달리 방법이 없어서 식품 환경을 악마화한다고 말했다. "우리 대 그들이라는 사고방식을 주입하려고 노력합니다. 사람들이 우리를 뚱뚱하게 만들려고 음모를 꾸미고 있고, 우리는 맞서 싸워야 한다고 말하는 거죠. 선을 긋고 그들이 이기지 못하게 해야 한다고 말입니다."

이 전투에서 패배하는 것은 시간문제다. 이따금 나와 함께 작업하는 신문 편집자는 저탄고지/케토제닉 식이를 시작한 뒤 겪은 개인적인 경험의 관점에서 이 현상을 묘사했다. "사소한 실수 한 번이면 탄수화물로 돌아가요. 아무것도 안 먹다가 쌀 한 톨을 먹었는데, 저도 모르게 도넛을 흡입하고 있는 거예요."

많은 사람들은 항상 미끄러운 함정의 가장자리에 있다는 느낌을 받으며 살아간다. 이런 까닭에 나는 개인적으로 당을 적당히 먹으려 노력하기보다 아예 끊는 게 차라리 쉽다고 생각한다. 나는 맛있는 디저트를 몇 점 베어 물었을 때 (아내와 달리) 포만감을 느끼지 못하며 모조리 먹어치우고 더 먹으려는 갈망을 느낀다. 곡물과 녹말은 적당히 먹으려 들면 오히려 더 먹고 싶어진다. 하버드 대학교의 소아과 의사이자 영양학자 데이비드 루드위그(《늘 배가 고픈가요?》의 저자)는 이 현상을 이렇게 표현한다. "고지방 식품을 먹으면 폭식을 끊을 수 있는 데 반해, 고탄수화물 식품을 먹으면 폭식이 심해진다." 이 현상은 앞에서 언급한 인슐린 기전으로 설명할 수 있다.

기전이야 어떻든, '이번 한 번만'이나 '딱 한 입만'이라는 생각이 폭식과 고탄수화물 고당질 식단으로 이어지는 실수를 피하는 것이 목표라면, 약물 중독 분야에서 재발 방지를 위해 개발된 기법을 이 상황에 적용해보라. 이 기본 원칙들은 수십 년에 걸쳐 개량되었으며 중독 전문가들에 따르면 "중독에서 완전히 벗어나"고 그 상태를 유지하고 싶은 사람이라면 누구나 효과를 거둘 수 있다.

이 원칙들 중 상당수는 우리가 자녀에게 말썽부리지 말라고 충고할 때처럼 상식적인 것들이다. 유혹의 근원을 멀리하려면 눈에서 멀어져 마음에서도 멀어지도록 하는 것이 최선이다. 캘리포니아 대학교 버클리 캠퍼스의 중독 전문가 로라 슈미트Laura Schmidt는 나와의 인터뷰에서 당 중독에서 벗어나는 방법을 이렇게 설명했다. "알코올 중독자가 술을 마시지 않으려면 술집에 취직하거나 식료품점의 주류 코너에 가서도 안 돼요." 탄수화물을 끊기가 술을 끊기보다 힘든 이유는 갈망을 촉발하는 이 식품이 어디에나 널려 있기 때문이지만, 그래도 탄수화물을 멀리하려고 노력해야 한다.

맨 처음 할 일은 주변을 부엌과 찬장, 책상 서랍까지 싹 청소하여 고탄수화물 식품을 보이지 않게 하는 것이다. 매사추세츠주 폴리버의 정신과 의사 데이비드 위드David Weed는 2013년에 설립한 지역사회 건강 프로그램으로 로버트 우드 존슨 재단으로부터 건강문화상을 받았다. 그의 프로그램에 포함된 저탄고지/케토제닉 식이 10주 코스는 해마다 1,000명 이상이 참가하는 연례 몸 만들기 도전 행사의 일환이었다. 5년간 100명 이상이 그의 코스를 수강했다. 이 코스에서 성공을 거둔 사람들("최고의 결과를 낸" 사람들)은 맨 먼저 집에서 탄수화물을 말 그대로 '일소'한 사람들이었다. 그런 다음 그들은 언제나 요리하여 먹을 수 있도록 케토제닉 식품으로 냉장고를 채웠다. 그는 참가자들에게 환경의 위력을 만만히 보면 안 된다고 말한다. "집에 음식을 가져오면, 먹어야 하는 것이든 먹지 말아야 하는 것이든 결국은 먹게 됩니다. 집에 가져오는 탄수화물을 섭취하지 않을 자제력이 있다고 생각하지 마세요. 결단은 식료품점에서 내려야 합니다." 그가 즐겨 쓰는 표현은 이것이다. "사두면 먹게 됩니다."

이 말은 결심을 약하게 할 수 있는 경험과 환경을 미연에 방지해야 한다는 뜻이다. 습관으로 들이고 익혀야 하는 것 중 하나는 사무실 다과회에서, 공항과 기내에서, 휴가지에서, 명절 밥상에서 먹어도 되는 것과 먹으면 안 되는 것을 미리 생각해두는 것이다. 저탄고지/케토제닉 식품이 준비되어 있지 않을 법한 곳에 갈 때는 직접 가져가라. 비선이나 채식주의자라면 그런 상황에서 두 번 생각하지 않고 이렇게 물을 것이다. 무엇을 먹을 수 있을까? 당신이 먹는 것이 나머지 사람들이 먹는 것과 일치하지 않을 때 자연스럽게 던져야 할 질문이다. 캐리 다이얼러스는 비행기를 탈 때 간식으로 마카다미아를 꼭 챙긴다고 말했다. 모두가 무언가를 먹는데 저탄고지/케토제닉을 선택할 수 없는 상황이라면 자신이 먹을 것을 직접 가져가는 편이 낫다. 이런 사고방식과 노력은 건강하게 먹으려는 모든 시도에 적용할 수 있다. 초점을 올바르게, 더 뚜렷하게 맞추기만 하면 된다.

환경의 위력에는 더 중요한 의미가 있는데, 가족이 당신과 같은 음식을 먹을 때 성공 가능성이 커진다는 것이다. 저탄고지/케토제닉이 건강에 가장 좋은 식사법이라고 생각한다면 집안의 모든 사람을 설득하는 것이 유익하다. 흡연자가 담배를 끊으려면 집안에 흡연자가 득시글하기보다는 다 함께 담배를 끊거나 흡연자가 한 명도 없는 쪽이 유리할 것이다. 저탄고지/케토제닉 식이도 마찬가지다. 위드는 이렇게 말했다. "변화를 이끌어내는 데 가장 성공한 사람들은 배우자를 설득한 사람입니다. 반면에 가장 어려움을 겪는 사람들은 고탄수화물 식품을 고집하는 자녀와 배우자를 비롯하여 탄수화물 중독자로 가득한 집으로 퇴근하는 사람입니다. 많은 사람들에게 그런 상황에 대처하는 건 너무 힘든 일이며, 그들이 포기하는 것은 저탄수화물이 효과가 없어서가 아니라 그런 환경에서 저탄고지를 유지하기가 너무 힘들기 때문입니다."

'주변'에는 사람들(친구와 동료)도 포함되기 때문에, 그들이 당신의 시도를 이해하고 지지해주면 도움이 될 것이다. 경우에 따라서는 인맥을 바꿔야 할 수도 있다. 금연이나 금주를 시도할 때와 마찬가지로, 가족과 친구를 설득하여 당신의 건강에 신경 쓰게 하는 것뿐 아니라 가

입할 만한 저탄고지/케토제닉 식이 모임을 (필요하다면 온라인에서) 찾을
필요도 있다. 그들은 당신이 하는 일을 지지하고 질문에 답하거나 조
언을 제시하고, 당신이 실수하더라도 재도전하도록 도와줄 것이다. 이
것은 알코올 중독자가 금주회에 가입하고, 정신적 문제나 중독 문제를
가진 사람이 집단 치료에 참여하는 것과 같은 이유에서다. 위드는 말
했다. "이런 시도를 하고서 좋은 결과를 얻지 못한 사람은 한 명도 못
봤습니다. 단 한 명도요. 하지만 많은 사람은 좋은 결과를 얻은 뒤에 포
기하고 맙니다. 저는 늘 묻습니다. '왜 그만두셨나요?' 온갖 모호한 답
변이 노력에 대해 지원을 받지 못했다는 사실로 귀결합니다. 집단의
일원일 경우에는 잘 해냅니다. 이는 실천에서 정말로 중요한 부분입니
다. 집단 안에서 실천하는 사람들은 많은 것을 배울 수 있으며, 더 중요
하게는 같은 노력을 하는 동료들에게서도 교훈을 얻을 수 있습니다."

　　이 모든 일은 이상한 나라의 앨리스처럼 토끼굴에 내려가는 과정
의 일부다. 트위터와 인스타그램에서 저탄고지/케토제닉 식이 관련
게시물을 지속적으로 읽는 것도 좋고 Dietdoctor.com나 Diabetes.
co.uk 같은 웹사이트와 페이스북 그룹에 가입할 수도 있다. 육류와 동
물성 식품을 적혀 먹지 않는 사람은 저탄고지/케토제닉 식이를 실천
하는 비건들의 페이스북 그룹에 가입하여―이 책을 쓰는 지금 회원
수가 5만 명 이상인 그룹도 있다―필요한 지원, 조언, 요리법을 얻을
수 있다.

6. 실험. 저탄고지/케토제닉 식이로 건강이 충분히 바로잡히지 않았을 때 어떤 레버를 당겨야 하는지 안다.

저탄고지/케토제닉 식이는 어떤 사람들에게는 "마치 마법처럼" 효과를 발휘하지만, 다른 사람들에게는 그렇지 않을 수도 있다. 잉여 지방이 모두 빠지는 사람이 있는가 하면, 원하는 만큼 빠지지 않는 사람도 있다. 어떤 사람은 건강 문제가 싹 해결되지만, 어떤 사람은 그렇지 않다. 한동안, 몇 년간 날씬해지고 건강해지다가도, 결국 건강과 건강 체중을 달성하지 못하는 사람들도 있다.

여기서는 개인별 편차가 결정적인 요인으로 작용한다. 한 가지 분명한 이유는 인슐린 이외의 호르몬이 지방 축적에 작용하기 때문이다(인슐린과 식이의 관계가 여전히 가장 중요하긴 하지만). 그래서 남성은 여성보다 잉여 지방이 쉽게 빠지고, 젊은 사람은 나이 든 사람보다 수월하게 감량한다. 이 현상은 영국의 의사 로버트 켐프Robert Kemp가 처음 발견했는데, 그는 1956~1975년에 과체중 환자 1,400여 명에게 저탄고지/케토제닉 식이를 권장한 임상 경험을 일련의 논문으로 발표했다. 내가 인터뷰한 의사들 중 상당수도―전부는 아니지만―여기에 동의했다. 테스토스테론과 에스트로겐 둘 다 지방 형성을 억제하는데, 테스토스테론은 허리 위에, 에스트로겐은 허리 아래에 작용한다. 나이가 들면서 두 호르몬의 분비가 감소하면 억제력이 약해지며 지방세포는 이에 반응하여 크기가 커진다. 이런 까닭에 어떤 사람은 잉여 지방이 조금만 빠지는 반면에, 어떤 사람은 훨씬 좋은 성과를 거둔다. 인슐린은 지방 축적을 관장하는 호르몬이고 식단을 바꿈으로 가장 확실하게 조절할 수 있는 호르몬이지만, 이것만으로는 충분하지 않을 수 있다.

인터뷰 과정에서 저탄고지/케토제닉 식이가 언제, 왜 실패하는지,

왜 어떤 사람은 체중을 감량하는데 어떤 사람은 오히려 살이 찌는지
물었더니, 많은 사람들이 사연을 들려주었다. 그중에는 환자의 이야기
도 있었고 의사의 이야기도 있었다. 이를테면 캐리 다이얼러스는 버
터를 너무 많이 섭취하면 체중이 증가하더라고 말했다. 그녀는 버터가
'끄기 스위치'를 누르지 않는다는 사실을 알고서 버터를 먹지 않기로
했다. 또한 저탄수화물 케이크, 쿠키, 디저트 같은 케토제닉 '간식'도
제한하여 아주 가끔씩 섭취한다(나도 마찬가지다). 이런 음식은 자칫하
면 과식하게 되기 때문이라고 그녀는 말한다. 저탄고지/케토제닉 식
이를 더 전통적인 '건강' 식단과 비교하는 일련의 임상 시험을 진행한
심리학자는 인터뷰에서 딸기를 하루에 네 개만 먹어도 탄수화물을 갈
망하게 되더라고 말했다(그녀는 신원을 밝히고 싶어 하지 않았다). 따라서
그녀는 다른 제철 베리는 먹지만 딸기는 먹지 않는다. 나는 견과를 한
번 먹기 시작하면 더 먹고 싶어지기 때문에, 건강 체중을 유지하려면
견과를 멀리하는 게 상책이다. 하지만 건강 체중을 장기적으로 유지하
는 데 필요한 기술과 습관을 가졌다고 확신하고 견과를 무척 좋아하기
에, 이따금 견과의 유혹에 넘어가기도 한다.

　이 일화들을 보면 이 의사들이 왜 "자신의 트리거를 찾으"라고 말
하는지 알 수 있다. 유혹에 넘어가게 하는 환경적 트리거뿐 아니라 갈
망을 일으키는 음식, 딴 사람은 마음껏 먹어도 괜찮을지 모르지만 자
신은 그럴 수 없는 음식에도 주의해야 한다. 저탄고지/케토제닉 식이
의 기본은 명백하지만—곡물, 녹말 채소, 당을 끊고 그 열량을 지방으
로 대체하는 것—개인별 편차 때문에 정체기가 찾아올 수 있으며, 그
러므로 무엇을 먹고 먹지 않을지를 세심하게 조절해야 한다.

　경험 많은 의사나 영양사에게 도움을 받을 수 없다면 식단을 바

꿔가면서 무엇이 문제이고 효과가 있는지 또는 없는지 실험해서 직접 알아내야 한다. 결과를 확인하려면 실험 기간이 적어도 몇 주는 되어야 한다. 문제는 세 가지 주요 범주—또는 저탄고지/케토제닉 식이가 더는 효과를 발휘하지 않거나 충분한 효과를 발휘하지 않을 때 당겨야 할 세 가지 레버—로 나뉜다.

명백한 첫 번째 범주는 아직도 탄수화물을 너무 많이 먹고 있는 건 아닌지 따져보는 것이다. 환자들이 탄수화물을 엄격히 제한하고 있다고 장담하는데도 체중 변화가 없다면 의사들은 그 말이 사실인지 확인하기 위해 사흘 동안 세세한 식단 일기를 쓰도록 한다(지금은 앱이 있어서 쉽게 기록할 수 있다). 의사들은 이때 환자가 케토시스 상태인지 확인할 필요가 있다고 말한다. 이것은 건강과 건강 체중을 달성하는 데 케토시스가 필요하기 때문일 뿐 아니라, 케토시스가 탄수화물 제한 여부를 알 수 있는 신뢰할 만한 표시이기 때문이기도 하다. 환자가 케토시스 상태라면 의사는 환자가 탄수화물을 정말로 제한하고 있다고 확신하고 (필요하다면) 다른 이유를 찾아볼 수 있다.

탄수화물이 부지불식간에 식단에 스며들진 않았는지 살펴보는 것도 중요하다. 아직도 사과를 건강 간식으로 여겨서 하루에 한 알씩 먹거나, 그레이비 소스를 걸쭉하게 만들려고 옥수수 녹말을 첨가하거나, 견과와 견과 버터를 섭취했다가 탄수화물이 쌓일 수 있기 때문이다. (수 울버는 저탄고지/케토제닉 식이로 "절묘하게 조절하"던 혈당치가 갑자기 급상승한 당뇨병 환자 이야기를 들려주었다. 이 환자는 배탈이 나서 거의 매시간 텀스를 복용하기 시작했는데, 텀스는 위산 역류를 막기 위한 제산제로, 한 알에 탄수화물이 약 1.5그램[6칼로리] 들어 있다. 이것만으로도 혈당을 적잖이 올리기에 충분했던 것이다. 울버가 사태를 파악하여 텀스의 복용을 중단시키자 혈당치는 정상으로 돌아왔다.) 켄 베리에 따르면 또 다른 흔한 문제는 '덜 나쁜 것'을 '좋은 것'으로 착각하는 것이다. 그가 내게 말했다. "고구마가 감자만큼 나쁘진 않다는 얘길 듣고서 고구마를 먹는 환자들이 있습니다. 빵은 먹지 않지만 밀가루 토르티야를 먹는다거나, 흰 빵 대신 통밀빵을 먹기도 합니다. 물론 이런 것들이 덜 나쁠 수는 있겠지만, 아주 좋지도 않습니다."

물론 이것들의 상당수는 상식으로 귀결한다. (적어도 비만이 호르몬/조절 장애이고 지방 축적과 먹는 것의 관계가 인슐린과 탄수화물을 통해 작동하는 세상에서는 상식이다.) 이를테면 슈퍼마켓에서 저탄수화물 식품을 사 먹는데 살이 빠지지 않는다면 그 식품이 문제일지도 모른다. 스포캔의 비만의학 전문의 브라이언 새보위츠Brian Sabowitz는 이런 식으로 표현했다. "저탄수화물 식단을 지킨다고 생각하지만 실제로는 아닌 것이죠." 새보위츠가 즐겨 드는 예는 슈퍼마켓에서 즉석식품으로 파는 참치 샐러드다. "정보 표시면을 들여다보지 않으면 자신이 참치와 마요네즈, 셀러리 약간을 섭취하는 줄 알 겁니다. 하지만 살펴보면 또 다른 성분으로 액상과당이 들어 있다는 걸 알 수 있습니다. 이렇게 당을 잔뜩 먹어놓고도, 저탄수화물 식단을 실천했는데 실패했다며 효과가 없다고 생각하는 겁니다."

내가 인터뷰한 의사들 중에서 '순탄수화물' 개념이 요긴하다고 생각하는 사람은 거의 없었다. 순탄수화물은 소화되어 혈류에 흡수되는 탄수화물만 측정한 값으로, 소화·대사되지 않는 탄수화물(섬유질)은 포함되지 않는다. 순탄수화물은 지정된 탄수화물 일일 최대 섭취량(이를테면 케토제닉 식단에서 종종 한계로 정하는 50그램)을 지키는 데는 유익할 수 있다. 하지만 잉여 체지방이 남아 있는데도 체중 감량이 멈췄으면 제조사의 순탄수화물 표시보다는 자신의 몸을 믿는 게 현명하다. 목표는 엄격한 절식이며, 너무 긴장을 풀면 몸이 안다.

둘째, 식단에 지방이 너무 많으면 역설적으로 체중 감량이 지지부진할 수 있다. 저탄고지/케토제닉 식단이 점차 주류가 되면서 생리적으로 부자연스럽게 몸에 지방을 주입하는 새로운 방법들이 등장했다. 최근까지도 인류는 (어느 정도의) 단백질이나 탄수화물을 곁들이지 않고서 지방을 마실 기회가 없었다. 그런데 지금은 상황이 달라졌다. 이를테면 실리콘 밸리의 사업가 데이브 애스프리Dave Asprey가 유행시킨 방탄커피는 커피에 버터(또는 기버터)와 (주로 코코넛 기름에서 추출한) MCT 오일을 섞은 것이다. MCT(중사슬 중성지방)는 주로 간에서 대사되기 때문에 식단에 탄수화물이 약간 들어 있어도 케톤 합성을 증가시킬 수 있다. 이런 까닭에 방탄커피는 커피에 들어 있는 카페인과 별도로 활력을 끌어올릴 수 있지만, 몸에 지방을 들이붓거나 몇 시간에 걸쳐 링거 주사처럼 주입하는 격이다.

어떤 사람들은 이렇게 해도 탈이 없을지 모르지만, 또 어떤 사람들은 먹는—이 경우는, 마시는—지방을 태우는데도 여전히 잉여 지방이 지방 조직에 저장되어 있을 수 있다. 시애틀의 의사로, 20년 가까이 저탄고지/케토제닉 식이를 옹호한 테드 네이먼Ted Naiman이 말했다. "저는 코코넛 기름을 지금 당장 0.5리터도 먹을 수 있습니다. 그러면 이제껏 본 어떤 케토시스보다 강력한 케토시스 상태가 됩니다. 그런데도 체중은 줄어들지 않습니다. 지방을 태우긴 하지만, 그것은 저장된 지방이 아니라 제가 먹은 지방이거든요." 이렇게 주입된 지방을 몸이 태우느냐, 저장하느냐도 시간이 지나면서 달라질 수 있다. 체중 감량 기간에 감당할 수 있는 것과 체중이 안정기에 접어들었을 때 감당할 수 있는 것은 다를 수 있다. 지방을 마음껏 먹어도 잉여 지방으로 저장되지 않는다는 발상은 어떤 사람에게는 사실일지도 모르지만 모든 사람에게 해당하지는 않는다.

셋째, 단백질을 너무 많이 섭취하고 있는지도 모른다. 앞에서 설명했듯, 건강 패러다임들을 절충하여 저탄수화물인 동시에 저지방인 식단을 시도하는 경향이 많이 보인다. (이것은 1970년대 이전에 많은 의사들이 비만에 처방하던 방법으로, 몸이 단백질은 필요로 하지만 탄수화물과 첨가지방의 열량은 없어도 살 수 있다고 생각했다.) 그 결과는 (식사에서 포만감을 느끼지는 못해도) 식단에서 열량을 제한하거나 단백질의 비중을 매우 높이는 것이다. 단백질의 아미노산은 인슐린을 상승시킬 수 있으며, 이는 지방 축적과 (식탐과 폭식을 비롯한) 허기를 자극하기에 충분할지도 모른다. 해결책은 지방을 더 첨가하는 것이다. 즉, 채소에 버터나 올리브유를 첨가하고 닭 가슴살 대신 껍질 있는 닭고기를 먹고 살코기 대신 기름진 고기와 생선을 먹는 것이다.

인공 감미료는 저탄고지/케토제닉 식이가 제대로 작동하지 않는 또 다른 이유일 수 있다. 내가 인터뷰한 대부분의 의사와 영양사는 저탄고지/케토제닉 식이로 전환하고 당 중독에서 벗어나는 데 인공 감미료가 요긴한 매개체로 쓰일 수 있다고 생각한다(나도 같은 생각이다). 수 울버는 인공 감미료의 이러한 역할을 헤로인 중독 치료제인 메타돈에 빗대어 "당의 메타돈"이라고 부른다. '천연' 재료로 만든 인공 감미료(이를테면 중앙아메리카의 관목에서 추출한 스테비아나 나한과)는 현대의 화학 실험실에서 발명되거나 발견된 감미료보다는 무해할지도 모른다. 하지만 이런 추측을 뒷받침할 만한 유의미한 실험 증거는 전혀 없다. 사카린은 콜타르 부산물에서 처음 발견되었으며, 1890년대 이후

감미료로 썼였다. 단맛이 설탕보다 300~500배 강하기 때문에, 300분의 1~500분의 1만 써도 같은 단맛을 낼 수 있다. 대사되지 않은 채 몸을 통과한다는 사실도 매력적이다. 이런 인공 감미료가 그 자체로 해롭다는 주장은 (내가 보기엔) 설득력이 부족하다. 하지만 인공 감미료가 우리 몸을 속여 설탕이 섭취되고 있는 것처럼 착각하게 만들어 지방이 대사되고 (저장된 지방이) 연료로 쓰이는 것을 방해한다는 증거는 일부 존재한다. 어쩌면 단지 탄수화물을 점점 갈망하게 만들기 때문인지도 모른다.

체중 감소가 멈추었는데도 **빼야** 할 잉여 지방이 여전히 많이 있다면 상식을 동원해야 한다. 자신이 먹거나 마시는 것 중에서 무엇이 지방 대사를 방해하고 있는지 스스로에게 물어보라. 만일 인공 감미료를 쓰고 있다면 이것이 확실한 용의자이므로, 섭취를 중단하고서 경과를 보는 것이 타당하다. 몇 주 동안 끊어보라. 끊기가 힘들수록 끊는 것이 좋은 생각일 가능성이 크다. 저탄고지/케토제닉 식이에 대한 인체 반응이 달라지거나 다시 날씬해지기 시작한다면, 인공 감미료가 **몸**에서 문제 반응을 촉발하고 있었다고 판단할 수 있다. 당신이 선택한 감미료가 어떤 사람에게는 괜찮아도 당신에게는 아닐지도 모른다. 감미료를 식단에 다시 넣고서 체중 감소가 다시 멈추는지 살펴보라. 그렇다면 당신의 몸은 이 감미료를 감당할 수 없는 것이다.

단것에 대한 갈망이나 욕구에서 벗어나야 한다는 것도 상식선에서 알 수 있다. 이상적인 상황이라면, 저탄고지/케토제닉 식이로 돌아섰을 때 맛있는 재료(소금과 지방)에서 먹는 즐거움을 느낄 것이다. 하지만 입맛이 달라지는 데는 시간이 걸릴 수 있으므로 인내심을 가져야 한다.

알코올도 비슷한 문제가 있는데, 상식은 여기에서도 훌륭한 중재자 역할을 한다. 저탄고지/케토제닉 식이에도 불구하고 적잖은 잉여 지방을 유지하고 있다면 알코올 섭취가 문제일 수 있다. 알코올은 네 번째 다량영양소로 간주된다. 알코올의 열량 밀도(그램당 7칼로리)는 탄수화물과 단백질(그램당 4칼로리)보다는 높고 지방(그램당 9칼로리)보다는 낮다. 가당 탄산음료(토닉워터)로 만든 칵테일이나 당 함량이 높은 알코올(예: 브랜디)은 살찌게 할 수 있다. 맥주의 열량은 알코올뿐 아니라 탄수화물(엿당)에도 들어 있다. 심지어 저탄수화물 맥주의 탄수화물 함량도 인슐린 문턱값을 넘을 수 있다. 이것을 감당할 수 있는 사람도 있지만, 그러지 못하는 사람도 있다. 적포도주가 백포도주보다 나은데, 그 이유는 열량과 당이 적기 때문이다. 하지만 하루에(심지어 일주일에) 적포도주를 여러 잔 마시면 체중 감량에 차질을 빚을 수 있다. 이것은 일화적 경험과 임상 경험에서 분명히 알 수 있다.

알코올은 설탕의 과당과 마찬가지로 간세포에서 대사되며, 비슷한 문제(특히 지방간)를 일으킬 수 있다. 간은 알코올을 태워 에너지를 생성하며, 심장 근육과 신장은 그 과정에서 발생한 대사산물(아세트산염)을 태운다. 하지만 이렇게 하는 동안에는 지방이 연료로 이용되지 않아 축적될 수 있다. 저탄고지에 대한 상충 관계에도 불구하고 알코올을 섭취할 가치가 있는지 판단하려면, 알코올을 섭취하지 않았을 때 신진대사가 어떻게 작동하는지 이해해야 한다.

좋은 삶을 어떻게 정의하든 이것은 여러 측면에서 접근할 수 있다. 하지만 저탄고지/케토제닉 식이를 실천하면서도 (종류를 막론하고) 술을 마시고 있으며 잉여 지방과 인슐린 저항성이 여전히 남아 있다면, 술 끊는 실험을 한두 달 정도 해볼 만하다. (인공 감미료의 경우와 마찬가지로 술을 한두 달도 못 끊겠다면 오히려 금주는 생각보다 더 필요한 일인지도 모른다.)

운동을 시도할 수도 있겠지만, 열량을 태우겠다는 목적으로 접근해서는 안 된다. 지방 및 연료 대사와 관계된 모든 것과 마찬가지로 관점을 바꿔야 한다. 이 관점에서 보면 신체 활동은 대사적으로 유연하고 인슐린에 민감하고 지방을 태울 때 자연스럽게 하고 싶어지는 일이지, 억지로 몸이 지방 저장량을 줄이도록 하는 것은 효과적인 방법은 아니다. 운동으로 열량을 태우면 앞에서 설명했듯 허기질 가능성이 크며, 날씬해질 가능성은 크지 않다.

하지만 근육을 키우는 것은 도움이 될 수 있다. 이것은 유산소 운동으로 열량을 태우기보다는 근력 운동(웨이트 트레이닝)을 해야 한다는 뜻이다. 몇 건의 임상 시험에 따르면 근력 운동은 저탄고지/케토제닉 식이로 인해 감량되는 체중을 배가시킨다. 한바탕 근력 운동(또는 유산소 운동)을 하고 나면 글리코겐 저장고가 고갈되며, 세포들이 유실된 글리코겐을 대체하려고 애쓰는 동안 몸이 인슐린에 민감해진다. 저탄고지/케토제닉 식이를 하고 있다면 이러한 인슐린 민감성의 증가가 유의미할 수도 있다. 시애틀의 의사 테드 네이먼은 자신의 환자 중 일부("종일 앉아서 지내고 거의 움직이지 않는 나이 든 여성")가 체육관에 가서 근력 운동을 하면서 잉여 지방이 다시 빠지는 것을 봤다고 말한다. 그러니 해볼 만한 가치는 있다. 그게 아니라도 운동해서 기분이 좋아진다면 그것만으로도 유익하다. 이유는 충분하다.

나는 2017년부터 간헐적 단식, 즉 시간 제한 식사를 실험했다. 한마디로, 아침을 먹지 않았다. 간식을 포함한 모든 식사는 오후 1시경의 점심과 저녁 8시의 저녁 사이에만 먹었다.

간헐적 단식과 시간 제한 식사는 엄밀하게 정의하면 서로 겹치는 부분이 있어서 헷갈릴 수 있다. 두 용어 모두 하루에 (나의 경우는) 두 번만 식사하고 두 번째 식사 이후에 간식을 먹지 않는 행동을 가리킬 수 있다. 아침과 점심을 먹고 나서 오후 간식과 저녁을 거르는 것, 또는 점심이나 저녁만 먹고 저녁 이후 간식과 아침을 거르는 것을 뜻할 수도 있다. 따라서 시간 제한 식사라는 용어에서 '시간'은 하루 중 식사를 하고 있는 시간, 즉 (나의 경우는) 점심 식사를 시작할 때부터 저녁 식사를 끝낼 때까지 일곱 시간을 일컫는다. 간헐적 단식은 식사하지 않는 시간, 즉 (나의 경우는) 저녁 먹고 나서 이튿날 점심 먹을 때까지의 열일곱 시간을 가리킨다.

어느 용어를 쓰든, 당신이 하는 일은 저장된 지방이 연료로 쓰이는 시간을 늘리는 것이다. 인슐린 문턱값 아래에 있는 시간을 늘려 지방이 더 많이 동원되고 산화되도록 해야 한다. (이름이야 어떻든) 이 방법을 쓰는 사람들은 저탄고지/케토제닉 식이를 이미 실천하고 있을 경우 (나와 마찬가지로) 하루 한 끼를 거르는 것이 수월하다고 말한다(적응하는 데 며칠이 걸릴 수는 있지만). 말하자면 아침이나 저녁을 먹지 않는다고 해서 더 허기를 느끼지는 않는다.

나는 간헐적 단식 또는 시간 제한 식사를 처음에는 반짝 유행 다이어트라고 여겨 다소 회의적이었다. 몇 년이 지나면 다들 이렇게 말할 거라고 생각했다. "2018년에는 모두가 단식하고 끼니를 거르고 며칠씩 식사를 하지 않았대!" 그러다가 사흘간 출장을 가게 됐는데, 전부 아침 비행기여서 간헐적 단식을 시도할 수 있는 절호의 기회였다. 내가 해야 하는 일은 기내식을 거절하는 것뿐이었고, 식은 죽 먹기였다. 집에 돌아와서 보니 아침을 거르는 것은 놀랄 만큼 수월했다. 그 뒤로 몇 달간 굳이 빼야 한다고 생각하지 않았지만 몇 킬로그램이 빠졌고, 그것도 허기 없이 감량했다. 나는 간헐적 단식을 지금까지도 계속하고 있는데, 그 이유는 아침을 거르면 개운하기 때문이다. 활력이 높아지고 머리도 맑아진다. 더는 아침에 배가 고프지 않으며, 이젠 이른 오후에 첫 끼니를 먹는 것이 정상으로 느껴진다. 내가 호들갑을 떤다고는 생각하지 않는다. 나는 단지 아침을 먹지 않는 사람이 되었을 뿐이고, 그게 전부다.

영양학 연구자들이 간헐적 단식 또는 시간 제한 식사의 유익을 검증하는 임상 시험을 실시하고 있는데, 특히 다른 열량 제한 식단들과 비교하고 있다. 말하자면 연구자들은 단식이 효과를 발휘하는 이유가 그동안 덜 먹어서 체중이 감량되기 때문이라고 가정한다. 하지만 앞에서 언급했듯, 지방세포가 인슐린 문턱값 아래에 있는 시간이 길어져 '인슐린 결핍의 음성 자극'을 경험하고 그래서 지방이 동원되는 것은 또 다른 이유다. 어느 쪽이든 간헐적 단식 또는 시간 제한 식사가 널리 퍼진 것은 많은 사람들에게 효과가 있기 때문이라고 가정하는 것은 합리적이다. 사람들은 날씬해지고 건강해지며 허기도 느끼지 않는다. 캐리 다이얼러스의 말마따나 이것은 종교가 아니라 느낌의 문제다. 간헐적 단식 또는 시간 제한 식사가 효과가 있는지는 임상 시험 없이도 알 수 있다. 직접 시도해보면 된다.

간헐적 단식이라는 용어는 영국의 의사 출신 방송인 마이클 모슬리Michael Mosly가 유행시킨 5:2 다이어트를 가리키기도 한다. 이 방법은 일주일에 이틀만 하루 800칼로리 미만으로(탄수화물은 400칼로리 미만으로) 줄이는 것이다. 며칠이나 일주일 또는 그 이상 정기적으로 단식하는 것도 간헐적 단식에 해당한다(이것은 토론토의 의사이자 신장 전문의 제이슨 평에 의해 인기를 끌었다). (내가 이 책을 위해 인터뷰한 캐나다의 많은 의사들은 평의《비만코드》를 읽고 저탄고지/케토제닉 식이를 접했다고 말했다.)

평은 나와의 인터뷰에서 자신의 환자들 중 상당수가 비만과 당뇨병을 앓고 있으며, 이것이 신장 문제의 원인이라고 말했다. 그는 2012년경 저탄고지/케토제닉 식이를 권고하기 시작했지만, 처음에는 치료 효과가 별로 없었다. 환자들 중에는 필리핀이나 동남아시아 이민자가 많았는데, 주식인 밥이나 국수를 먹지 말라고 설득하는 것은 고사하고 이 개념을 이해시키는 것조차 쉽지 않았다. 그는 약물 요법 없이 인슐린 수치를 낮출 다른 방법을 모색하다가 단식을 떠올렸다.

평이 말했다. "간헐적 단식이나 일주일 단식이라는 개념에 무슨 문제가 있을까요? 이 문제를 들여다보기 시작했습니다. 아무 문제도 없더군요. 사람들은 수천 년간 단식을 해왔으며, 그 목표는 저탄고지/케토제닉 식단의 궁극적인 목표와 같습니다. 즉, 인슐린 수치가 낮게 유지되는 시간을 늘리는 것입니다. 그러면 모든 것이 최대한으로 최소화됩니다. 모든 문헌을 읽어봤는데, 사람들이 단식하면 안 된다는 문헌은 하나도 없었습니다. 날씬한 사람에게 40일간 굶으라는 말을 하는 게 아닙니다. 140킬로그램인 사람이 24시간을 굶는 것을 가리키는 것이죠."

평은 환자들에게 정기적으로 단식하라고 설득하는 것은 수월했다고 말한다. 그는 (자신이 하고 있는 것처럼) 일주일에 두세 번, 저녁부터 이튿날 저녁까지 24시간, 또는 가장 살찐 환자들에게는 일주일 이상을 권장한다. 여전히 환자들에게 비교적 저탄수화물, 고지방 식단을 처방하지만, 여기에 단식을 추가한다. 그는 중증 2형 당뇨병으로 하루에 인슐린을 (고용량인) 150단위씩 투약하던 환자들이 두 달 안에 인슐린을 끊은 사연을 들려주었다. 진료 실적과 관련하여 그는 환자의 절반가량에게 단식을 설득할 수 있으며, 대부분이 건강해진다고 말했다. "제가 치료하는 것은 고도 중증 2형 당뇨병이기 때문에, 대안은 전혀 차도가 없습니다." 그는 이 맥락에서 보자면 자신의 성공률은 "매우 양호하"다고 말했다.

통상적으로 체중을 조절하는 수단으로서 간헐적 단식에 대해서는 아직 합리적 의심을 넘어서서 안전성이 입증될 정도로 연구가 진행되지 않았다. 정보에 입각한 또 다른 도박인 셈이다. 단식을 처방하는 의사들과 마찬가지로 몇몇 연구자들은 최대 하루의 정기적 단식이 이로울 수 있으며 위험이 거의 없다는 데 동의한다. 상당수는 몸소 단식을 실천한다. (2018년 6월 취리히에서 2형 당뇨병을 위한 저탄고지/케토제닉 식이를 연구하는 연구자와 의사의 학회가 재보험회사 스위스리Swiss Re의 주최로 열렸는데, 내가 참석자 50명에게 설문 조사를 실시했더니 40명 이상이 적어도 하루에 한 끼를 거른다고 답했다.)

하지만 24시간 이상 단식하면 단식의 위험성이 점차 커지며 피해가 유익보다 커질 우려도 있다. 이 문제에 대해 누구보다 많은 임상 경험을 보유한 제이슨 펑은 더 긴 시간의 단식이 비만과 2형 당뇨병을 해결하는 효과적인 방법이라고 믿는다. 해당 분야에 정통한 연구자인 버타헬스의 스티브 피니와 제프 볼렉은 다소 회의적이다. 두 사람이 특히 우려하는 것은 하루 이틀 이상 단식하거나 일주일에 한두 번 이상 종일 금식할 경우 제지방(지방이 아니라 근육) 손실이 일어날 수 있다는 것이다. 당뇨병이 있는 사람들은 오랜 기간 단식하려면 단식에 맞춰 투약을 조절해야 하고 단식이 끝나면 다시 조절해야 한다. 두 사람 말마따나 "투약 관리를 제대로 못하면 중대한 건강상 위험이 따른"다.

처방약 또한 저탄고지/케토제닉 식이로 인한 체중 감량을 중단시킬 수 있으며, 이는 이 분야를 잘 아는 의사의 도움을 받아야 하는 또다른 이유다. 어떤 약은 체중 증가를 촉진한다고 알려져 있으며, 다른약도 그럴 가능성이 있다. 가장 확실한 것은 당뇨병약(이를테면 인슐린주사)이지만, 탄수화물을 끊으면 이런 약을 투약할 필요성을 최소화할수 있다. 몇몇 항불안제와 항우울제도 체중을 증가시키고 체중 감량을억제할 수 있다. 간질약도 체중을 증가시킬 수 있다. 일부 혈압약(특히베타 차단제로 알려진 약물군)도 체중을 증가시킬 수 있으며, 일부 피임약과 항히스타민제 알레르기약도 마찬가지다.

찰스 케이보가 내게 말했다. "투약을 중단하거나 변경할 때의 득실을 살펴봐야 합니다." 그는 환자 1만 5,000명을 진료한 경험이 있는데도, 처방약을 끊는 과정을 "벌집 쑤시는 일"로 묘사했다. 저탄고지/케토제닉 식이를 처방하려면 애초에 그 약을 처방한 의사와 상의하고그 의사에게 저탄고지/케토제닉 식이의 효과와 철학을 이해시킬 필요가 있다. 건강 체중을 달성하여 유지하고 최대한 건강하게 살아가는것이 목표라면, 이 모든 것을 진지하게 고려하고 진지하게 추진해야한다.

아이들은 어떻게 먹어야 할까?

저탄고지/케토제닉 식이는 아동에게 적절할까? 효과가 있을까? 안전할까? 지금까지 논의한 여느 사안과 마찬가지로 이 질문들에 대해 정답을 내놓을 만한 연구는 거의 없다. 이번에도 우리는 상식을 나침반으로 삼아야 한다. 비만 아동의 식이 치료에 대한 합리적인 우려는 아동이 무엇을 어떻게 먹는지에 과도하게 관심을 가지고 치료하다가 영구적이거나 반영구적인 섭식 장애가 생길 수도 있다는 것이다. 섭식 장애에 대한 통상적 정의에는 "고도로 제한적인 식사"가 포함되는데, 식품군 전체를 사실상 모두 끊는 것이 이 범주에 속하는 것은 분명하다. 대부분의 권위자들은 아동과 청소년에게 탄수화물 절식을 처방하지 않는 쪽을 선호한다. 이것은 성인에게 처방하지 않는 이유와 같다. 효과가 있을지도 모르는 식사법에 집착하는 것보다는 균형 잡히고 전통적이지만 효과는 없는 식사법(모든 열량을 골고루 적당히 제한하고 여기에 운동을 더하는 것)으로 과체중이거나 비만한 편이 낫다는 것이다.

이 문제에는 신중해야 한다. 더 건강한 체중을 달성하고 유지하기 위해 음식을 바꾸고 싶어 하는 아동과 청소년은 물리학(들어오는 에너지 대 나가는 에너지)보다는 인체생리학에 기반한 방법을 써야 하며, 이렇게 해야 목표 달성 가능성이 가장 높다는 것이 나의 생각이다.

1975년 제임스 시드버리 주니어의 연구 이후로 저탄고지/케토제닉 식이가 성인과 마찬가지로 비만 아동에게도 효과가 있음은 이론의 여지가 없다. 아동도 허기 없이 배불리 먹으며 체중을 감량할 수 있다. 학술 연구 문헌 중에는 프라더·빌리 증후군Prader Willie Syndrome(극단적인 지방 축적과 극심한 허기가 특징이다) 같은 유전 장애가 있는 아동도 저탄고지/케토제닉 식이로 허기 없이 체중 감량을 유도할 수 있다는 근거도 있다. ('음식은 이 아이들에게 사형 선고다'라는 제목의 2015년 〈뉴욕타임스 매거진〉 헤드라인 기사는 이 문제를 다뤘다.) 일찍이 1989년부터, 당시 MIT 영양학 연구자였으며 훗날 질병통제센터 영양·신체활동국장을 지낸 윌리엄 디츠William Dietz는 저열량 케토제닉 식단이 프라더·빌리 증후군 환자들에게 "특히 성공적"이었으며, 유의미한 체중을 감량했고 "특징적인 극심한 허기가 억제된 듯하"다고 보고했다.

하지만 성인이 체중 감량에 성공하려면 저탄고지/케토제닉 식이를 받아들여 평생 지속해야 하듯, 아동도 마찬가지일 가능성이 매우 크다. 누구든 이렇게 하기 위해서는 이유를 납득하는 것이 중요하다. 이것은 어떤 아동에게든 권하기 부담스러운 방법이다. 저탄고지/케토제닉 식이를 해야 하는 이유에 대해 논란이 있고, 탄수화물 절식이 득보다는 실이 많다고 권위자들이 주장하는 상황에서는 더더욱 그렇다. 또한 부모와 형제자매도 저탄고지/케토제닉 식이를 실천한다면 도움이 될 것이다.

내가 인터뷰한 임상의와 전문가들 중에서 비만 아동 치료 전문가는 손으로 꼽을 정도였다. 공인 영양사 제니 파브레Jenny Favret는 소아 비만 전문의 세라 암스트롱Sarah Amstrong이 듀크 대학병원에 '건강한 생활 습관 프로그램'을 설립한 2006년부터 이 프로그램에 참여하고 있다. 건강한 생활 습관 프로그램에서는 극소수의 예외를 제외하면 체질량 지수가 상위 5퍼센트에 드는 아동만 받아들이는데, 이 아이들은 당뇨병이나 지방간 같은 체중 관련 문제(동반 질환)도 겪고 있는 경우가 많다. 13년 뒤 이 프로그램은 통산 1만 3,000여 명의 아동과 가족을 진료했으며(내원 횟수는 10만 회를 넘는다) 의료진도 점차 확대되어 소아과 의사 여러 명, 보조의사, 간호사, 물리치료사, 영양사, 행동 전문가를 망라한다.

파브레는 첫 5년간은 환자 가족에게 전통적 식이를 조언(체계적 식사, 식사량 조절, 저지방 식품, 당 금지)했다고 말했다. 몇 년 뒤 파브레는 에릭 웨스트먼의 강연을 들었는데, 처음에는 회의적이었지만 — "저 사람 대체 무슨 얘길 하는 거지?" — 점차 "설득당하"기 시작했다. 그녀는 문헌을 읽었으며, 저탄고지/케토제닉 식이 이면의 논리가 타당하다고 결론 내렸다.

2011년에 파브레와 암스트롱은 동료들과 함께 아동 치료를 위한 저탄고지/케토제닉 식단을 개발했다. 파브레의 말마따나 식사법은 균형 잡힌 진짜 음식을 제공하도록 공들여 구성되었으며 저탄수화물(즉, 녹색 잎) 채소, 다량의 단백질 공급원, 다량의 지방(버터, 올리브유, 코코넛 기름, 생크림, 전지 치즈, 견과, 견과 버터, 아보카도)에 초점을 맞췄다. 순살코기보다는 냉수성 어류, 껍질을 벗기지 않은 가금, 두부, 마블링이 많은 소고기 같은 기름진 단백질 공급원이 권장되었다. (파브레는 환자 가족에게 저지방 식품을 먹으라고 말했던 것을 생각하면 "몸서리가 난"다고 말했다.) 우유와 과일 주스를 비롯한 명백한 고탄수화물 식품은 우선 배제되었다. 파브레가 말했다. "아이들이 좋아하는 탄수화물 식품에 대한 갈망을 관리하기 위해(또한 식단의 단조로움을 최소화하기 위해) 으깬 꽃양배추, 애호박 '국수', 치즈크러스트피자, (코코넛 버터를 주재료로 넣은) 고지방 과자 같은 맛있는 대체 식품 요리법을 가족들에게 제공해요."

케토제닉은 원하는 만큼 지속하는데, 그런 다음에는 콩과 통귀리 같은 느린 탄수화물을 조금씩 늘리고 생과일을 곁들인다. 식사법의 초점은 적당량의 단백질과 다량의 지방과 더불어 저탄수화물 채소를 듬뿍 내놓는 것이다. 파브레와 암스트롱, 동료들은 마음챙김 식사법도 지도한다. 이것은 허기를 느낄 때만 먹고 시간을 들여 느긋하게 먹음으로써 아동 자신이 언제 포만감을 느끼는지 깨닫게 하는 방법이다. 가족들이 저탄고지/케토제닉 식사법을 선택하든 (파브레의 표현에 따르면) "탄수화물을 조절하고 고지방 (진짜) 음식으로 이루어진 식단"에 집중하든, 파브레는 모든 사람들에게 음식을 맛있게, 정신 차리고 먹으라고 조언한다.

파브레가 설명한 것처럼, 프로그램에 참여한 가족과 아동 상당수는 고탄수화물 식품과 음료를 끊는 것만으로 적잖이 체중을 감량한다. 하지만 본격적인 저탄고지/케토제닉 식사법을 받아들인 사람들은 어떤 방법보다도 뛰어난 효과를 거둔다. 아동과 가족에게 식사량을 의식적으로 제한하라고 조언하거나 열량을 처방할 필요도 없다. 파브레가 말했다. "이 아이들은 예전만큼 허기를 느끼지 않아요. 전에는 한 번도 경험하지 못했던 현상이죠. 더 기운이 난다는 말을 들어요. 체질량 지수가 낮아지는 아이들도 많아요. 이건 성공적인 결과예요. 많은 아이들이 간 기능 검사에서도 정상으로 돌아와요. 이것도 성공이죠. 혈중 지질 이상도 개선돼요. 체중만 감량되는 게 아니에요. 더 건강해지는 거라고요."

듀크에서의 경험은 일회성이 아니다. 보스턴 어린이병원에서 20년 간 '최적 체중 클리닉'을 운영한 데이비드 루드위그도 비슷한 성공을 거뒀다. 그와 동료들이 클리닉에서 진료한 모든 환자들 중에서 약 3분의 1은 음식을 바꾸는 것에 관심을 거의, 또는 전혀 보이지 않는다고 루드위그는 내게 말했다. 나머지 3분의 1은 당, 곡물, 녹말 채소를 피하라는 조언을 진지하게 받아들이며 "체중이 어느 정도 감량되었다가 약간 돌아온"다. "위험 인자가 개선되는 경향이 있긴 하지만, 이것이 끝없는 싸움인 것은 분명합니다. 마지막 3분의 1은 정말로 실질적이고 지속적인 개선을 보이며, 가장 극적인 효과를 나타냅니다. 1년 뒤에 이 아이들을 만나면 완전히 다른 사람처럼 보입니다."

성인과 마찬가지로 아동에게 성공의 열쇠는 저탄고지/케토제닉 식이를 받아들이고, 이 방법을 계속 확신하고, 효과가 없을 때 올바른 레버를 당기는 법을 배우는 것이다. 아동을 위한 전통적 가족 기반 요법과 마찬가지로 형제자매를 비롯한 가족 모두가 같은 음식을 먹고 아이를 유혹하는 것을 집에서 치우면 성공 가능성이 높아진다. 자신은 절식하고 있는데 형제자매가 저녁으로 파스타를 먹고 디저트로 과자를 먹는 것을 보면 아동은 절식을 불가능에 가까운 일로 여길 가능성이 크다. 로버트 사이버스의 말마따나 "냉장고에 코카콜라가 있으면 아이는 마시게 마련"이다.

사이버스는 성인·청소년 비만 수술 전문의로, 체중이 110킬로그램 이상인 환자들을 주로 치료한다. 그는 체중을 조절 가능한 수준으로 낮추기 위해 아동을 수술해야 할 때도 있긴 하지만, 수술 뒤에도 날씬한 몸을 유지하려면 탄수화물을 멀리하는 법을 배워야 한다고 생각한다. 어린 환자들에게 탄수화물 절식을 어떻게 설득하느냐고 물었더니 그는 이렇게 반문했다. "코끼리를 먹는 방법이 뭘까요?" 내가 대답하지 못하자 그가 정답을 말했다. "한 번에 한 점씩 먹으면 됩니다." 그는 액체 열량, 특히 가당 음료를 마시지 말라는 조언으로 시작하여, '운반용 식품'(다른 식품을 접시에서 입으로 운반하는 데 이용하는 고탄수화물 식품)이라고 부르는 것으로 확대한다. 그는 초밥 대신 회를 먹으라고 조언한다. 햄버거는 빵을 빼고, 미트볼은 스파게티를 빼고, 부리토는 토르티야를 빼고 속만 먹으라고 말한다. 다음 단계는 사탕과 간식을 끊는 것이다. 환자가 그 단계까지 가면 그는 이것을 놀이로 만든다. 그는 아이들에게 말한다. "(케톤 수치를 측정해서) 케토시스를 어디까지 할 수 있는지 볼까?" 아이들이 차이를 보고 느끼기 시작했을 때 상황이 쉬워지는 건 놀라운 일이 아니라고 그는 말한다.

궁극적으로, 우리가 살아가는 사회가 관건이다. 비만한 딸을 둔 엄마가 익명을 요청하며 내게 말했듯, 문제는 상으로 쿠키나 사탕을 주는 3학년 교사나 매달 또는 격주 생일파티에서 느끼는 또래 압력만이 아니라 모든 것, 특히 단것을 먹어야 정상인 사회에서 정상이 되고 싶어 하는, 전적으로 타당한 딸의 욕구다. 그녀는 말했다. "단어도 신중하게 골라야 해요. '저탄수화물 다이어트를 할 거야'라고 말하는 순간, 해서는 안 되는 끔찍한 일이 되거든요. 하지만 '채소와 고기, 건강에 좋은 지방을 먹는 거야'라고 말하면 '와, 근사해요'라는 대답이 돌아오죠."

마지막으로, 젊은 의사와 딸 이야기를 들려주려 한다(둘 다 익명을 요청했다). 나는 이 책의 마무리를 그녀의 말로 장식하고 싶다. 환자를 치료하는 방법에 대한 관점이 달라진 계기를 묻자, 이 의사는 이렇게 대답했다. "솔직한 대답은 우리 딸이 비만이라는 거예요. 아이가 해마다 체중이 느는 걸 지켜봤고, 체중과 씨름하면서 상황을 이해하려고 안간힘을 쓰는 걸 바라봤어요. 제가 공감하게 된 건 우리 딸의 문제이기 때문이에요. 그때까진 직접 경험한 적이 없었거든요. 하지만 우리 아이에게서 이 상황을 목격하고 무슨 일이 벌어지는지 고민하다 보니 이 문제를 더 진지하게 생각하게 됐어요." 그녀는 자신의 집안은 날씬하지만, 남편 쪽에 비만 내력이 있다고 말했다. 그들에게는 아들도 하나 있는데, "수수깡"처럼 말랐고 아무거나 먹어도 멀쩡하다고 한다. 하지만 그녀의 딸은 4학년 때 15킬로그램이 쪘다.

그녀가 말했다. "어쩔 줄 몰랐어요. '그거 먹지 마'라거나 '학교 파티에서 도넛 한 개만 먹어'라고 말하는 게 고작이었죠. 집에서야 무엇을 요리할지 정할 수 있지만, 아이가 우리와 함께 살더라도 일단 밖에 나가면 오만 가지 나쁜 것, 특히 단것이 널려 있으니까요. 그때 아이를 의사에게 데려갔는데, 정말 속상한 일을 경험했어요. 의사들은 자기네가 뭘 하는지 모르거든요. '덜 먹고 더 운동하라'라는 조언이 전부예요. 하지만 어린아이들이 섭식 장애까지 걸릴까 봐 아무도 단호하게 말하고 싶어 하지 않아요. 모든 게 조심스럽고 별로 효과가 없어요."

탄수화물 제한과 '건강' 식이는 딸이 체중을 유지하는 데 도움이 되었지만, 저탄고지/케토제닉 식이가 정말로 잉여 지방을 감량하는 데 유익한지 알려면 탄수화물을 충분히 제한해야 한다. "아이는 그러고 싶어 하지 않았어요." 그녀도 밀어붙일 생각은 없었다. 한편 그녀는 생리학과 대사 기전, 그리고 딸이 왜 살이 찌면서도 늘 배가 고픈지를 이해하려고 노력했다. 그녀는 자신의 딸을 기꺼이 도와주려는 의사를 찾아냈다. 이제 그녀는 비만과 2형 당뇨병을 앓는 자신의 환자를 대하는 태도가 달라졌다. 그녀는 저탄고지/케토제닉 식이가 환자들에게 효과를 발휘한다며 이렇게 말했다. "이제 제가 하는 일은 대부분 사람들을 건강하게 만드는 거예요."

그녀가 말했다. "체중을 감량하고 허기지지 않게 하는 것이 성공의 열쇠예요. 저탄수화물, 고지방은 정말로 그럴 수 있는 유일한 방법이고요. 사람들은 복잡하다고 생각하지만 그렇지 않아요. 제가 하는 일의 대부분은 사람들이 계속 노력하고, 우리가 하는 말을 이해하고, 자기비판을 그치고, 억지로 굶는 걸 그만두고, 성공 경험을 따라 자신도 성공을 거두는 거예요."

감사의 글

2016년 10월 말, 텍사스주 샌안토니오에서 열린 미국과학기자협회 대회에서 캐서린 프라이스Catherine Price 기자와 함께 아침을 먹게 되었다. 프라이스는 1형 당뇨병을 앓고 있어서, 자신이 섭취하는 다량영양소가 혈당과 당뇨병 관리에 어떤 영향을 미치는지에 ─개인적으로나 직업적으로나─ 지대한 관심을 가지고 있었다. 그녀는 아침 식사자리에서 지금까지의 조사와 작업에서 도출된 메시지를 알려주는 책을 쓰라고 내게 강권했다. 단순히 쉽게 살찌는 체질로부터 완전한 당뇨병과 고혈압 환자에 이르기까지 다양한 스펙트럼에 놓인 사람들에게 무엇을, 어떻게 먹어야 할지 알려주라는 것이었다. 프라이스의 논리는 늘 그렇듯 이번에도 설득력이 있었다. 이 책은 조식 회동의 직접적 결과물이다. 집필하고 조사하는 과정에서 처음의 구상과는 다르게 (좋게든 나쁘게든) 발전했지만, 프라이스가 단초를 제공하지 않았다면 아예 시작도 하지 못했을 것이다. 그녀에게 무척 감사한다.

이 책은 20년에 걸친 조사, 집필, 협력, 혁명의 최종 아직까지는 결과이기도 하다. 그렇기에 감사의 글을 쓸 지면이 모자랄 수밖에 없다. 이 책에 가장 크게 기여한 사람들은—그들이 없었다면 아무것도 이룰 수 없었을 것이다—제도권 연구자와 권위자가 보기 좋게 실패했을 때 비만 문제를 해결하려고 나선 의사와 의료 관계자다. 이 사람들은 의사와 과학자에게서 원하는 모든 성품을 갖췄다. 다감하고 호기심이 많으며 개방적이고 자신의 확신에 대해 대담하다. 윈스턴 처칠의 말마따나 그들은 "진실에 걸려 비틀거리다가 다시 몸을 추슬러 가던 길을 재촉하"는 부류가 아니었다. 오히려 그들은 편견 없이 관찰하고 가설을 내놓고 최선을 다해 검증했다. 그들은 자신이 동료에게 어떻게 비칠지보다는 환자에게 도움이 될 신뢰할 만한 지식을 확립하는 일에 관심을 기울였다.

현재 전 세계에는 이런 의사들이 (내가 추산하기에) 수만 명에 이르며, 그 수는 매일같이 늘고 있다. 그들 모두에게 감사하지만, 맨 처음에 뛰어든 사람들, 그 수가 손으로 꼽을 정도였던 초창기, 기자와 이야기하는 것이 평판에 득보다 실이 훨씬 크던 시절에 나의 연구를 도와준 사람들에게 빚진 바가 크다. 그들은 로버트 앳킨스(그의 이름에 따르는 온갖 논란과 함께), 메리 버넌, 데이비드 루드위그, 메리 댄 이즈와 마이클 이즈, 에릭 웨스트먼, 스티브 피니, 제프 볼렉(철학 박사와 공인 영양사이지만 의학 박사는 아니다)이다.

이 책을 위해 전 세계 140명 이상의 의사, 영양사, 헬스 코치, 비만 아동 부모가 너그럽게 시간을 할애하여 환자, 고객, 자녀가 저탄고지/케토제닉 식이를 받아들이면서, 또는 받아들이는 데 실패하면서 겪은 어려움을 이야기해주었다. 아래에 그들의 이름을 알파벳순으로 나열

했다.

페드로 아체베스카시야스, 리야드 알감디, 리처드 애멀링, 아마드 아무스, 마틴 안드레이, 맷 암스트롱, 리사 베일리, 자네티 발라크리슈난, 엔리카 바실리코, 수전 바움가르텔, 해나 베리, 켄 베리, 아슈비 바르드와지, 캐슬린 블리저드, 샤리 분, 에블린 부르두아로이, 숀 버크, 코언 브링크, 바버라 뷰틴, 패트릭 커론, 찰스 케이보, 아미르 치마, 켈리 클라크, 조너선 클라크, 소피아 클레멘스, 브라이언 코널리, 킴 코널리, 마크 쿠쿠젤라, 윌리엄 커티스, 로버트 사이버스, 조지프 디어, 캐리 다이얼러스, 수전 도파트, 조지아 이드, 배리 어드먼, 비키 에스피리투, 제니 파브레, 세라 플라워, 피터 폴리, 게리 포레스먼, 키라 파울러, 캐럴린 프랑카빌라, 제이슨 펑, 제프 거버, 베키 고메즈, 데버러 고든, 마이크 그린, 제임스 그린필드, 폴 그레월, 글렌 하게만, 세라 홀버그, 데이비드 하퍼, 제니퍼 헨드릭스, 짐 허시, 버짓 휴스턴, 마크 하이먼, 아글라에 제이컵스, 리마스 자누소니스, 피터 젠슨, 벡 존슨, 마르케스 존슨, 루이스 요나노비치, 미리언 칼라미안, 캐서린 카샤, 페른 카츠만, 크리스티 케슬링, 하프사 칸, 게리 킴, 켈세이 코초리츠, 재닌 키릴로스, 라이언 리, 돈 러만, 브라이언 렌츠키스, 캬르탄 흐라픈 로프츠손, 안드레이 롬바르디, 트레이시 롱, 데이비드 루드위그, 운잘리 말호트라, 마크 매콜, 조앤 매코맥, 숀 맥켈비, 닉 밀러, 빅터 미란다, 재스민 모기시, 캠벨 머독, 대니얼 머태그, 토니 무초니그로, 테드 네이먼, 마크 넬슨, 릴리 니콜스, 브렛 놀런, 로버트 오, 스테퍼니 올트먼, 숀 오마라, 랜디 파듀, 클레어 파크스, 로키 파텔, 찰스 프루치노, 라라 풀런, 크리스티나 퀸런, 앨런 레이더, 존 레이스, 선디프 램, 데버러 래퍼포트, 미셸 래퍼포트, 데브 라바시아, 로라 리어던, 캐럴라인 리처드슨, 패트릭 로할, 조너선 러디거, 에이미 러시, 제니퍼 러스태드, 브러이언 새보위츠, 앤드루 새미스, 로라 새슬로, 로버트 슐먼, 케이트 섀너헌, 페로 실비오, 마이클 스나이더, 에릭 소디코프, 세라 솔러스, 호세 카를로스 수토, 알렉산드라 소와, 프란치스카 스프리츨러, 모니카 스푸렉, 제프 스탠리, 에린 설리번, 브리짓 서티스, 미하엘라 텔레칸, 웬디 토머스, 마리아 툴판, 데이비드 언윈, 프리얀카 왈리, 로버트 웨더랙스, 도나 웨브, 데이비드 위드, 존 웨그린, 에릭 웨스트먼, 엘리아나 위첼, 수 울버, 미키 웡, 릭 자브라도스키, 캐린 진.

마이크 이즈, 안드레아스 엔펠트, 마크 프리드먼, 세라 홀버그, 밥 캐플런, 데이비드 루드위그, 나오미 노우드, 스티브 피니, 캐서린 프라이스, 로라 새슬로, 캐럴 태브리스, 수 울버 등 이 책 초고를 읽어준 친구, 연구자, 의사에게 깊이 감사한다. 다들 귀중한 논평과 비평을 해주었으며 나의 큰 실수를 미연에 여러 차례 방지해주었다. 원고가 훨씬 나아진 것은 그들의 도움과 비판 덕이다. 물론 남아 있는 실수와 잘못은 오로지 내 탓이다. 무엇보다 다행인 것은 데이비드 루드위그와 마크 프리드먼과 이 사안들에 대해 계속 논의할 수 있었다는 것이다. 그들은 언제나 나의 이해를 넓히고 선입견을 지적해준다.

나의 모든 책에 함께한 ICM의 빼어난 저작권 대리인 크리스 달에게도 감사하고 싶다. 노프의 존 시걸에게 빚진 바가 크며 언제까지나 감사할 것이다. 그는 나의 영양 관련서 네 권의 출판을 모두 감독했으며 내가 (더도 덜도 아닌) 해야 할 말을 할 수 있도록 자신감을 실어주었다. 우리는 그 과정에서 좋은 친구가 되었다. 노프의 에린 셀러스, 빅토리아 피어슨, 매기 힌더스, 리사 몬테벨로, 조제핀 캄스에게도 감사한다.

로버트 우드 존슨 재단(《설탕을 고발한다》), 로라 앤드 존 아널드 재단(영양학진흥회 후원), 크로스핏 헬스—그레그 글래스먼, 제프 케인, 캐런 톰프슨—등 세 기관은 몇 년에 걸쳐 이 작업을 가능하게 했다. 세 기관에 깊이 감사한다. 영양학진흥회의 전직, 현직 동료들, 특히 동료 이사인 빅토리아 비오르클룬드, 존 실링의 아낌 없는 지지, 지원, 우정에 감사한다.

　우리 가족 슬론, 닉, 해리에게 감사한다. 모든 게 고마워. 사랑해. 더 보탤 말이 뭐가 있겠어.

후주

후주에는 각 장에서 연관성이 가장 큰 출처만을 표시했다. 이 주제의 배경 지식과 과학적 원리를 더 파고들고 이 책에서 전개한 주장을 논파하거나 이의를 제기하고 싶은 독자는 나의 전작—특히 《굿칼로리 배드칼로리》와 《설탕을 고발한다》—에서 역사와 근거에 대한 (비교적) 온전한 설명과 더 자세한 주석을 참조하기 바란다.

머리말

미국심장협회와 미국심장학회에서: Arnett et al. 2019.

700퍼센트 가까이: CDC 2014.

"개종": Gladwell 1998.

"대량 학살": Jean Mayer. Borders 1965, p. 1에서 재인용.

"황당한 영양학 개념": *JAMA* 1973.

"우리가 병원에서 목격하는 것": Bourdua-Roy et al. 2017.

브루클린 의사가: Taller 1961.

"지독한 모독": White 1962, p. 184.

페닝턴은 〈뉴잉글랜드 의학 저널〉을 비롯한: Pennington 1954; Pennington 1953; Pennington 1951b; Pennington 1951a; Pennington 1949.

그는 뉴욕시티의 심장병 전문의로: Donaldson 1962.

《비만에 대한 공개 편지》: Banting 1864.

"다소 엄격한 절식은": Brillat-Savarin 1825.

건강에 가장 덜 유익하고: *U.S.News*는 식단 목록을 해마다 온라인에서 갱신하기 때문에 이전 온라인 자료를 찾기 힘들다. 이 출처는 2018년 언론 보도로, 현재 참고할 수 있는 최신 자료다. *U.S.News* 2018.

세계보건기구: World Health Organization 2018.

미국 농무부: U.S. Department of Health and Human Services and U.S. Department of Agriculture 2015.

영국 국민보건서비스: National Health Service 2019.

미국심장협회에서: American Heart Association 2017.

1 ― 저탄고지의 기초

'비만의 유전': Astwood 1962.

"명민한 과학자": Greep and Greer 1985.

"비만이 '과식' 탓임은": Mayer 1954.

"궁색한 변명": Rynearson 1963.

"해소되지 않은 정서적 갈등": Wilson 1963.

"개인에게 내재된 빗나간 행동": Lown 1999.

"비만에 대한 인식이 커져가는데도": Bruch 1973.

"고탄수화물 식품 섭취를": Davidson and Passmore 1963.

"모든 여성은 탄수화물이": Passmore and Swindells 1963.

2 ― 뚱뚱한 사람, 날씬한 사람

"마치 마법처럼": Gladwell 1998.

"비정상적인 지방 축적으로 인해": Bauer 1941.

"보이는 것이": Kahneman 2011.

"과식하지 말고": Pollan 2008.

"슬로모션 재앙": Chan 2016.

"뚱뚱해질 때까지 먹다": Gay 2017.

"어떤 차원에서 비만은": Yeo 2017.

"비만한 사람들은 여분의": *Nutrition Action* 2018.

"우리는 공복감과 포만감의 조절이": Kolata 2019.

"도착적 식욕": Newburgh and Johnston 1930b.

"식탐과 무지 같은": Newburgh and Johnston 1930a.

"잘 알려진" 현상: Stockard 1929.

"어쩌면 그녀는": Newburgh 1942.

"가장 흔한 형태의": *Time* 1961.

"이 생쥐들은": Mayer 1968.

"그건 체질적인": Shaw 1910.

"지나치게 단순화하지는": U.S. Senate 1977.

"음식을 가장한 물질": Pollan 2008.

3 — 사소한 것의 중요성
"열량의 중요성": Groopman 2017.
폰 누르덴은: Von Noorden 1907.
"신체 활동과 식품 섭취가": DuBois 1936.
"그렇다면 왜 모든 사람이: Rony 1940에서 재인용.
"의료계의 오래된 수법": Greene 1953.

4 — 부작용
하루에 섭취해야 할 총 열량을: U.S. National Heart, Lung, and Blood Institute n.d.
마스티프를 굶긴다고 해서: Sheldon and Stevens 1942.
"식품 결핍의 가장 정확한 정의는": Keys et al. 1950.

5 — 중요한 '만일'
"뚱뚱하며 늘 먹어댄다": Goscinny and Sempé 1959.
"어떻게 그렇게 따분하고": Bruch 1957.
"동물의 영양 상태와 무관하게": Wertheimer and Shapiro 1948.

6 — 우리의 목표
"원인을 고려하지 않는다면": Burton 1638.
"체중 감량을 낳는 모든 다이어트의": Nonas and Dolins 2012.
"그녀는 일어나면": Hobbes 2018.
"커다란 유익": CDC 2018.
당뇨병예방프로그램: Diabetes Prevention Program Research Group 2002.
"오히려 더 먹고 싶어질지도 모른다": Brown 2018.
"과도한 피로, 짜증, 우울": Ohlson. Cederquist et al. 1952에서 재인용.
"말 그대로 지방 더미에": Bruch 1957.
임상 경험을: Pennington 1954; Pennington 1953; Pennington 1951b; Pennington
1951a; Pennington 1949.
페닝턴과 비슷한 보고서: Hanssen 1936; Leith 1961; Milch, Walker, and Weiner 1957;
Ohlson et al. 1955; Palmgren and Sjövall, 1957; Rilliet 1954.
"배고프다는 호소가 없었다는": Wilder 1933.
레이먼드 그린이 1951년에 출간한: Greene 1951.

"당과 빵류 같은 농축 탄수화물은": Reader et al. 1952.
"일반 규칙": Steiner 1950.
"허기로부터의 해방": Young 1976.

7 — 모르고 넘어간 혁명
"생물학 및 의학 연구에": Karolinska Institute 1977.
"인슐린이 지방 형성을": Haist and Best 1966.
"점점 뚱뚱해질 뿐이었다": Plath 1971.
"지방 대사의 주요 조절 인자": Berson and Yalow 1965.
"단언할 수 있다": Gordon, Goldberg, and Chosy 1963.
"나도 계산은 할 줄 안다": Gay 2017.

9 — 지방과 비만
"높은 혈당은": Nelson and Cox 2017, p. 939.
옥스퍼드 대학교의 키스 프레인이 쓴: Frayne and Evans 2019.
"제1원리는 스스로를": Feynman 1974.
"헛소리": Borders 1965.
"지방 합성을 선호한다": Mayer 1968.
"지방 동원 호르몬": Atkins 1972.
"황당한 영양학 개념": *JAMA* 1973.

10 — 케토의 본질
"버터 소스를 바른 바닷가재": Atkins 1972.
"폭넓은 건강상의 유익과": Phinney and Volek 2018.
"인슐린 분비가 감소하면": *JAMA* 1973.
"인슐린 결핍의 음성 자극": Berson and Yalow 1965.
"가능하다면": Berson and Yalow 1965.
"극히 민감하다": 이를테면 Cahill et al. 1959를 보라.
"극도의 민감성": Bonadonna et al. 1990.

11 — 공복감과 스위치
"이런 식단의 포만감은": Kinsell 1969, pp. 177~184.
"크래커, 감자칩": Sidbury and Schwartz 1975.
"단백질 섭취 변형 단식": Palgi et al. 1985.

"식욕부진": *JAMA* 1973.

"사람들이 체중을 감량하는": Brody 2002.

"비행기에 오르기 전에": Gay 2017.

"심지어 사과를": Pennington 1952.

생쥐에게 고지방 먹이를: Richter 1976.

"비만해지는 동물과 인간이": Le Magnen 1984.

"스타 맥두걸러": DrMcDougall.com n.d.

"우리는 사람들이": Krasny 2019.

지구력 운동, 즉 유산소 운동을: Holloszy 2005.

12 ── 옳은 길

앳킨스 식단을: Taubes 2002.

"자연적이지 않은 요인": Rose 1981.

"빈티지 지방": Calihan and Hite 2018.

"재현성 위기": 이를테면 *Nature* 2018에 발표된 일련의 논문을 보라.

"세상에서 무슨 일이 벌어지는지": Hecht 1954.

"단기적으로 체중 감량이나": Bittman and Katz 2018.

"장기 복용의 안전성에 대한": Velasquez-Manoff 2018.

세 연구진이: Taylor et al. 1987(하버드 대학교). Browner, Westenhouse, and Tice 1991(캘리포니아대학교 샌프란시스코 캠퍼스). Grover et al. 1994(맥길 대학교).

"타이타닉호 승무원들이": Becker 1987.

"우리가 병원에서 목격하는 것은": Bourdua-Roy et al. 2017.

저탄고지/케토제닉 앳킨스 식단을: Brehm et al. 2003; Foster et al. 2003; Samaha et al. 2003; Sondike, Copperman, and Jacobson 2003; Yancy et al. 2004.

"이용자의 94퍼센트에서": Hallberg et al. 2018.

확실한 것은: Athinarayanan et al. 2019.

"희망 과학": Bacon 1620.

지방 섭취의 3분의 1을 줄여야 한다고: Keys 1952.

1970년 미국심장협회는: Inter-Society Commission for Heart Disease Resources 1970, pp. A55~95.

"과학적 근거의 깊이": Koop 1988.

"추정적": Hooper et al. 2015.

"불확실": Hooper et al. 2015.

미국심장협회는: Sacks et al. 2017.

"지방 섭취량을": National Research Council 1982.

"확고한": World Cancer Research Fund and American Institute for Cancer Research 1997.

"음식을 먹되, 과식하지 말고": Pollan 2008.

"지적 위상 동기화": Alvarez 1987.

그들의 환자들이 걱정해야 할 것은: Reaven 1988.

"비만과 고혈압은": Lee 2019.

"당뇨병 환자 두 명 중": Joslin 1930.

"고혈압 과정을 시작하는": Christlieb, Krolweski, and Warram 1994.

"건강을 증진할 수 있다": Kolata 2018.

"더워지는 세상에서": Moskin et al. 2019.

13 — 단순함의 의미

"두려운 적수": Brillat-Savarin 1825.

국제적 베스트셀러 다이어트 책을: Banting 1864.

첫 번째 논설은: *Lancet* 1864a.

"공정한 재판": *Lancet* 1864b.

영양학진흥회에서: Schwimmer et al. 2019.

스탠퍼드 식단 임상 시험에: Gardner et al. 2018.

15 — 조절하기

"단백질은 인슐린 분비를 자극하기 때문에": J. Bao et al. 2009.

가장 기여도가 적은 식품을: Yudkin 1972.

16 — 식습관의 교훈

"음식을 먹되, 과식하지 말고": Pollan 2008.

17 — 계획

"데니시 페이스트리를 먹겠다고": Donaldson 1962.

"완벽한 건강을 추구하는": Moskin 2015.

"농도가 상승한 혈중 케톤은": *JAMA* 1973.

"알코올 중독자가": Taubes 2017.

로버트 켐프가: Kemp 1972; Kemp 1966; Kemp 1963.

"투약 관리를 제대로 못하면: Phinney and Volek 2017.

18 — 아동을 위한 저탄고지

제임스 시드버리 주니어의: Sidbury and Schwartz 1975.

'음식은 이 아이들에게': Tingley 2015.

"특히 성공적": Dietz 1989.

참고문헌

Alvarez, L. 1987. *Adventures of a Physicist.* New York: Basic Books.

American Heart Association. 2017. "American Heart Association Healthy Diet Guidelines". December 6. https://www.cigna.com/individuals-families/health-wellness/hw/medical-topics/american-heart-association-healthy-diet-guidelines-ue4637.

Arnett, D. K., et al. 2019. "ACC/AHA Guideline on the Primary Prevention of Cardiovascular Disease: A Report of the American College of Cardiology/American Heart Association Task Force on Clinical Practice Guidelines". *Circulation* (March 17): CIR0000000000000678.

Astwood, E. B. 1962. "The Heritage of Corpulence". *Endocrinology* 71 (August): 337~341.

Athinarayanan, S. J., et al. 2019. "Long-Term Effects of a Novel Continuous Remote Care Intervention Including Nutritional Ketosis for the Management of Type 2 Diabetes: A 2-Year Non-randomized Clinical Trial". *Frontiers in Endocrinology*, June 5. https://doi.org/10.3389/fendo.2019.00348.

Atkins, R. 1972. *Dr. Atkins' Diet Revolution: The High Calorie Way to Stay Thin Forever.* New York: David McKay.

Bacon, F. 1620. *Novum Organum*, P. Urbach and J. Gibson 번역 및 편집. Peru, Ill.: Carus, 1994 재출간. 한국어판은 《신기관》(한길사, 2018).

Banting, W. 1864. "Letter on Corpulence, Addressed to the Public". 3rd ed. London: Harrison.

Bao, J., et al. 2009. "Food Insulin Index: Physiologic Basis for Predicting Insulin Demand Evoked by Composite Meals". *American Journal of Clinical Nutrition* 90, no. 4 (October): 986~992.

Bauer, J. 1941. "Obesity: Its Pathogenesis, Etiology, and Treatment". *Archives of Internal Medicine* 67, no. 5 (May): 968~994.

Becker, M. H. 1987. "The Cholesterol Saga: Whither Health Promotion?" *Annals of Internal Medicine* 106, no. 4 (April): 623~626.

Berson, S. A., and R. S. Yalow. 1965. "Some Current Controversies in Diabetes Research". *Diabetes* 14, no. 9 (September): 549~572.

Bittman, M., and D. Katz. 2018. "The Last Conversation You'll Ever Need to Have About Eating Right". March. http://www.grubstreet.com/2018/03/ultimate-conversation-on-healthy-eating-and-nutrition.html.

Bonadonna, R. C., et al. 1990. "Dose-dependent Effect of Insulin on Plasma Free Fatty Acid Turnover and Oxidation in Humans". *American Journal of Physiology* 259, no. 5, pt. 1 (November): E736~750.

Borders, W. 1965. "New Diet Decried by Nutritionists; Dangers Are Seen in Low Carbohydrate Intake". *New York Times*, July 7, 1.

Bourdua-Roy, E., et al. 2017. "Low-Carb, High-Fat Is What We Physicians Eat. You Should, Too". *HuffPost*, October 4. https://www.huffingtonpost.ca/evelyne-bourdua-roy/low-carb-high-fat-is-what-we-physicians-eat-you-should-too_a_23232610/.

Brehm, B. J., et al. 2003. "A Randomized Trial Comparing a Very Low Carbohydrate Diet and a Calorie-Restricted Low Fat Diet on Body Weight and Cardiovascular Risk Factors in Healthy Women". *Journal of Clinical Endocrinology and Metabolism* 88, no. 4 (April): 1617~1623.

Brillat-Savarin, J. A. 1825. *The Physiology of Taste*, trans. M. F. K. Fisher. 1949; San Francisco: North Point Press. 한국어판은《브리야사바랭의 미식 예찬》(르네상스, 2005).

Brody, J. E. 2002. "High-Fat Diet: Count Calories and Think Twice". *New York Times*, September 10.

Brown, J. 2018. "Is Sugar Really Bad for You?" *BBC Future*. September 19. http://www.bbc.com/future/story/20180918-is-sugar-really-bad-for-you.

Browner, W. S., J. Westenhouse, and J. A. Tice. 1991. "What If Americans Ate Less Fat? A Quantitative Estimate of the Effect on Mortality". *JAMA* 265, no. 24 (June 26): 3285~3291.

Bruch, H. 1957. *The Importance of Overweight*. New York: W. W. Norton.

———. 1973. *Eating Disorders: Obesity, Anorexia Nervosa, and the Person Within*. New

York: Basic Books.

Burton, R. 1638. *The Anatomy of Melancholy*. New York: Sheldon, 1862 재출간. 한국어 판은《우울증의 해부》(태학사, 2004).

Cahill, G. F., Jr., et al. 1959. "Effects of Insulin on Adipose Tissue". *Annals of the New York Academy of Sciences* 82 (September 25): 4303~4311.

Calihan, J., and A. Hite. 2018. *Dinner Plans: Easy Vintage Meals*. Pittsburgh: Eat the Butter.

Cederquist, D. C., et al. 1952. "Weight Reduction on Low-Fat and Low-Carbohydrate Diets". *Journal of the American Dietetic Association* 28, no. 2 (February): 113~116.

Centers for Disease Control and Prevention (CDC). 2014. "Long-Term Trends in Diabetes". October. http://www.cdc.gov/diabetes/statistics.

———. 2018. "Losing Weight". https://www.cdc.gov/healthyweight/losing_weight/index.html.

Chan, M. 2016. "Obesity and Diabetes: The Slow-Motion Disaster". Keynote address at the 47th meeting of the National Academy of Medicine. https://www.who.int/dg/speeches/2016/obesity-diabetes-disaster/en/.

Christlieb, A. R., A. S. Krolweski, and J. H. Warram. 1994. "Hypertension". in *Joslin's Diabetes Mellitus*, edited by C. R. Kahn and G. C. Weir. 13th ed. Media, Penn.: Lippincott Williams & Wilkins, 817~835.

Davidson, S., and R. Passmore. 1963. *Human Nutrition and Dietetics*. 2nd ed. Edinburgh: E. & S. Livingstone.

Diabetes Prevention Program Research Group. 2002. "Reduction in the Incidence of Type 2 Diabetes with Lifestyle Intervention or Metformin". *New England Journal of Medicine* 346, no. 6 (February 7): 393~403.

Dietz, W. H. 1989. "Obesity". *Journal of the American College of Nutrition* 8, supp. 1 (September 2): 13S~21S.

Donaldson, B. F. 1962. *Strong Medicine*. Garden City, N.Y.: Doubleday.

DrMcDougall.com. N.d. "Success Stories: Star McDougallers in Their Own Words". Dr. McDougall's Health and Medical Center. https://www.drmcdougall.com/health/education/health-science/stars/.

DuBois, E. F. *Basal Metabolism in Health and Disease*. 2nd ed. Philadelphia: Lea & Febiger, 1936.

Feynman, R. 1974. "Cargo Cult Science". http://calteches.library.caltech.edu/51/2/

CargoCult.htm.

Foster, G. D., et al. 2003. "A Randomized Trial of a Low-Carbohydrate Diet for Obesity". *New England Journal of Medicine* 348, no. 21 (May 22): 2082~2090.

Frayn, K. N., and R. Evans. 2019. *Metabolic Regulation: A Human Perspective.* 4th ed. Oxford: Wiley-Blackwell. 한국어판은 《대사와 영양》(한의학, 1999).

Gardner, C. D., et al. 2018. "Effect of Low-Fat vs Low-Carbohydrate Diet on 12-Month Weight Loss in Overweight Adults and the Association With Genotype Pattern or Insulin Secretion: The DIETFITS Randomized Clinical Trial". *JAMA* 319, no. 7 (February 20): 667~679.

Gay, R. 2017. *Hunger: A Memoir of (My) Body.* New York: HarperCollins. 한국어판은 《헝거》(사이행성, 2018).

Gladwell, M. 1998. "The Pima Paradox". *New Yorker,* February 2.

Gordon, E. S., M. Goldberg, and G. J. Chosy. 1963. "A New Concept in the Treatment of Obesity". *JAMA* 186 (October 5): 50~60.

Goscinny, R., and J.-J. Sempé. 1959. *Nicholas,* A. Bell 번역. London: Phaedon Press, 2005.

Greene, R. 1953. "Obesity". *Lancet* 262, no. 6770 (August 1): 253.

Greene, R., ed. 1951. *The Practice of Endocrinology.* Philadelphia: J. B. Lippincott.

Greep, R. O., and M. A. Greer. 1985. *Edwin Bennett Astwood, 1909~1976: A Biographical Memoir.* Washington, D.C.: National Academy of Sciences.

Groopman, J. 2017. "Is Fat Killing You, or Is Sugar?" *New Yorker,* March 27.

Grover, S. A., et al. 1994. "Life Expectancy Following Dietary Modification or Smoking Cessation: Estimating the Benefits of a Prudent Lifestyle". *Archives of Internal Medicine* 154, no. 15 (August 8): 1697~1704.

Haist, R. E., and C. H. Best. 1966. "Carbohydrate Metabolism and Insulin". In *The Physiological Basis of Medical Practice,* C. H. Best and N. M. Taylor 편집. 8th ed., 1329~1367. Baltimore: Williams & Wilkins.

Hallberg, S. J., et al. 2018. "Effectiveness and Safety of a Novel Care Model for the Management of Type 2 Diabetes at 1 Year: An Open-Label, Non-Randomized, Controlled Study". *Diabetes Therapy* 9, no. 2 (April): 583~612.

Hanssen, P. 1936. "Treatment of Obesity by a Diet Relatively Poor in Carbohydrates". *Acta Medica Scandinavica* 88:97~106.

Hecht, Ben. 1954. *A Child of the Century.* New York: Simon & Schuster.

Hobbes, M. 2018. "Everything You Know About Obesity Is Wrong". *HuffPost.*

September 19, https://highline.huffingtonpost.com/articles/en/everything-you-know-about-obesity-is-wrong/.

Holloszy, J. O. 2005. "Exercise-Induced Increase in Muscle Insulin Sensitivity". *Journal of Applied Physiology* 99, no. 1 (July): 338~343.

Hooper, L., et al. 2015. "Reduction in Saturated Fat Intake for Cardiovascular Disease". *Cochrane Database of Systematic Reviews* no. 6 (June 10): CD011737.

Inter-Society Commission for Heart Disease Resources. 1970. "Prevention of Cardiovascular Disease—Primary Prevention of the Atherosclerotic Diseases". *Circulation* 42, no. 6 (December): A55~95.

JAMA. 1973. "A Critique of Low-Carbohydrate Ketogenic Weight Reduction Regimens: A Review of *Dr. Atkins' Diet Revolution*". *JAMA* 224, no. 10 (June 4): 1415~1419.

Joslin, E. P. 1930. "Arteriosclerosis in Diabetes". *Annals of Internal Medicine* 4, no. 1 (July): 54~66.

Kahneman, D. 2011. *Thinking, Fast and Slow*. New York: Farrar, Straus and Giroux. 한국어판은《생각에 관한 생각》(김영사, 2018).

Karolinska Institute. 1977. "The 1977 Nobel Prize in Physiology or Medicine" (press release). https://www.nobelprize.org/prizes/medicine/1977/press-release.

Kemp, R. 1963. "Carbohydrate Addiction". *Practitioner* 190 (March): 358~364.

———. 1966. "Obesity as a Disease". *Practitioner* 196, no. 173 (March): 404~409.

———. 1972. "The Over-All Picture of Obesity". *Practitioner* 209, no. 253 (November): 654~660.

Keys, A. 1952. "Human Atherosclerosis and the Diet". *Circulation* 5, no. 1 (January 1952): 115~118.

Keys, A., et al. 1950. *The Biology of Human Starvation*, 2 vols. Minneapolis: University of Minnesota Press.

Kinsell, L. W. 1969. "Dietary Composition—Weight Loss: Calories Do Count". In *Obesity*, edited by N. L. Wilson, 177~184. Philadelphia: F. A. Davis.

Kolata, G. 2018. "What We Know About Diet and Weight Loss". *New York Times*, December 10.

———. 2019. "This Genetic Mutation Makes People Feel Full—All the Time". *New York Times*, April 18.

Koop, C. E. 1988. "Message from the Surgeon General". In U.S. Department of Health and Human Services, *The Surgeon General's Report on Nutrition and Health*.

Washington, D.C.: U.S. Government Printing Office.

Krasny, M. 2019. "UCSF's Dean Ornish on How to Reverse Chronic Diseases". https://www.kqed.org/forum/2010101869165/ucsfs-dean-ornish-on-how-to-undo-chronic-diseases.

Krebs, H., and R. Schmid. 1981. *Otto Warburg: Cell Physiologist, Biochemist, and Eccentric*, translated by H. Krebs and A. Martin. Oxford: Clarendon Press.

Lancet. 1864a. "Bantingism". *Lancet* 83, no. 2123 (May 7): 520.

———. 1864b. "Bantingism". *Lancet* 84, no. 2144 (October 1): 387~388.

Langer, E. 2015. "Jules Hirsch, Physician-scientist Who Reframed Obesity, Dies at 88". *Washington Post*, August 2.

Lee, T. 2019. "My Life After a Heart Attack at 38". *New York Times*, January 19.

Leith, W. 1961. "Experiences with the Pennington Diet in the Management of Obesity". *Canadian Medical Association Journal* 84 (June 24): 1411~1414.

Le Magnen, J. 1984. "Is Regulation of Body Weight Elucidated?" *Neuroscience and Biobehavioral Reviews* 8, no. 4 (Winter): 515~522.

Lown, Bernard. 1999. *The Lost Art of Healing: Practicing Compassion in Medicine*. New York: Ballantine Books. 한국어판은 《잃어버린 치유의 본질에 대하여》(책과함께, 2018).

Mayer, J. 1954. "Multiple Causative Factors in Obesity". In *Fat Metabolism*, edited by V. A. Najjar, 22~43. Baltimore: Johns Hopkins University Press.

———. 1968. *Overweight: Causes, Cost, and Control*. Englewood Cliffs, N.J.: Prentice-Hall.

Milch, L. J., W. J. Walker, and N. Weiner. 1957. "Differential Effect of Dietary Fat and Weight Reduction on Serum Levels of Beta-Lipoproteins". *Circulation* 15, no. 1 (January): 31~34.

Moskin, J. 2015. "Bones, Broth, Bliss". *New York Times*, January 6.

Moskin, J., et al. 2019. "Your Questions About Food and Climate Change, Answered". *New York Times*, April 30.

National Health Service. 2019. "The Eatwell Guide". https://www.nhs.uk/live-well/eat-well/the-eatwell-guide/.

National Research Council. 1982. *Diet, Nutrition, and Cancer*. Washington, D.C.: National Academy Press.

Nature. 2018. "Challenges in Irreproducible Research". *Nature* special issue. October 18. https://www.nature.com/collections/prbfkwmwvz.

Nelson, D. L., and M. M. Cox. 2017. *Lehninger Principles of Biochemistry*. 7th ed. New York: W. H. Freeman. 한국어판은《레닌저 생화학》(월드사이언스, 2018).

Newburgh, L. H. 1942. "Obesity". *Archives of Internal Medicine* 70 (December): 1033~1096.

Newburgh, L. H., and M. W. Johnston. 1930a. "Endogenous Obesity—A Misconception". *Annals of Internal Medicine* 8, no. 3 (February): 815~825.

———. 1930b. "The Nature of Obesity". *Journal of Clinical Investigation*. 8, no. 2 (February): 197~213.

Nonas, C. A., and K. R. Dolins. 2012. "Dietary Intervention Approaches to the Treatment of Obesity". In *Textbook of Obesity: Biological, Psychological and Cultural Influences*, edited by S. R. Akabas, S. A. Lederman, and B. J. Moore, 295~309. Oxford: Wiley-Blackwell.

Nutrition Action. 2018. "A Leading Researcher Explains the Obesity Epidemic" (editorial). *Nutrition Action*, August 1. https://www.nutritionaction.com/daily/diet-and-weight-loss/a-leading-researcher-explains-the-obesity-epidemic/.

Ohlson, M. A., et al. 1955. "Weight Control Through Nutritionally Adequate Diets". in *Weight Control: A Collection of Papers Presented at the Weight Control Colloquium*, edited by E. S. Eppright, P. Swanson, and C. A. Iverson, 170~187. Ames: Iowa State College Press.

Palgi, A., et al. 1985. "Multidisciplinary Treatment of Obesity with a Protein-Sparing Modified Fast: Results in 668 Outpatients". *American Journal of Public Health* 75, no. 10 (October 1985): 1190~1194.

Palmgren, B., and B. Sjövall. 1957. "Studier Rörande Fetma: IV, Forsook MedPennington-Diet". *Nordisk Medicin* 28, no. iii: 457~458.

Passmore, R., and Y. E. Swindells. 1963. "Observations on the Respiratory Quotients and Weight Gain of Man After Eating Large Quantities of Carbohydrate". *British Journal of Nutrition* 17: 331~339.

Pennington, A. W. 1949. "Obesity in Industry—The Problem and Its Solution". *Industrial Medicine* (June): 259~260.

———. 1951a. "The Use of Fat in a Weight Reducing Diet". *Delaware State Medical Journal* 23, no. 4 (April): 79~86.

———. 1951b. "Caloric Requirements of the Obese". *Industrial Medicine and Surgery* 20, no. 6 (June): 267~271.

──. 1952. "Obesity". *Medical Times* 80, no. 7 (July): 389~398.

──. 1953. "A Reorientation on Obesity". *New England Journal of Medicine* 248, no. 23 (June 4): 959~964.

──. 1954. "Treatment of Obesity: Developments of the Past 150 Years". *American Journal of Digestive Diseases* 21, no. 3 (March): 65~69.

Phinney, S., and J. Volek. 2017. "To Fast or Not to Fast: What Are the Risks of Fasting?" December 5. https://blog.virtahealth.com/science-of-intermittent-fasting/.

──. 2018. "Ketones and Nutritional Ketosis: Basic Terms and Concepts". https:// blog.virtahealth.com/ketone-ketosis-basics/.

Plath, S. 1971. *The Bell Jar*. New York: Harper, 1996 재출간. 한국어판은《벨 자》(마음산책, 2013).

Pollan, M. 2008. *In Defense of Food: An Eater's Manifesto*. New York: Penguin Press. 한국어판은《마이클 폴란의 행복한 밥상》(다른세상, 2012).

Reader, G., et al., "Treatment of Obesity". *American Journal of Medicine* 13, no. 4 (1952): 478~486.

Reaven, G. M. 1988. "Banting Lecture 1988: Role of Insulin Resistance in Human Disease". *Diabetes* 37, no. 12 (December): 1595~1607.

Richter, C. P. 1976. "Total Self-Regulatory Functions in Animal and Human Beings". In *The Psychobiology of Curt Richter*, edited by E. M. Blass, 194~226. Baltimore: York Press.

Rilliet, B. 1954. "Treatment of Obesity by a Low-calorie Diet: Hanssen-Boller-Pennington Diet". *Praxis* 43, no. 36 (September 9): 761~763.

Rony, H. R. 1940. *Obesity and Leanness*. Philadelphia: Lea & Febiger.

Rose, G. 1981. "Strategy of Prevention: Lessons from Cardiovascular Disease". *British Medical Journal(Clinical Research and Education)* 282, no. 6279 (June 6): 1847~1851.

Rynearson, Edward H. 1963. "Do Glands Affect Weight?" In *Your Weight and How to Control It*, edited by Morris Fishbein, rev. ed., 69~77. Garden City, N.Y.: Doubleday.

Sacks, F. M., et al. 2017. "Dietary Fats and Cardiovascular Disease: A Presidential Advisory from the American Heart Association". *Circulation* 136, no. 3 (July 18): e1-e23, CIR.0000000000000510.

Samaha, F. F., et al. 2003. "A Low-Carbohydrate as Compared with a Low-Fat Diet in Severe Obesity". *New England Journal of Medicine* 348, no. 21 (May 22):

2074~2081.

Schwimmer, J. B., et al. 2019. "Effect of a Low Free Sugar Diet vs. Usual Diet on Nonalcoholic Fatty Liver Disease in Adolescent Boys: A Randomized Clinical Trial". *JAMA* 321, no. 3 (January 22): 258~265.

Shaw, G. B. 1910. *Misalliance*. Project Gutenberg, 2008 재출간. http://www. gutenberg.org/files/943/943-h/943-h.htm.

Sheldon, W. H., and S. S. Stevens. 1942. *The Varieties of Temperament: A Psychology of Constitutional Differences*. New York: Harper & Brothers.

Sidbury, J. B., Jr., and R. P. Schwartz. 1975. "A Program for Weight Reduction in Children". In *Childhood Obesity*, edited by P. J. Collip, 65~74. Acton, Mass.: Publishing Sciences Group.

Singer, P., and J. Mason. 2006. *The Ethics of What We Eat: Why Our Food Choices Matter*. New York: Rodale Press. 한국어판은《죽음의 밥상》(산책자, 2008).

Sondike, S. B., N. Copperman, and M. S. Jacobson. 2003. "Effects of a Low-Carbohydrate Diet on Weight Loss and Cardiovascular Risk Factor in Overweight Adolescents". *Journal of Pediatrics* 142, no. 3 (March): 253~258.

Steiner, M. M. 1950. "The Management of Obesity in Childhood". *Medical Clinics of North America* 34, no. 1 (January): 223~234.

Stockard, C. R. 1929. "Hormones of the Sex Glands—What They Mean for Growth and Development". In *Chemistry in Medicine*, edited by J. Stieglitz, 256~271. New York: Chemical Foundation.

Taller, Herman. 1961. *Calories Don't Count*. New York: Simon & Schuster.

Taubes, G. 2002. "What if It's All Been a Big Fat Lie?" *New York Times*, July 7.

———. 2017. "Are You a Carboholic? Why Cutting Carbs Is So Tough". *New York Times*, July 19.

Taylor, W. C., et al. 1987. "Cholesterol Reduction and Life Expectancy: A Model Incorporating Multiple Risk Factors". *Annals of Internal Medicine* 106, no. 4 (April): 605~614.

Time. 1961. "The Fat of the Land". *Time* 67, no. 3 (January 13): 48~52.

Tingley, K. 2015. "'Food Is a Death Sentence to These Kids,'" *New York Times Magazine*, January 21.

U.S. Department of Health and Human Services and U.S. Department of Agriculture. 2015. *Dietary Guidelines for Americans 2015~2020*. 8th ed. http://health. gov/dietaryguidelines/2015/guidelines/.

U.S. National Heart, Lung, and Blood Institute. N.d. "Healthy Eating Plan". https://
www.nhlbi.nih.gov/health/educational/lose_wt/eat/calories.htm.

U.S. Senate, Select Committee on Nutrition and Human Needs. 1977. *Dietary Goals for
the United States—Supplemental Views*. Washington, D.C.: U.S. Government
Printing Office.

US News. 2018. "U.S. News Reveals Best Diet Rankings for 2018". *US News & World
Report*, January 3. https://www.usnews.com/info/blogs/press-room/
articles/2018-01-03/us-news-reveals-best-diets-rankings-for-2018.

Velasquez-Manoff, M. 2018. "Can We Stop Suicides?" *New York Times*, November 30.

Von Noorden, C. 1907. "Obesity". Translated by D. Spence. In *The Pathology of
Metabolism*, vol. 3 of *Metabolism and Practical Medicine*, Carl von Noorden
and I. W. Hall 편집, 693~715. Chicago: W. T. Keener & Co.

Wertheimer, E., and R. Shapiro. 1948. "The Physiology of Adipose Tissue". *Physiology
Reviews* 28 (October): 451~464.

White, P. L. 1962. "Calories Don't Count". *JAMA* 179, no. 10 (March 10): 184.

Wilder, R. M. 1933. "The Treatment of Obesity". *International Clinics* 4: 1~21.

Wilson, G. W. 1963. "Overweight and Underweight: The Psychosomatic Aspects".
In *Your Weight and How to Control It*, edited by Morris Fishbein, rev. ed.,
113~126. Garden City, N.Y.: Doubleday.

World Cancer Research Fund and American Institute for Cancer Research. 1997. *Food,
Nutrition and the Prevention of Cancer: A Global Perspective*. Washington,
D.C.: American Institute for Cancer Research.

World Health Organization. 2018. "Healthy Diet". October 23. https://www.who.int/
news-room/fact-sheets/detail/healthy-diet.

Yancy, W. S., Jr., et al. 2004. "A Low-Carbohydrate, Ketogenic Diet Versus a Low-Fat
Diet to Treat Obesity and Hyperlipidemia: A Randomized, Controlled Trial".
Annals of Internal Medicine 140, no. 10 (May 18): 769~777.

Yeo, G. S. H. 2017. "Genetics of Obesity: Can an Old Dog Teach Us New Tricks?"
Diabetologia 60, no. 5 (May): 778~783.

Young, C. M. 1976. "Dietary Treatment of Obesity". In *Obesity in Perspective*, edited
by G. Bray, 361~366. Washington, D.C.: U.S. Government Printing Office.

Yudkin, J. 1972. "The Low-Carbohydrate Diet in the Treatment of Obesity".
Postgraduate Medical Journal 51, no. 5 (May): 151~154.

찾아보기

케토제닉이 답이다

1판 1쇄 찍음 2022년 8월 16일
1판 1쇄 펴냄 2022년 8월 30일

지은이 게리 타우브스
옮긴이 노승영
펴낸이 안지미

펴낸곳 (주)알마
출판등록 2006년 6월 22일 제2013-000266호
주소 04056 서울시 마포구 신촌로4길 5-13, 3층
전화 02.324.3800 판매 02.324.7863 편집
전송 02.324.1144

전자우편 alma@almabook.com
페이스북 /almabooks
트위터 @alma_books
인스타그램 @alma_books

ISBN 979-11-5992-361-6 03400

알마는 아이쿱생협과 더불어 협동조합의 가치를 실천하는 출판사입니다.